职业技术教育计算机基础教材

XINBIAN JISUANJI YINGYONG JICHU

新编计算机应用基础

（第二版）

主　编　郭　恒
副主编　段剑伟　鲍雪晶　余久久
参　编　吕文官　倪　强　孙荣会
　　　　吴　昊　陈洪兵　周　玲

时代出版
时代出版传媒股份有限公司
安徽科学技术出版社

图书在版编目(CIP)数据

新编计算机应用基础/郭恒主编. —2 版. —合肥:安徽科学技术出版社,2009.8
(职业技术教育计算机基础教材)
ISBN 978-7-5337-4097-9

Ⅰ.新… Ⅱ.郭… Ⅲ.电子计算机-基本知识 Ⅳ.TP3

中国版本图书馆 CIP 数据核字(2008)第 111100 号

新编计算机应用基础 **郭 恒 主编**

出 版 人:黄和平
责任编辑:期源萍 何宗华
出版发行:安徽科学技术出版社(合肥市政务文化新区圣泉路 1118 号出版传媒广场,邮编:230071)
电 话:(0551)3533330
网 址:www.ahstp.net
E - mail:yougoubu@sina.com
经 销:新华书店
排 版:安徽事达科技贸易有限公司
印 刷:合肥义兴印务有限责任公司
开 本:787×1092 1/16
印 张:13.75
字 数:328 千
版 次:2009 年 8 月第 2 版 2009 年 9 月第 3 次印刷
定 价:26.00 元

(本书如有印装质量问题,影响阅读,请向本社市场营销部调换)

内容提要

本书根据“全国高校计算机一级水平考试”大纲编写而成，主要内容包括：计算机基础知识、Windows XP 操作系统、文字处理软件 Word 的使用、电子表格软件 Excel 2003 的使用、演示文稿的使用以及计算机网络基础和网络安全与网络道德。

本书在内容的选取、概念的引入、文字的叙述以及习题的选择等方面，都力求遵循“面向应用、重视实践”的原则。全书共分 7 章。重点章节为：第二章　Windows XP 操作系统，详细讲解了 Windows XP 的基本操作及系统设置；第三章　文字处理软件 Word 的使用，介绍了中文 Word 2003 编辑技术，包括文档的基本编辑、基本排版以及高级排版技术，表格与图片的创建和编辑；第四章　电子表格软件 Excel 2003 的使用，讲述创建和维护电子报表，如数据的录入与存放、数据的管理与图表的建立等；第五章　演示文稿的使用，使用 PowerPoint 2003 制作演示文稿，不仅可以制作图文并茂的幻灯片，还可以制作简单的动画效果，加入声音、视频等。

本书案例丰富、图文并茂，许多案例可以直接应用到实际工作中，同时穿插介绍了诸多操作技巧，适合作为高等学校学生计算机基础课程教材，也可供计算机自学者使用。

修订版前言

高等职业教育的职责是培养大量具有高素质、高技能的实用技术型人才，是逐步形成一个以综合能力为主体，突出技能训练为目标的高等职业教育课程教学体系。计算机技术作为当今世界发展最快、应用最为广泛的科技成果，其应用已渗透到人们工作、生活的方方面面，并发挥着越来越重要的作用。操作、使用计算机已经成为社会各行各业劳动者必备的工作技能。因此，计算机基础课程在学生信息技术素养培养方面具有特别重要的地位。

"计算机应用(文化)基础"课程是高等院校广泛开设的需统一参加教育部高校计算机一级水平考试的必修课程。课程内容主要包括：计算机基础知识、Windows操作系统、Office办公软件(Word、Excel、PowerPoint)和网络基础知识等。通过对该门课程的学习，学生可以熟练地掌握计算机操作，能运用计算机完成日常的文档办公，电子表格、演示文稿制作，网络信息检索等工作，并初步建立起电子信息安全意识。该课程的主要任务是：

(1)通过对本课程的学习，所有非计算机专业的学生在计算机基础应用能力上应有系统性的掌握，并于课程结束后参加并顺利通过全国高校计算机一级水平考试。

(2)通过对本课程的学习，所有计算机相关专业的学生在计算机基础应用能力上应有系统性的提高，为今后他们在计算机类课程上的学习打下扎实基础。

综上所述，该课程对高职学生计算机应用能力的培养，对顺利完成后续课程的学习，对毕业后能迅速适应岗位需要、具有可持续发展的再学习能力，有着重要的作用。由于计算机应用技术具有普遍性和日新月异的特点，我们根据高等职业教育的特点、高校计算机一级水平考试大纲要求和计算机应用技术的发展，编写了《新编计算机应用基础》教材。

本教材强调实用性及对学生计算机实践能力的培养，取材合理，深度及范围适当，体现了"与时俱进"的思想；教材图文并茂，编排层次清晰，结构严谨。《新编计算机应用基础》共分为四大部分：第一部分为计算机基础知识，第二部分为操作系统应用，第三部分为Office主要组件的应用，第四部分为网络基础知识。本书既可作为高校非计算机专业"计算机应用(文化)基础"课程的教材，又可作为高校计算机相关专业的计算机基础教科书。

本书在编写过程中，得到了许多专家，尤其是"双师型"教师的帮助和指点，在此对所有的指导者表示感谢。

本教材第一版推出后，得到使用院校的普遍好评！第二版在第一版的基础上，作了一些的调整与补充，并改正了书中的一些错误，使内容更符合教学的实际要求。

由于我们水平的局限性，本书的不足之处，甚至错误之处在所难免，恳请热心的读者在使用本书过程中将发现的各种问题及您的宝贵建议及时反馈给我们，我们当不胜感谢，并在今后的修订中不断改进和完善。

编　者

修订版前言

[illegible]

目　录

第一章　计算机基础知识 …… 1
第一节　计算机的发展及分类 …… 1
第二节　计算机的特点及应用 …… 3
第三节　计算机系统的组成 …… 5
第四节　微型计算机的基本配置 …… 8
第五节　计算机中的数据表示 …… 14
第六节　多媒体计算机 …… 18
习题 …… 21

第二章　Windows XP 操作系统 …… 22
第一节　操作系统常识 …… 22
第二节　Windows XP 的基本操作 …… 24
第三节　Windows XP 的文件及文件管理(资源管理器) …… 33
第四节　定制个性化工作环境 …… 44
第五节　管理和控制 Windows XP(控制面板) …… 54
习题 …… 63

第三章　文字处理软件 Word 的使用 …… 64
第一节　Word 2003 的概述 …… 64
第二节　文档的基本操作 …… 75
第三节　文档的排版 …… 82
第四节　文档图文处理 …… 88
第五节　制作表格 …… 95
第六节　页面排版和文档打印 …… 104
习题 …… 116

第四章　电子表格软件 Excel 2003 的使用 …… 117
第一节　Excel 2003 的概述 …… 117
第二节　Excel 2003 的基本操作 …… 120
第三节　使用公式与函数 …… 129
第四节　美化工作表 …… 133
第五节　数据的图表化 …… 144
第六节　数据管理和分析 …… 150
第七节　页面设置与打印 …… 157
第八节　Excel 与 Internet …… 159
习题 …… 162

第五章　演示文稿的使用 …… 163
第一节　PowerPoint 2003 的概述 …… 163
第二节　制作幻灯片 …… 172
第三节　演示文稿的编辑和修饰 …… 179
第四节　演示文稿放映 …… 184
习题 …… 190

第六章　计算机网络基础 …… 191
第一节　计算机网络基础知识 …… 191
第二节　Internet 的概述 …… 196
第三节　连接 Internet …… 199
第四节　Internet Explorer 的应用 …… 200
习题 …… 205

第七章　网络安全与网络道德 …… 206
第一节　计算机病毒及其防治 …… 206
第二节　网络行为道德规范 …… 209
习题 …… 210

参考文献 …… 211

第一章　计算机基础知识

计算机的诞生和发展是20世纪50年代人类发展史上的奇迹。从第一台计算机诞生到现在，计算机的发展仅有短短的半个多世纪，但其发展速度、应用领域都超过了以往任何一项技术发明。以计算机技术为核心的IT产业得到迅猛的发展，信息技术也在各个领域得到广泛的应用。

本章从计算机的诞生和发展的历史出发，具体介绍计算机的应用领域和分类。以微型计算机系统为例，介绍计算机硬件、软件的常识以及计算机中数据表示的基本方法。

第一节　计算机的发展及分类

一、计算机的发展

人类一直都在不断谋求提高计算的速度和精度。从我国最早的算盘到机械计算机，再到电子计算机都是围绕着这一追求而开展的。

（一）计算机的诞生

20世纪无线电技术以及无线电工业的发展为电子计算机的研制奠定了物质基础。第二次世界大战中为计算远程火炮的弹道问题，美国陆军部资助宾夕法尼亚大学历经两年多的时间，于1946年2月研制出世界上第一台电子数字计算机ENIAC（Electronic Numerical Integrator and Calculator），如图1-1所示。

图1-1　世界上第一台电子数字计算机ENIAC

ENIAC 每秒钟可以进行 5 000 次的加法运算，使用了 1 500 个继电器、18 000 个电子管，占地 170 m^2，重达 30 t，每小时耗电 150 kW。虽然从现代的角度来看其性能是微不足道的，但是它开创了一个新的时代，使人类社会从工业化时代进入到信息化时代。

1946 年，美籍匈牙利科学家冯·诺依曼（Von Neumann，1903～1957）领导的研制小组开始研制一种通用的计算机，并于 1952 年研制成功，该计算机称为 EDVAC（Electronic Discrete Variable Automatic Computer）。它是基于程序存储和控制原理的计算机，又称为冯·诺依曼原理计算机。虽然计算机技术在不断进步，但这一原理一直是计算机所采用的普遍性原理。

（二）计算机的发展阶段

从 ENIAC 问世以来，特别是 20 世纪 70 年代后，随着集成电路技术的不断发展，技术上实现了将计算机核心功能的运算器、控制器集成在一个芯片中，这种芯片称为微处理器（MPU）。由此芯片构成的计算机称为微型计算机。它体积小，价格便宜，为计算机的普及奠定了基础。一般按微处理器的性能，将微型计算机的发展分为 4 个阶段，见表 1－1。

表 1－1　微型计算机的 4 个发展阶段

阶段 分类	第一代 （1946～1957 年）	第二代 （1958～1964 年）	第三代 （1964～1971 年）	第四代 （1972 年至今）
使用物理器件	电子管	晶体管	中小规模集成电路	大规模和超大规模集成电路
速度（次/秒）	几千～几万	几万～几十万	几十万～几百万	几百万～亿次
应用领域	军事领域和科学计算	扩大到数据处理和事务处理	扩大到工业控制	出现了各种强大的系统并逐渐形成软件产业

第一代是电子管计算机。它的基本电子元件是电子管，内存储器（简称内存）采用水银延迟线，外存储器（简称外存）主要采用磁鼓、纸带、卡片、磁带等。机器的总体结构以运算器为中心。由于当时电子技术的限制，运算速度只是每秒几千次至几万次，内存容量仅几千个字。程序语言处于最低阶段，主要使用二进制表示的机器语言编程，后来采用汇编语言进行程序设计。因此，第一代计算机具有体积大、耗电多、运算速度慢、造价高、使用不便等特点，主要局限于一些军事和科研部门进行科学计算。

第二代是晶体管计算机。1948 年，美国贝尔实验室发明了晶体管，10 年后晶体管取代了计算机中的电子管，诞生了晶体管计算机。晶体管计算机的基本电子元件是晶体管，内存储器大量使用磁性材料制成的磁芯存储器，外存采用磁鼓。总体结构改为以存储器为中心。与第一代电子管计算机相比，第二代计算机具有体积小、耗电少、成本低、逻辑功能强、使用方便、可靠性高等特点。

第三代是中、小规模集成电路计算机。随着半导体技术的发展，1958 年夏，美国得克萨斯公司制成了第一个半导体集成电路。集成电路是在几平方毫米的基片上集中了几十个或上百个电子元件组成的逻辑电路。第三代集成电路计算机的基本电子元件是中、小规模集成电路，磁芯存储器得到了进一步发展，并开始采用性能更好的半导体存储器，运算速度提高到每秒几十万次。由于采用了集成电路，第三代计算机各方面性能都有了极大提高，主要表现在：体积缩小、价格降低、功能增强、可靠性大大提高。

第四代是大规模、超大规模集成电路计算机。随着集成了上千甚至上万个电子元件的大规模、超大规模集成电路的出现，电子计算机发展进入了第四代。第四代计算机的基本电子元件是大规模集成电路，甚至是超大规模集成电路，集成度很高的半导体存储器也替代了磁芯存储器，运算速度可达每秒几百万次，甚至几亿、几十亿次。

正是集成电路的发明，尤其是微型计算机的出现，使电子计算机的价格大幅度降低，这才使电子计算机得以走进千家万户，从而影响到人类生活的方方面面。

(三)我国计算机的发展

1958 年 8 月，我国研制出了第一台电子管数字计算机，定名为 103 型。103 型计算机的研制成功，填补了我国在计算机技术领域的空白，为促进我国尖端技术的发展作出了贡献。20 世纪 70 年代，我国研制出的小型机典型型号是 DJS－130。1983 年，科学院和国防科技大学相继研制成功运算速度达每秒 1 亿次的银河计算机。1993 年以后，又相继研制成功运算速度达每秒 10 亿次和数十亿次的银河Ⅱ和银河Ⅲ巨型计算机，以及神州和曙光系列计算机，从而进一步丰富了研制大型机和巨型机的经验。目前我国在微型计算机的核心技术——微处理技术上也取得了突破，生产出了具有自主知识产权的"龙心"芯片。

二、计算机的分类

按照计算机的规模分，一般将计算机分为：

(1)巨型计算机。它的特点是占地面积大、价格昂贵、运算速度快，主要用于战略性武器的研究、航空航天技术的研究等领域，是衡量一个国家经济实力和科技水平的重要标志。

(2)大型计算机。具有很强的数据处理能力和管理能力，工作速度相对较快。目前主要用于高等院校、较大的银行和科研院所等。

(3)中型计算机。功能稍逊于大型机，具有较强的数据处理能力和管理能力。

(4)小型计算机。结构简单，价格相对于大、中型机来说较低，可以适应一般用户的需要。

(5)工作站。较高档的微型机，功能强、运算速度快，能够进行专业化的工作，具有较强的联网能力。

(6)微型计算机。也称个人计算机或 PC，它价格低、功能齐全、设计先进、更新速度快，广泛应用于个人用户，具有极强的生命力。

按照计算机的应用分，可将计算机分为通用计算机和专用计算机。

按照计算机的工作原理分，可将计算机分为电子模拟计算机和电子数字计算机。

第二节 计算机的特点及应用

一、计算机的特点

(一)高速度及高精度

计算机由半导体集成电路组成，其运算速度快，程序控制具有连续运算能力。因此，计算机具有极高的运算速度。随着微处理器二进制的位数不断增加和程序设计的不断进步，数据表示也更加精确。

(二)有很强的"记忆"和逻辑判断能力

计算机的存储器使计算机具有"记忆"的功能，它能够存储大量信息。计算机不仅能进行算术运算，还能进行逻辑运算，做出逻辑判断，并能根据判断的结果自动选择以后应执行的操作。

(三)程序控制下自动执行

计算机与以前所有计算工具的本质区别在于它能够摆脱人的干预,自动、高速、连续地进行各种操作。计算机从正式操作开始,到输出操作结果,整个过程都是在程序控制下自动进行的。

(四)存储容量大

目前的计算机都配备了大容量的内存和外存,如现在市面上的微型机的内存已达到2G,硬盘容量已达到1T。大容量的内存有利于提高计算机的性能,大容量的硬盘有利于存放大量数据和程序。

二、计算机的主要应用领域

计算机的应用已渗透到社会生产和生活的各个方面,其应用大致分为6个方面:

(一)科学计算

科学计算是指科学研究和工程技术中需要的大规模数值计算。由于计算机具有快速、精确的特点,人工计算需要几个月甚至几年时间才能完成的计算量,计算机能够迅速解决。例如,天气预报、气动力学、天体物理等领域都离不开计算机。

(二)数据处理

数据处理是利用计算机对数据的加工存储能力,对数据进行输入、分类、检索以及存储等。例如,银行用的往来账日管理、学生的学籍管理、人口普查等。

(三)过程控制

过程控制是计算机实时采集系统数据,并利用编制好的控制流程快速地处理并自动地控制系统对象的过程。过程控制可以实现生产过程的自动化,如航空导航、工业流程控制、程控交换等。

(四)计算机辅助系统(CA)

计算机辅助系统主要包括:

(1)计算机辅助设计(CAD)。广泛应用于机械、建筑、服装等行业的设计,缩短了设计周期,提高了设计效率。

(2)计算机辅助制造(CAM)。可以合理组织生产流程,提高生产效率,降低生产成本。

(3)计算机辅助教学(CAI)。可以通过多媒体教学软件直观地展现教学内容,帮助学生理解内容。

(4)计算机辅助测试(CAT)。利用计算机进行质量检测与控制。

(五)人工智能

人工智能是用计算机来模拟或部分模拟人类的智能,包括专家系统、模拟专家知识行为,如模拟医学专家的诊断过程。

模式识别可以通过计算机识别和处理声音、图形、图像等,如指纹识别技术。

(六)计算机网络

网络(Network)技术是计算机技术与通信技术结合的产物,特别是因特网(Internet)的发展是信息技术领域划时代的里程碑。网络彻底改变了人们获取信息的方式,必将对人们的生产和生活方式产生革命性的影响。

(七)办公自动化

办公自动化(OA)是一门综合性的技术,其目的在于建立一个以先进的计算机和通信技术为基础的高效的人-机信息处理系统,使办公人员充分利用各种形式的信息资源,全面提高管理、决策和事务处理的效率。办公自动化系统一般可分为事务型、管理型和决策型 3 个层次。事务型 OA 系统主要供业务人员和秘书处理日常的办公事务；管理型 OA 系统又称管理信息系统(MIS)，是一个以计算机为基础，对企事业单位实行全面管理，包括各项专业管理的信息处理系统；决策型 OA 系统是在上述事务处理和信息管理的基础上，增加决策辅助功能而构成。

第三节　计算机系统的组成

一、冯·诺依曼体系结构

冯·诺依曼体系结构指明了计算机的基本组成、信息表示方法以及工作原理。基本内容可以描述为如下三点：

(1)计算机的硬件由运算器、控制器、存储器、输入设备、输出设备组成。

(2)计算机内部信息用二进制表示。

(3)计算机自动地执行通过输入装置输入，或存放在存储器中的程序(简单地说就是“存储程序、程序控制”)。

其中，运算器实现算术运算和逻辑运算；存储器存放正在运行的程序以及输入的数据、中间结果和最终结果；输入/输出设备是计算机和人交流的桥梁；控制器是保证计算机自动运行程序的装置，正是有了控制器，从而实现了计算机的自动运行。

现代的集成电路技术将控制器和运算器集成到一个芯片中，芯片的整体称为中央处理器(Central Processing Unit，简称 CPU)，又称运算控制单元。

由硬件组成的计算机无法完成任何工作，硬件只有运行软件才能实现各项任务。

二、计算机硬件系统基本结构

(一)计算机的硬件系统

一台计算机的硬件系统主要由运算器、控制器、存储器、输入设备和输出设备五大功能部件组成(图 1-2)，五大功能部件又由总线连接。其中控制器和运算器合在一起被称为中央处理器(CPU)。

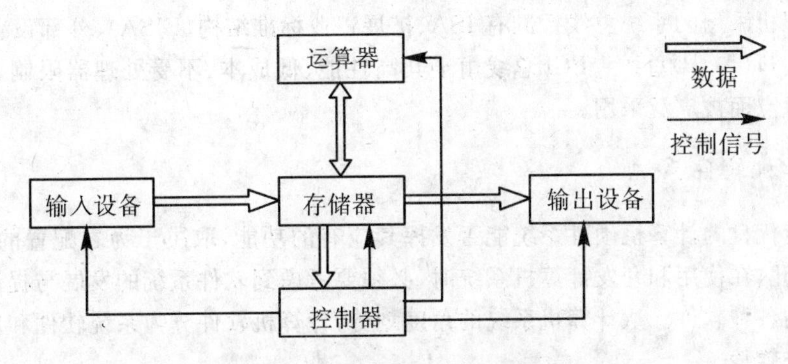

图 1-2　计算机硬件组成图

(1)运算器是能完成算术运算和逻辑运算的装置，它的主要作用是完成各种算术、逻辑运算及逻辑判断工作。

(2)控制器是整个计算机的指挥中心，它负责从内存储器中取出指令并对指令进行分析、判断，并根据指令发出控制信号，使计算机的有关设备有条不紊地协调工作，保证计算机能自动、连续地工作。

(3)存储器是有记忆能力的部件，用来存储程序和数据。存储器可分为内存储器和外存储器两大类。内存储器和 CPU 直接相连，存放当前要运行的程序和数据，故也称主存储器(简称主存)。它的特点是存取速度快，可与 CPU 处理速度相匹配，但价格较高，能存储的信息量较少。外存储器又称辅助存储器，主要用于保存暂时不用但又需长期保留的程序或数据。存放在外存的程序必须调入内存才能运行。外存的存取速度相对来说较慢，但外存价格比较便宜，可保存的信息量大。

(4)输入设备是向计算机输入信息的装置，用于向计算机输入原始数据和处理数据的程序。常用的输入设备有键盘、鼠标器、扫描仪、磁盘驱动器、模数转换器(A/D)、数字化仪、条形码读入器等。

(5)输出设备主要用于将计算机处理过的信息保存起来，或以人们能接受的数字、文字、符号、图形和图像等形式显示或打印出来。常用的输出设备有显示器、打印机、绘图仪、数模转换器(D/A)等。

(二)总线(Bus)

计算机系统的硬件由中央处理器、存储器、输入/输出接口电路等组成。各部件的信息交换是通过连接它们的一组公共连接线实现的，该公共连接线称为总线。总线必须有选择部件单元的能力，单元的区分编号称为地址。总线必须提供数据的传输通道，必须对所选择的单元进行读或写的控制。因此，总线一般有数据总线、地址总线、控制总线三类。

采用总线结构实现简单，容易形成总线标准，便于系统的模块化，可以简化计算机设计。总线为系统各个功能部件提供了单一标准的接口，便于扩展。

(1)数据总线(DataBus，简称 DB)是 CPU 与内存储器、I/O 接口传送数据的通道。它的宽度(总线的根数)决定了 CPU 能与内存并行传输二进制的位数。

(2)地址总线(AddressBus，简称 AB)是 CPU 向内存和 I/O 接口传递地址信息的通道。它的宽度决定了计算机的直接寻址能力。

(3)控制总线(ControlBus，简称 CB)是 CPU 向内存和 I/O 接口传递控制信号以及接收来自外设向 CPU 传送状态信号的通道。

目前微型机采用的系统总线标准有 ISA、扩展工业标准结构(EISA)、外部设备互连(PCI)和加速图像端口(AGP)总线。PCI 总线由于其高性能、低成本、不受处理器限制，且有进一步发展空间等优点而被广泛采用。

三、计算机软件系统

一台性能优良的计算机硬件系统能否发挥其应有的功能，取决于为之配置的软件是否完善、丰富。因此，在使用和开发计算机系统时，必须要考虑到软件系统的发展与提高，必须熟悉与硬件配套的各种软件。从计算机系统的角度划分，计算机软件分为系统软件和应用软件。

(一)系统软件

系统软件是指那些对计算机系统资源进行调度、管理、监视和服务，为软件开发提供良好环境的软件总称。其主要功能是使用和管理计算机，也是为其他软件提供服务的软件。它最接近计算机硬件，其他软件都要通过它利用硬件特性发挥作用。常用的系统软件有操作系统、程序设计语言、语言处理程序、数据库管理系统、实用程序等。

(1)操作系统。操作系统(Operating System,简称 OS)是计算机系统中必不可少的组成部分,是用户和计算机之间的接口。它是最底层的系统软件,是对硬件系统的首次扩充。通常它的主要任务是管理好计算机的全部资源,使用户能充分、有效地利用这些资源。

(2)程序设计语言。程序设计语言是用来编制程序的计算机语言,它是人与计算机进行信息交换的工具。通常用户使用程序设计语言编写程序,同时必须要满足相应语言的语法格式,并且逻辑要正确。只有这样,计算机才能根据程序完成用户所要求完成的各项工作。程序设计语言是软件系统的重要组成部分,一般它可分为机器语言、汇编语言和高级语言。

机器语言是由二进制代码“0”和“1”组成,能够被计算机识别和执行的语言。用机器语言编写的程序称为机器语言程序,又称为目标程序,是完全面向机器的指令序列。它的主要特点是执行速度快,但通用性差、繁琐、难记。

汇编语言是用自然符号(助记符)来表示计算机的各种基本操作及参与运算的操作数,是符号化的机器语言。用汇编语言编写的程序称为汇编语言源程序,它不能直接由计算机来执行,必须经过相应的语言处理程序“翻译”(即汇编)成机器语言后才能执行。汇编语言也是一种面向机器的语言,用它编写的程序通用性仍较差,较繁琐,但较容易编写。

高级语言是接近于自然语言、易于理解、面向问题的程序设计语言。机器语言和汇编语言都是面向机器的低级语言,它们对机器的依赖性很大,用它们开发的程序通用性差,而且要求程序的开发者必须熟悉和了解计算机硬件的每一个细节。因此,它们面对的用户是计算机专业人员,普通的计算机用户是很难胜任这一工作的。而高级语言与计算机具体的硬件无关,其表达方式接近于被描述的问题,接近于自然语言和数学语言,易被人们掌握和接受。目前,计算机高级语言已有上百种之多,常用的高级语言有 BASIC、PASCAL、C、COBOL、C＋＋、PROLOG 等。

(3)语言处理程序。语言处理程序是将用程序设计语言编写的源程序转换成机器语言的形式,以便计算机能够运行,这一转换是由翻译程序来完成的。翻译程序除了要完成语言间的转换外,还要进行语法、语义等方面的检查,翻译程序统称为语言处理程序,共有汇编程序、编译程序和解释程序 3 种。汇编程序是将用汇编语言编写的源程序翻译成机器语言程序,这一翻译过程称为汇编;编译程序是将用高级语言编写的源程序翻译成机器语言程序,这一翻译过程称为编译;解释程序是将源程序一句一句读入,对每个语句进行分析和解释,但解释过程不产生目标程序。

(4)数据库管理系统。数据库管理系统提供了对大量的数据进行有组织、动态、高效的管理手段,为信息管理应用系统的开发提供强有力的支持,用户利用它可以对数据进行存储、分析、综合、排序、检索等操作,也可根据需要编制程序。常用的数据库管理系统有 FoxBASE、FoxPro、Access、Sybase、Oracle 等。

(5)实用程序。实用程序是面向计算机维护的软件,由大量的工具软件所组成,如错误诊断、程序检查、自动纠错、测试程序和软硬件的调试程序等。

(二)应用软件

应用软件是专门为解决某个或某些应用领域中的具体任务而编写的功能软件。应用软件的种类繁多,它既包括商品化的通用软件和实用软件,也包括用户自己编制的各种应用程序。

按照应用软件的应用领域与开发方式,可以把应用软件分为 3 类:

(1)定制软件。定制软件是针对某些具体应用问题而研制的软件。这类软件完全按照用户自己的特定需求而专门进行开发,应用面相对较窄,但运行效率较高。例如,股票分析软件、工资管理软件、学籍管理软件和企业经营管理软件等。

(2)应用软件包。在某个应用领域中有一定通用性的软件,通常称为应用软件包。它本身也许不能满足该领域内所有用户的需要,只有在用户购买这类软件后,经过二次开发才能投入实际使用。例如,财务管理软件包、统计软件包和生物医用软件包等。

(3)流行应用软件。在一些相对广泛使用的领域中,有着相当多用户使用的流行的应用软件,通常称为流行应用软件。这些软件不断推出新的版本,不断改进其功能、效率和使用的方便性。例如,文字处理软件、电子表格软件和绘图软件等。

四、计算机的主要技术指标

决定计算机性能的因素包括 CPU 的性能、存储器的容量和速度以及外设的配置、软件配置等综合因素,主要的指标包括:

1.字长

字长是指计算机数据总线的宽度,即 CPU 并行处理和运算的二进制位数。目前主流的计算机是 32 位的。

2.主频(时钟频率)

主频是时钟脉冲发生器所产生的时钟信号频率,用于同步 CPU 运算的各种操作,单位是兆赫(MHz)。时钟频率决定了计算机处理信息的速度,频率越高,速度越快。

3.存储容量

存储容量是指计算机系统配备的内存总字节(Byte)数。字节是内存访问的基本单元,8个为一个字节。一般微型计算机内存的配置在 128 MB 和 256 MB。

4.运算速度

运算速度可用每秒所能执行指令的条数来表示,单位是条/秒,也常用 MIPS(Million Instructions Per Second)来表示,即每秒执行百万条指令。

5.配置的外设

总线技术、计算机系统结构和网络技术的发展,使得计算机系统扩展外设变得越来越简单、可靠,外设配置是衡量计算机综合性能的重要指标。

6.软件的配置

选择先进的软件可以充分发挥计算机的硬件功能,因此,软件配置也是决定计算机指标的重要因素。

第四节　微型计算机的基本配置

一、微型计算机的系统概述

根据冯·诺依曼的设计思想,计算机系统由硬件系统和软件系统两部分组成,如表 1-2 所示。

硬件是构成计算机的所有物理部件,包括各种元器件、电路板、机械装置以及各种连接件,是看得见、摸得着的“硬”设备,所以称之为硬件。它们是计算机进行信息处理的物质基础。

软件是指管理和控制计算机执行各种操作的所有程序、数据和文档资料的总称。软件是计算机工作的“灵魂”。

硬件和软件相互依存、相互支持,是构成计算机系统必不可少的两大部分。

表 1-2　计算机系统结构

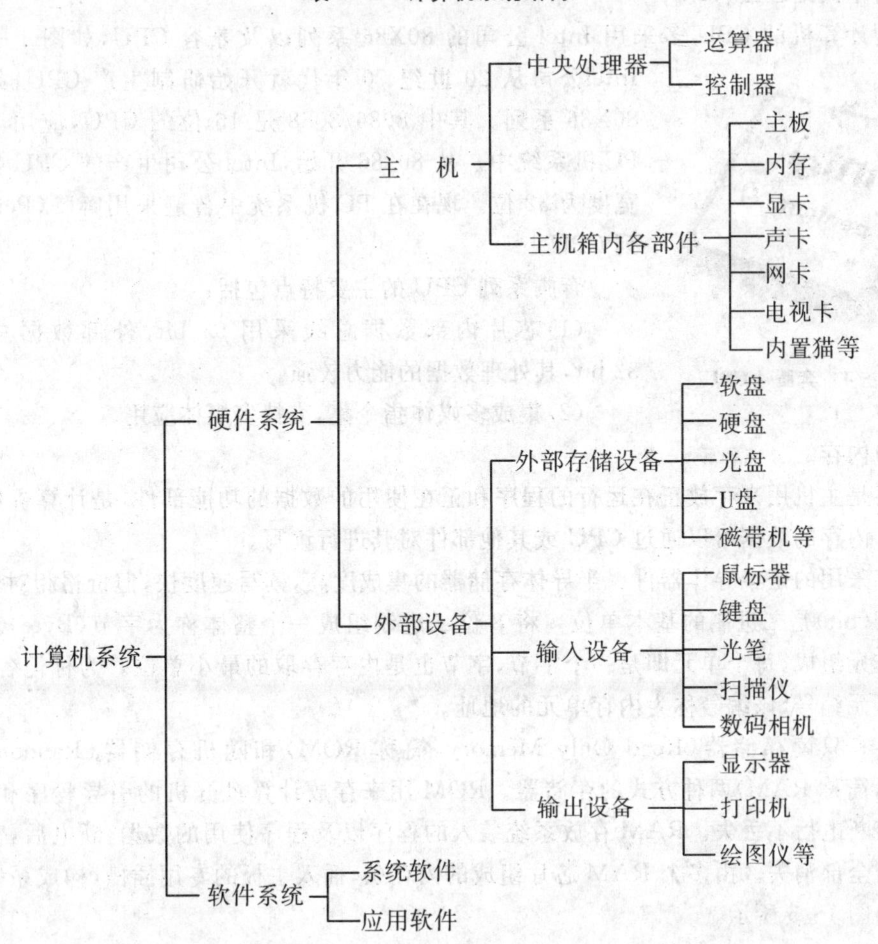

二、计算机的常见硬件设备

(一)主板

主板又称主机板或母板(图 1-3),是计算机中最基本的也是最重要的部件之一。主机中所有部件都直接或通过连线与它相连。

主板的构成是一块矩形的 6 层印刷电路板,上面安装了组成电脑的主要电路系统,一般包括有 BIOS 芯片、控制芯片、键盘和面板控制开关接口、外设接口、CPU 插槽、局部总线、扩展总线、内存插槽、指示灯接件、直流电源供电接插件等。当前许多厂商为了降低成本,甚至把显示卡、声卡、网卡等都集成到主板上,通常把这种主板称为集成主板或整合型主板。

图 1-3　主板

(二)中央处理器(CPU)

微型计算机的 CPU 多采用 Intel 公司的 80X86 系列以及兼容 CPU,如图 1-4 所示。

图 1-4 奔腾 4 CPU

Intel公司从 20 世纪 70 年代就开始研制生产 CPU,并形成了 80X86 系列。其中 8086/8088 是 16 位的 CPU,应用于最早的 PC 机系统中。从 80386 开始,Intel 公司生产的 CPU 数据总线宽度为 32 位。现在在 PC 机系统中普遍采用奔腾(Pentium)系列 CPU。

奔腾系列 CPU 的主要特点包括:

(1)芯片内部数据总线采用 64 bit,外部数据总线采用 32 bit,其处理数据的能力较强。

(2)集成多媒体指令集,支持多媒体应用。

(三)内存

内存是主机用来存放正在运行的程序和正在使用的数据的功能部件,是计算机数据交换的中心。内存的数据可以通过 CPU 或其他部件对其进行读写。

内存采用的是半导体器件。半导体存储器的集成度高,读写速度快,但价格相对较高。

"位"(bit)是二进制的基本单位。将 8 位二进制组成一个整体称为字节(Byte)。内存由一个个单元组成,每个单元即是一个字节,字节也是内存存取的最小单位。为标记各个单元,将每个单元编号,该编号称为内存单元的地址。

内存有只读存储器(Read Only Memory,简称 ROM)和随机存储器(Random Access Memory,简称 RAM)两种方式的存储器。ROM 用来存放计算机开机的引导程序和数据,其中的内容断电后不丢失。RAM 存放系统装入的程序以及程序使用的数据,断电后,其中保存的数据会全部消失。由多个 RAM 芯片组成的内存条,插入主板的专用插槽,构成系统的内存整体。如图 1-5 所示。

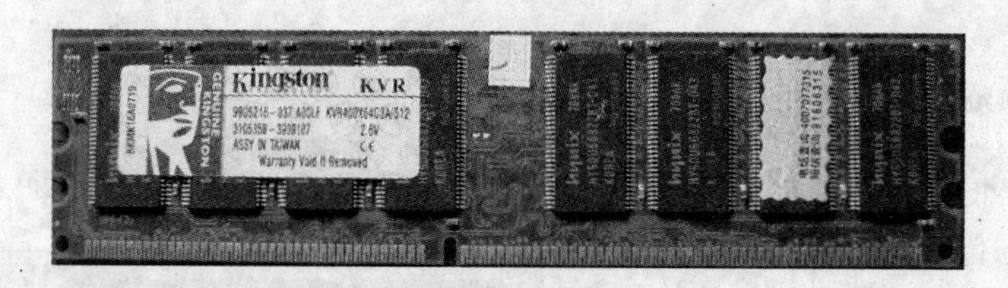

图 1-5 内存条

(四)外部存储器

外部存储器用于存放各种后备的数据,外部存储器的存储介质主要有磁介质、光介质和半导体介质。外部存储器是非易失的,即断电后数据并不丢失。

1. 软盘和软盘驱动器

软盘由圆形塑料薄片表面蒸镀磁粉,然后外加硬的塑料护套组成。计算机通过软盘驱动器对软盘进行读写。目前常用的是 3.5 英寸(1 英寸=2.54 cm)的软盘,它的存储容量为 1.44MB,如图 1-6 所示。软盘存储信息的方式是将软盘的两面划分成磁道,磁道内再划分为扇区来存储数据。磁道是由外向内的一个个同心圆,磁道编号从外向内越来越大,每个磁道又等分成若干个扇区。1.44MB 软

图 1-6 软盘

盘片有两面，每面 80 个磁道，每道 18 个扇区，每个扇区存储 512 个字节。

2. 硬盘与硬盘驱动器

硬盘具有容量大、读写快、使用方便、可靠性高等特点。它是由固定在机箱内硬质的合金材料构成的多张盘片组成，连同驱动器一起密封在壳体中。硬盘多层磁性盘片被逻辑划分为若干同心柱面(Cylinder)，每一柱面又被分成若干个等分的扇区，每个扇区为 512 Byte。

把盘片和读写盘片的电路及机械部分做在一起，简称硬盘驱动器，如图 1－7 所示。硬盘是计算机必备的设备，用来保存计算机的系统软件、应用软件和大量数据。硬盘通常固定在主机箱内。目前微型机配备的硬盘存储容量大多在 120～320 GB。

3. 光盘存储器

光盘存储器包括光盘驱动器(光驱)和光盘，如图 1－8 所示。光盘驱动器是多媒体计算机中最基本的硬件，它是采用激光扫描的方法从光盘上读取信息。光盘存储容量大，常用的盘片可以存储 650 MB、700 MB 的信息。光盘读取速度快，可靠性高，使用寿命长。光盘像软盘一样，携带方便，现在大量的软件、数据、图片、影像资料等都是利用光盘来存储的。

图 1－7　硬盘

图 1－8　光驱和光盘

4. U 盘存储器(FLASH 存储器)

U 盘(图 1－9)是一种可以直接插在通用串行总线 USB 端口上的能读写的外存储器，其存储体由半导体材料组成。由于它具有存储容量大(几十兆至几百兆)、体积小、保存信息可靠等优点，大有取代 3.5 英寸软盘的趋势。

图 1－9　U 盘

(五)键盘

键盘是计算机最常用的标准输入设备。用于 Windows 操作的键盘是 104 键的通用扩展键盘，其外形如图 1－10 所示。

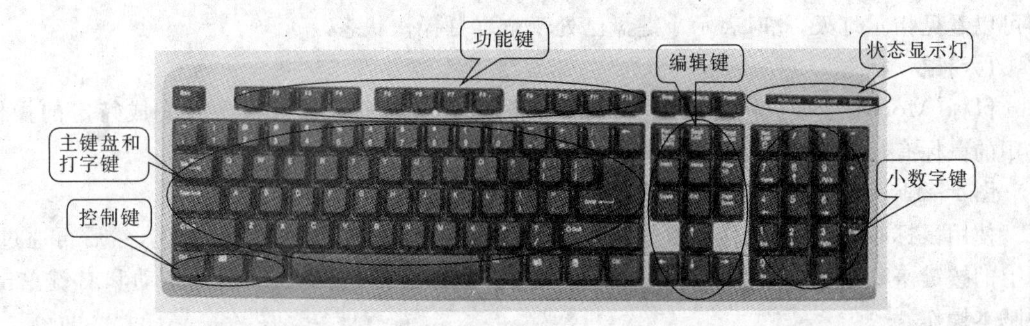

图 1－10　键盘

键盘上键位的排列有一定的规律，分为基本键区、功能键区、编辑键区和数字键区。

1. 基本键区

基本键区是操作键盘最常用的区域，各种字母、数字、符号以及汉字等信息都是通过在这一区域的操作输入计算机的(数字及运算符也可以通过数字键区输入)。

基本键区常用键的作用如下：

①Enter：回车键，换行键。

②Caps Lock：大小写字母转换键。

③Shift：上档键，常与其他键或鼠标组合使用，主要用于输入键位上方的字符。

④Ctrl：控制键，常与其他键或鼠标组合使用。

⑤Alt：变换键，常与其他键组合使用。

⑥BackSpace：退格键，按一次，消除光标前边的一个字符。

⑦Tab：制表键，按一次，光标跳到下一个制表位。

2. 功能键区

键盘操作一般有两大类：一类是输入具体的内容，另一类是代表某种功能。功能键区的键位就属于第二类操作。具体功能由软件定义。

功能键(F1～F12)：每一个键位具体表示什么操作，由具体的应用软件来定义。不同的程序可以对它们有不同的操作功能定义。

暂停键(Pause)：操作时直接击打一下该键，就可暂停程序的执行，若要继续往下执行时，可以击打任意一个字符键。

3. 编辑键区

编辑是指在整个屏幕范围内，对光标的移动和有关的编辑操作等。该键区的光标移动键位只有在运行具有编辑功能的程序中才起作用。该键区的操作主要有以下几类：

①↑、↓、←、→：相应为光标上移一行、光标下移一行、光标左移一列、光标右移一列。

②Home、End、Page Up、Page Down：用于在行、列上快速地移动光标。

③Delete：删除光标当前位置及后边的一个字符。

④Insert：设置改写或插入状态。

4. 数字键区

该键区包含了数字键和与数字相关的键，它为提高纯数字数据输入的速度而设立。

Num Lock：控制转换键。当右上角的指示灯(Num Lock)亮时，表示小键盘的输入锁定在数字状态，当需要小键盘输入为全屏幕操作键的下档操作键时，可以击打一下“Num Lock”键，即可以看见指示灯灭，此时表示小键盘已处于全屏幕操作状态。

(六)鼠　标

鼠标(Mouse)主要应用于图形界面的系统，可以快速移动选择对象并完成特定的操作。常用的鼠标有机械式和光电式。

图 1－11 所示的是最常用的带滚轮的两键鼠标。

使用鼠标时，通常是先移动鼠标，使屏幕上的光标定位在某一指定位置上，然后再通过鼠标上的按键来确定所选项目或完成指定的功能。鼠标有指向、单击、双击、拖动和右键单击 5 种基本操作。

(七)显示系统

显示系统包括显示器(又称监视器)和显示卡。显示器是计算机的标准输出设备，用于输出用户的数据。显示器可以以字符方式或图形、图像方式输出信息。

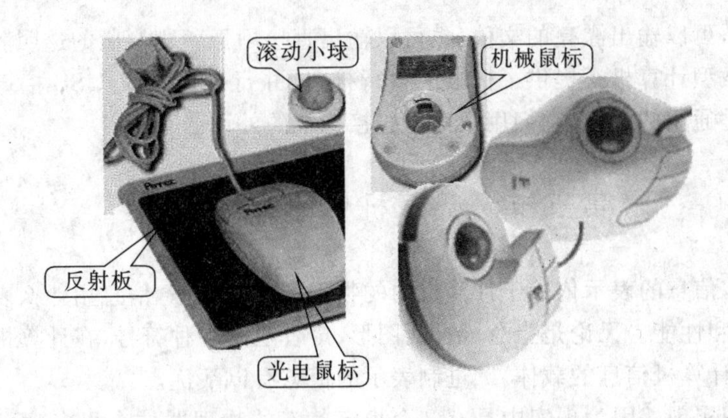

图 1-11　鼠标

目前使用的显示器屏幕尺寸有 17 英寸、19 英寸、21 英寸等。分辨率是显示器的一项技术指标，一般用“横向点数×纵向点数”表示，主要有 640×480、800×600、1024×768、1280×1024、1600×1280 等。分辨率越高，显示效果越清晰。

显示卡插在主机的总线插槽内。显示卡完成显示的数字信号转换成现实模拟信号输出到显示器。

显示器与显示卡如图 1-12 所示。

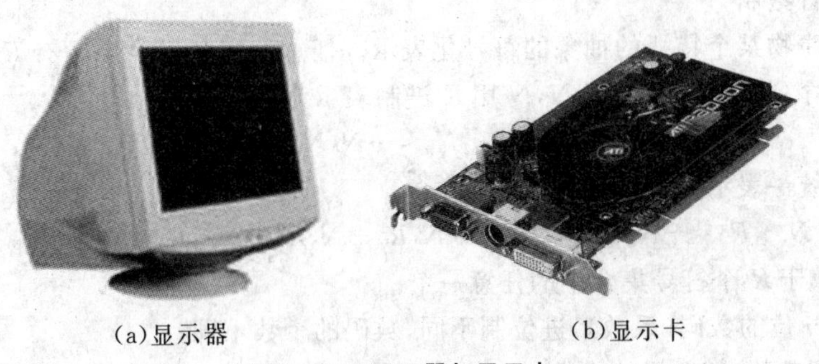

(a)显示器　　(b)显示卡

图 1-12　显示器与显示卡

(八)打印机

打印机(图 1-13)是计算机系统中常用的输出设备。打印机可以将电子化的各种文档，如文字、图形、图像输出到纸张上。根据打印机的工作原理，可以将打印机分为针式打印机、喷墨打印机和激光打印机 3 类。

(1)针式打印机是通过控制打印头内的点阵撞针，撞击打印色带，将油墨印在纸上。常用的针式打印机为 24 针宽行打印机。

(2)喷墨打印机的打印头由几百个细小的喷墨口组成，当打印头横向移动时，喷墨口可以按一定的方式喷射出墨水，打到打印纸上，形成字符、图形等。

(3)激光打印机是一种高速度、高精度、低噪声的非击打式打印机，它是激光扫描技术与电子照相技术相结合的产物。激光打印机具有最高的打印质

图 1-13　打印机

量和最快的速度,可以输出漂亮的文稿,也可以输出直接用于印刷制版的透明胶片。

除此之外,微型计算机还提供了标准的串行接口、并行接口以及 USB 接口。这些接口的电气、物理标准是通用的,通过它们用户可以挂接标准的外设。

第五节　计算机中的数据表示

在计算机中,信息的表示依赖于计算机内的物理器件的状态,信息用什么表示形式直接影响计算机的结构和性能。无论是指令、数据、图形、声音还是各种符号,在计算机中都以二进制表示。二进制是计算机信息的载体,二进制表示的信息有以下优点:

(1)易于物理实现。因为现实中具有 2 个稳定状态的物理器件有很多,而具有 10 个稳定状态的物理器件很难实现,即使实现,稳定性也差,无法使用。

(2)机器可靠性高。由于电压的高低、电流的有无等状态分明,系统的抗干扰能力强,信息的可靠性高。

(3)运算简单。二进制的运算规则简单,可以方便地进行算术和逻辑运算。

(4)通用性强。二进制既可以实现各种数值信息的编码,也可以实现各种非数值信息的编码。

一、数　制

(一)进位计数制

数是客观事物某个特征的抽象的符号化表示。任意的进制 $R(R>1)$ 有 R 个符号,由 R 个符号组成一个序列来表示一个值 N,N 用 R 进制表示为:

$$(N)_R=N_{n-1}N_{n-2}N_{n-3}\cdots N_0N_{-1}N_{-2}\ldots N_{-m}$$

其值可以统一表示为:

$$N=N_{n-1}R^{n-1}+N_{n-2}R^{n-2}+\cdots+N_1R^1+N_0R^0+N_{-1}R^{-1}+\cdots+N_{-m}R^{-m}$$

其中 N_i 属于 R 个符号集合中的任意一个。

N_i——第 i 位的数码(系数),进位制不同,数码的个数不同;

R——进位基数,即数码的个数;

R^i——位权;

n——整数部分位数,为正整数;

m——小数部分位数,为正整数。

1. 十进制

十进制的特点:

(1)有 10 个数码:0、1、2、3、4、5、6、7、8、9。

(2)逢十进一,借一当十。

如:$5453.25=5\times10^3+4\times10^2+5\times10^1+3\times10^0+2\times10^{-1}+5\times10^{-2}$

这称作十进制数 5453.25 按位权的展开式。

2. 二进制

二进制的特点:

(1)有 2 个数码:0 或 1。

(2)逢二进一,借一当二。

如:$(111011.101)_2=1\times2^5+1\times2^4+1\times2^3+0\times2^2+1\times2^1+1\times2^0+1\times2^{-1}+0\times2^{-2}+1\times2^{-3}$

$=32+16+8+2+1+0.5+0.125$

$=(59.625)_{10}$

由于二进制的位权较小，因此，在书写表示计算机的数据时，经常会用到比二进制转换容易实现的八进制和十六进制。

3. 八进制

八进制的特点：

(1)有 8 个数码：0、1、2、3、4、5、6、7。

(2)逢八进一，借一当八。

如：$(327)_8=3\times8^2+2\times8^1+7\times8^0=192+16+7=(215)_8$

4. 十六进制

十六进制的特点：

(1)有 16 个数码：0、1、2、3、4、5、6、7、8、9、A、B、C、D、E、F。

(2)逢十六进一，借一当十六。

如：$(327)_{16}=3\times16^2+2\times16^1+7\times16^0=768+32+7=(807)_{10}$

(二)各种计数制之间的转换

1. 任意 R 进制数转换为十进制数

任意 R 进制数转换为十进制数采用“按权展开相加”的方法即可。

如：$(1101.01)_2=1\times2^3+1\times2^2+0\times2^1+1\times2^0+0\times2^{-1}+1\times2^{-2}$

$=8+4+0+1+0+0.25=(13.25)_{10}$

2. 十进制数转换为二进制数

把十进制数转换为任意进制数，整数部分不断用商除 R，直到商为 0 为止，然后倒取余数，小数部分采用乘 R 取整、顺取整数的办法来实现十进制数转换为任意进制数。

如：将$(100.625)_{10}$转换为二进制数。

(1)整数部分的转换。

除2	余数
2 | 100	
2 | 50	0 (最低位)
2 | 25	0
2 | 12	1
2 | 6	0
2 | 3	0
2 | 1	1
0	1 (最高位)

(2)小数部分的转换。

乘2取整	整数部分
0.625 × 2 = 1.250	1
0.250 × 2 = 0.500	0
0.500 × 2 = 1.000	1

因此，$(100.625)_{10}=(1100100.101)$。

由于计算机表示数据总是用有限的二进制位数,小数部分转换可按精度要求取足够的位数。

3.二进制数与八进制数之间的转换

(1)二进制数转换为八进制数。以小数点为基准,整数部分从右至左,每三位一组,最高有效位不足三位时,用0补足三位;小数部分从左至右,每三位一组,低位不足三位时,用0补足三位。然后,将各组的三位二进制数按权(2^2、2^1、2^0)展开后相加,得到相应的一位八进制数。

如:$(11010111.0101)_2=(011010111.010100)_2=(327.24)_{10}$

(2)八进制数转换为二进制数。把一位八进制码按对应位置写成对应的三位二进制码即可。

如:$(27.461)_8=(010111.100110001)_2$

4.二进制数与十六进制数之间的转换

二进制数与十六进制数之间的转换与二进制数同八进制数之间的转换相似。二进制的四位数对应于十六进制的一位数。

如:将$(110111110.100101111)_2$转换成十六进制数。

$(110111110.100101111)_2=(000110111110.100101111000)_2=(1BE.978)_{16}$

又如:将$(6AB.7A54)_{16}$转换为二进制数。

$(6AB.7A54)_{16}=(011010101011.0111101001010100)_2=(11010101011.01111010010101)_2$

从上面的讨论可以知道,八进制数、十六进制数同二进制数之间有着十分简便的转换关系,而且八进制,尤其是十六进制的书写十分简短。因而在程序设计中,二进制的代码往往书写成八进制或十六进制形式。

在程序设计中,为区分各种进位制的数制,采用下面的表示法:

(1)十进制数:在数字后面加字母D或不加字母,如325D或325;

(2)二进制数:在数字后面加字母B,如1011B;

(3)八进制数:在数字后面加字母Q,如427Q;

(4)十六进制数:在数字后面加字母H,如3ABH。

二、编　码

计算机所有的数据都是用二进制表示的。因此,在计算机内部的数据数值、字符和汉字都必须用二进制表示,通过二进制的0和1组合来表示大量复杂信息的表示方法统称为编码。

一般将数据分为数值型数据和非数值型数据。数值型数据用于衡量量的大小;非数值型数据用于表示各类信息,如文字、声音、图形、图像等。关于非数值型数据的编码,各个国家的文字表示有相应的国家标准,声音、图形、图像有相应的行业标准和国际标准。下面介绍几种常见的文字编码标准。

(一)字符型信息的编码(ASCII码)

ASCII(American Standard Code for Information Interchange)是美国信息交换标准代码,是英文文字系统的编码标准。编码包括94个可印制字符,用于表示普通的字符,如字母、数字和符号。除此之外,还包含34个控制符号,用于对计算机的外设进行控制,共计128个字符。这需要用7位二进制编码表示,所以采用一个字节,最高位置0,传输时最高位可以作为奇偶校验。7位ASCII码字符编码表如表1-3所示。

表 1-3　7 位 ASCII 码字符编码表

$D_6D_5D_4$ / $D_3D_2D_1D_0$	000	001	010	011	100	101	110	111
0000	NUL	DEL	SP	0	@	P	‘	p
0001	SOH	DC1	!	1	A	Q	a	q
0010	STX	DC2	"	2	B	R	b	r
0011	ETX	DC3	＃	3	C	S	c	s
0100	EOT	DC4	$	4	D	T	d	t
0101	ENQ	NAK	%	5	E	U	e	u
0110	ACK	SYN	&	6	F	V	f	v
0111	BEL	ETB	’	7	G	W	g	w
1000	BS	CAN	(	8	H	X	h	x
1001	HT	EM	)	9	I	Y	i	y
1010	LF	SUB	*	:	J	Z	j	z
1011	VT	ESC	＋	;	K	[	k	{
1100	FF	FS	,	＜	L	\	l	|
1101	CR	GS	－	＝	M	]	m	}
1110	SO	RS	.	＞	N	∧	n	～
1111	SI	US	/	?	O	_	o	DEL

例如：字符 A 的 ASCII 码是 1000001。若用十六进制数可表示为 41 H，若用十进制数可表示为 65 D。

注意：字符的 ASCII 码值的大小规律为 z～a＞Z～A＞9～0＞空格＞控制符，字母内的大小顺序为 z～a、Z～A。

（二）汉字的编码

汉字是象形文字，由于汉字自身的特点，汉字没法像英文一样通过简单元素（如字母）表示。因此，汉字的编码采用一字一码的方式。汉字编码的输入、处理和显示方式都和英文不同，包含了用于交换的国标码，用于内部处理的内码和用于打印显示的显示码。

(1)汉字交换码。1981 年，我国颁布了《信息交换用汉字编码字符集·基本集》（代号 GB2312—80）。它是汉字交换码的国家标准，又称“国标码”。该标准收入了 6 763 个常用汉字（其中一级汉字 3 755 个，二级汉字 3 008 个），以及英、俄、日文字母与其他符号 687 个，共有 7 000 多个符号。

国标码规定，每个字符由一个 2 字节代码组成。每个字节的最高位恒为“0”，其余 7 位用于组成各种不同的码值。为了不与 ASCII 码的控制字符相同，两个字节的代码中每个字节只用到了其中的 94 个码值；共可表示 8 836(94×94＝8836)个符号。汉字是二位结构，第一个字节称为“区码”，每个区有 94 个码；第二个字节称为“位码”。因此，国标码也称为“区位码”。如：“沪”的国标码表示为 2706(00011011 00000110B)。

(2)汉字机内码。计算机既要处理汉字，也要处理英文。为了实现中、英文兼容，内部处理时将最高位用于区分汉字和ASCII码。若最高位为“1”，表示汉字；最高位为“0”，表示ASCII码字符。

(3)汉字输入码。汉字的输入必须利用现有的输入设备，可以通过键盘输入汉字，常用的汉字输入法有拼音法和五笔字型法等。

输入法必须将键盘所输入的字符序列转换成机器内部表示的内码存储和处理。输入码和机内码之间的转换通过键盘管理程序实现。输入码仅是用户选用的编码，也称为“外码”，而机内码则是供计算机识别的“内码”，其码值是唯一的。两者通过键盘管理程序来转换。

(4)汉字字形码。汉字的显示、打印输出的是汉字的字形。显示、打印是将汉字的字形分解成由点阵组成的图形，也称为字形码。字形码和机内码之间也存在一一对应的关系。汉字是方块字，可以用横向点数和纵向点数来表示汉字。点阵码有16×16、24×24、32×32、48×48等。点数愈多，打印的字体愈美观，但汉字库占用的存储空间也愈大。例如，一个24×24的汉字占有的空间为72个字节，一个48×48的汉字将占用288个字节。汉字的显示和打印可以通过汉字系统的输出处理程序将内码转换成汉字点阵输出。

第六节　多媒体计算机

一、多媒体的基本知识

(一)媒体

媒体(Media)是表示和传播信息的载体，它一般包括两层含义：一是指信息的物理载体，即存储和传递信息的实体，如书本、挂图、磁盘、光盘、磁带以及相关的播放设备等；另一层含义是指信息的表现形式(或者说传播形式)，如文字、声音、图像、动画等。多媒体计算机(Multimedia Personal Computer，简称MPC)中所说的媒体，是就后者而言，即计算机不仅能处理文字、数值之类的信息，而且还能处理声音、图形、电视图像等各种不同形式的信息。国际电话电报咨询委员会CCITT(国际电信联盟ITU的一个分会)把媒体分成5类：

(1)感觉媒体。感觉媒体是指直接作用于人的感觉器官，使人产生直接感觉的媒体，如引起听觉反应的声音、引起视觉反应的图像等。

(2)表示媒体。表示媒体是指传输感觉媒体的中介媒体，即用于数据交换的编码，如图像编码(JPEG、MPEG等)、文本编码(ASCII码、GB2312等)和声音编码等。

(3)表现媒体。表现媒体是指进行信息输入和输出的媒体，如键盘、鼠标、扫描仪、话筒、摄像机等为输入媒体，显示器、打印机、喇叭等为输出媒体。

(4)存储媒体。存储媒体是指用于存储表示媒体的物理介质，如硬盘、软盘、磁盘、光盘、ROM及RAM等。

(5)传输媒体。传输媒体是指传输表示媒体的物理介质，如电缆、光缆等。

(二)多媒体及多媒体技术

多媒体是多种媒体的综合，就是把文本、图形、图像、动画等组合起来形成一个有机的整体。而多媒体技术不是各种信息媒体的简单复合，是一种把文本、图形、图像、动画和声音等形式的信息结合在一起，并通过计算机进行综合处理和控制，能支持完成一系列交互式操作的信息技术。它主要包括音响信号处理、静态图像和电视图像处理、语音信息处理及远程通信等软、硬件技术。

可见,多媒体技术是一种系统的技术。它主要有以下特点:

(1)集成性。能够对信息进行多通道统一获取、存储、组织与合成。

(2)控制性。多媒体技术是以计算机为中心,综合处理和控制多媒体信息,并按人的要求以多种媒体形式表现出来,同时作用于人的多种感官。

(3)交互性。交互性是多媒体应用有别于传统信息交流媒体的主要特点之一。传统信息交流媒体只能单向地、被动地传播信息,而多媒体技术则可以实现人对信息的主动选择和控制。

(4)非线性。多媒体技术的非线性特点将改变人们传统循序性的读写模式。以往人们的读写方式大都采用章、节、页的框架,循序渐进地获取知识,而多媒体技术将借助超文本链接的方法,把内容以一种更灵活、更具变化的方式呈现给读者。

(5)实时性。当用户给出操作命令时,相应的多媒体信息都能够得到实时控制。

(6)信息使用的方便性。用户可以按照自己的需要、兴趣、任务要求、偏爱和认知特点来使用信息。

(7)信息结构的动态性。“多媒体是一部永远读不完的书”,用户可以按照自己的目的和认知特征重新组织信息。

多媒体技术的发展改变了计算机的使用领域,使计算机由办公室、实验室中的专用品变成了信息社会的普通工具,广泛应用于工业生产管理、学校教育、公共信息咨询、商业广告、军事指挥与训练,甚至家庭生活与娱乐等领域。

二、多媒体计算机系统

多媒体计算机(MPC)是指具有对各种信息媒体进行处理能力的计算机,对各种信息媒体的“处理”,是指计算机能够对它们进行获取、编辑、存储、检索、展示、传输等各种操作。多媒体计算机系统是多种信息技术的集成,是把多种技术综合应用到一个计算机系统中,实现信息输入、信息处理、信息输出等多种功能。通常,一个完整的多媒体计算机系统由多媒体计算机硬件和多媒体计算机软件两部分组成。

(一)多媒体计算机的硬件

多媒体计算机的主要硬件是指以 VGA 类图形卡为输出设备,在普通 PC 机基础上,以窗口技术为支撑环境,再配置一些专用多媒体输入输出设备,如音频信息处理硬件、视频信息处理硬件及光盘驱动器等。

(1)音频卡(Sound Card)。用于处理音频信息,它可以把话筒、录音机、电子乐器等输入的声音信息进行模数转换、压缩等处理,也可以把经过计算机处理的数字化的声音信号通过还原(解压缩)、数模转换后用音箱播放出来,或者用录音设备记录下来。

(2)视频卡(Video Card)。用来支持视频信号(如电视)的输入与输出。

(3)采集卡。能将电视信号转换成计算机的数字信号,便于使用软件对转换后的数字信号进行剪辑处理、加工和色彩控制,还可将处理后的数字信号输出到录像带中。

(4)扫描仪。将摄影作品、绘画作品或其他印刷材料上的文字和图像,甚至实物,扫描到计算机中,以便进行加工处理。

(5)光驱。分为只读光驱(CD-ROM)和可读写光驱(CD-R、CD-RW),可读写光驱又称刻录机。用于读取或存储大容量的多媒体信息。

(二)多媒体计算机的软件

多媒体计算机的软件系统是由多媒体硬件的驱动软件、支持多媒体的操作系统或操作环境、多媒体数据准备软件、多媒体创作工具、多媒体应用软件等组成。多媒体计算机的操作系统是在原基础上扩充多媒体资源管理与信息处理的功能,多媒体创作工具包括字处理软件、绘图软件、图像处理软件、动画制作软件、声音编辑软件以及视频编辑软件等。

三、多媒体数据信息

(一)文件

在计算机中,表示媒体的各种编码数据都是以文件的形式存储的,是二进制数据的集合。文件的命名同DOS文件格式相同,一般由文件名和扩展名两部分组成,文件名与扩展名之间用“.”隔开,扩展名用于表示文件的格式类型。

(二)多媒体信息的类型

多媒体的信息类型主要有文本、图像、动画、音频、视频影像等。

(1)文本。文本是以文字和各种专用符号表达的信息形式,它是现实生活中使用得最多的一种信息存储和传递方式。用文本表达信息给人充分的想象空间,它主要用于对知识的描述性表示,如阐述概念、定义、原理和问题以及显示标题、菜单等内容。文件格式一般以TXT、DOC、WPS、PPT、RTF、XLS等为扩展名。

(2)图像。图像是多媒体软件中最重要的信息表现形式之一,它是决定一个多媒体软件视觉效果的关键因素。文件格式一般以BMP、GIF、JPG、3DS、WMF等为扩展名。

(3)动画。动画是利用人的视觉暂留特性,快速播放一系列连续运动变化的图形、图像,也包括画面的缩放、旋转、变换、淡入淡出等特殊效果。通过动画可以把抽象的内容形象化,使许多难以理解的内容变得生动有趣。合理使用动画可以达到事半功倍的效果。文件格式一般以DL、GIF、MOV、MPG、FLI等为扩展名。

(4)音频。音频是一种对声音和振动频率的综合描述。计算机中常见的音频信息包括波形音频和MIDI音频两种。波形音频是数字化的声音波形,可以将来自任何声源的声音经模数转换后制作成波形音频,以WAV为扩展名;MIDI是数字音乐的国际标准,它主要用于声音的合成,以MID为扩展名。另外,还有以AIF、CDA、AU、RMI等为扩展名的音频文件。

(5)视频影像。视频影像具有时序性与丰富的信息内涵,常用于交代事物的发展过程。视频类似于我们熟知的电影和电视,有声有色,在多媒体中充当起重要的角色。文件格式一般以AVI、MPEG、PM、QT等为扩展名。

四、媒体播放工具

媒体播放工具也叫媒体播放器,是一种接收并播放媒体的软件。目前,用于媒体播放的软件种类繁多,功能却不尽相同。常见的播放工具主要有:

(1)Media Player播放器。它是由微软公司制作,内置于Windows操作系统,主要用于控制多媒体设备并播放如声音、动画、视频等多媒体文件。

(2)Winamp。它是音乐播放软件,主要用于播放MP3、MP2、MOD、S3M、MTM、CD-Audio、Line-In、WAV、VOC等多种音频格式的声音文件。

(3)豪杰超级解霸3000。主要用于播放DVD、VCD、RM、ASF、WMA、WMV、MOV等上百种视、音频格式文件,具有超强纠错技术、影音格式转换技术等,支持在线播放。

(4)Real Player(Real One Player)。Real Player是网上收听、收看实时Audio、Video和Flash的最佳工具,用它可欣赏网上在线音频和视频资料。

习　题

1.计算机的发展经历了哪几代？每一代的主要划分特征是什么？

2.计算机有哪些应用领域？请举例说明。

3.计算机的硬件系统包括哪些内容？

4.计算机的软件系统包括哪些内容？

5.简述计算机的基本工作原理。

6.简述计算机执行一条指令的过程。

7.计算机主机系统与外部设备连接时，为什么要使用接口电路？什么叫USB端口？

第二章　Windows XP 操作系统

第一节　操作系统常识

一、操作系统的概念和功能

(一)操作系统的概念

只有计算机硬件而没有安装任何软件的计算机我们称之为"裸机"。这种计算机只能识别二进制,人们必须通过以二进制表示的该机器的机器语言指令来使用此种计算机,必须和内存的物理地址直接打交道,这对非专业人员来说是非常困难的。为了更有效地管理和使用计算机,在硬件上加了一层专门管理计算机资源的软件——操作系统(Operation System)。操作系统负责管理计算机的硬件和软件资源,为用户提供使用计算机的接口,从而方便用户的使用。

操作系统掩盖了计算机硬件的特征,有了操作系统后,由操作系统接受用户发出的指令并进行相应处理,再将处理结果转发给相关硬件设备执行。

操作系统是用来控制和管理计算机的软、硬件资源,合理地组织计算机流程,并方便用户有效地使用计算机的各种程序的集合。它是计算机必备的系统软件,是人与硬件的桥梁,是人机交流的必不可少的工具,也是计算机系统中最基本的软件,其他的软件都是建立在操作系统之上的。操作系统的主要任务为:

(1)管理计算机的全部软件和硬件资源。

(2)提供方便、友好的用户接口。

(3)扩充硬件的功能。

(4)最大限度地发挥计算机系统的效率。

(二)操作系统的功能

从管理的角度,操作系统有以下五大管理功能:

(1)中央处理器管理。中央处理器管理系统负责管理计算机的处理器,为用户合理分配处理器的时间,尽量使处理器处于忙碌状态,以提高处理器的使用效率。

(2)内存管理。内存管理系统负责管理主存储器,实现内存的分配与回收、内存的共享与扩充以及信息的保护等。使用户在编程时可以不考虑内存的物理地址,从而方便了用户,并提高了内存空间的利用率。

(3)文件管理。文件管理系统负责管理文件,实现用户信息的存储、共享和保护,为文件的"按名存储"提供技术支持,合理地分配和使用外存空间。

(4)外设管理。外设管理负责管理各种外部设备,实现外部设备的分配和回收,并控制外部设备的启动与运行。

(5)作业管理。作业是用户要求计算机解决的一个问题,它包括程序和数据集等。一个作业从进入计算机系统到执行结束经过了几个不同的状态,在某个时间段,计算机在做多个作业，作业管理系统负责实现作业调度并控制作业的执行。

二、操作系统的分类

在不同的场合，使用的操作系统也不同。按系统运行环境和使用方式的不同，操作系统可分为以下几类：

（一）单用户操作系统

一次只有一个用户独占系统资源。它又可分为单用户单任务和单用户多任务。

（二）多道批处理操作系统

多个作业同时存在，中央处理器轮流地执行各个作业。

（三）分时操作系统

中央处理器将其时间分为若干个时间片，一台主机可挂多个终端，每个终端用户每次可以使用一个时间片，中央处理器轮流为终端用户服务，一个时间片内没有完成，则等到下一个时间片，从而实现了多个用户分时使用一台计算机。

（四）实时操作系统

主要用于实时控制，一般是为专用机设计的。这种操作系统能对随机出现的外部事件进行及时的响应和处理。

（五）网络操作系统

管理网络资源，将计算机网络中的各台计算机有机地联合起来，以实现网上各计算机之间的数据通信和资源共享。

（六）分布式操作系统

将一个任务分解为若干个可以并行执行的子任务，分布到网络上的不同的计算机上并行执行，使系统中的各台计算机相互协作完成一个共同的任务，以充分利用网上计算机的资源优势。

三、了解 Windows XP

Windows 是美国微软公司（Microsoft）开发的系列图形界面操作系统的名称。其最早的版本是 1985 年 11 月推出的 Windows 1.0，之后微软公司不断地改进其性能，推出更新、更好的版本，先后推出了 Windows 3. X、Windows 95、Windows 98、Windows 2000、Windows XP 等版本，并且仍在继续研究推出新的版本。因其界面友好、使用方便、功能强大，它已经成为广大计算机用户首选的操作系统。

Windows XP 操作系统有着众多的优点，如通用的图形化界面、强大的多窗口技术、丰富的菜单技术、方便的鼠标操作、简洁明了的桌面、高效的即插即用功能、完善的网络与通信功能等。除此以外，Windows XP 还增加了许多特色功能。

（一）崭新的用户界面

Windows XP 将明亮、鲜艳的外观与简单易用的设计结合在一起。桌面和任务栏降低了混乱程度，“开始”菜单使用户更容易访问程序，并且有更多的选项来自定义桌面环境。

Windows XP 桌面的布局更加结构化，左侧显示任务列表，右侧显示相关任务的子类，并按照分层进行管理。图 2-1 所示为 Windows XP 系统的“控制面板”用户界面。

（二）改进的“开始”菜单

改进的“开始”菜单更加智能，如图 2-2 所示。它提供了更多的自定义选项，可以显示谁已登录，并自动地将使用最频繁的程序添加到菜单顶层，可以使您将所需的任何程序移动到

"开始"菜单中,将最常用的应用程序组合在一起,如"图片收藏"和"我的文档"文件夹等也可以从顶层访问。

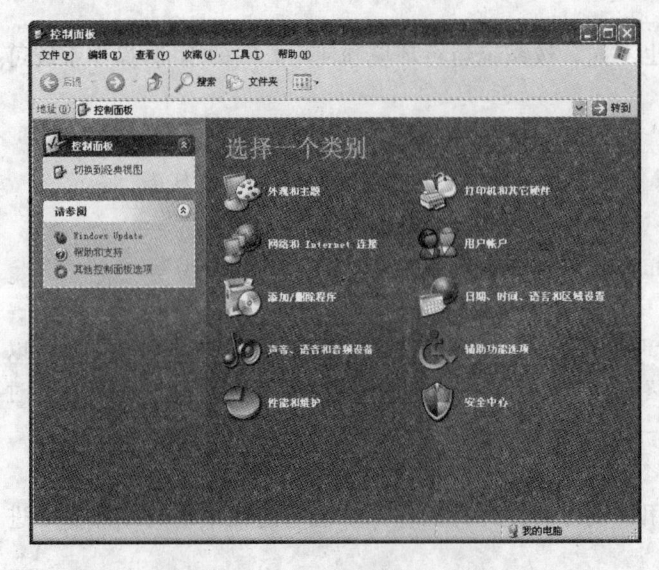

图 2-1　Windows XP 系统的"控制面板"用户界面

图 2-2　改进的"开始"菜单

(三)分组的"任务栏"管理模式

当打开很多文档和程序窗口时,任务栏组合功能可以在任务栏上创建更多的可用空间。例如,如果打开了多个窗口,其中 4 个是 Word 文档,那么,4 个 Word 文档的任务栏按钮将组合在一起成为一个按钮。单击该按钮,然后单击某个文档,即可查看该文档,如图 2-3 所示。

图 2-3　多个窗口被组织在任务栏中的一个按钮中

(四)全新的媒体播放器

Windows Media Player 是一个将视频、音频播放器和收音机功能整合成一体的媒体播放器。可播放 CD 和 MP3 音乐,收听电台,可以创建自己的音乐播放曲目,甚至可以观看 DVD。Windows XP 将把您的音乐存储在"我的音乐"文件夹中,以便于您进行管理。

第二节　Windows XP 的基本操作

一、Windows XP 的启动与退出

(一)Windows XP 的启动

计算机安装 Windows XP 系统后,打开计算机的电源,稍等片刻,计算机将自动进入 Windows XP 系统。系统首先进行各种检查,检查完毕,装入 Windows XP 操作系统。启动成

功后，进入 Windows XP 桌面，如图 2－4 所示。

图 2－4　Windows XP 桌面

Windows XP 系统的启动有以下几种方法：

(1)打开计算机的电源，自动启动 Windows XP 系统。

(2)在“开始”菜单中，选择“关闭计算机”，再选择“重新启动”。

(3)当计算机出现异常情况时，可以按计算机主机面板上的“RESET”。

(二)Windows XP 的退出

在关机之前，用户应该首先关闭所有打开的应用程序和文档，以免一些尚未保存的文件和正在执行的程序遭到破坏；然后打开“开始”菜单，选择“关闭计算机”，打开“关闭计算机”对话框，如图 2－5 所示，选择“关闭”按钮。

图 2－5　“关闭计算机”对话框

二、Windows XP 的桌面

Windows XP 系统启动成功后，计算机屏幕的整个背景区域称为桌面。Windows XP 系统正是利用桌面来进行各种资源的管理。桌面上的内容包括：

（一）图标

桌面上摆放着一些小图形，这些附有简短的文字说明的图形称为图标。它是 Windows 系统中各种对象的图形表示，它可用于表示应用程序、文件夹、文件、各种类型的驱动器等。

桌面上常见的图标有：

(1)我的电脑。用以管理计算机的所有资源。

(2)我的文档。用以存放用户的各种文档。

(3)网上邻居。通过它，可以访问网上的其他计算机，共享资源。

(4)回收站。暂时存放用户删除的文件或文件夹，必要时可以恢复或彻底删除。

(5)Internet Explorer。是 Internet 的浏览工具。

(6)Outlook Express。是用于收发电子邮件的工具。

（二）任务栏

任务栏位于屏幕的底部，如图 2－4 下部所示，其上主要有：

(1)“开始”按钮。位于屏幕的左下角，单击“开始”按钮，即弹出“开始”菜单。“开始”按钮中有以下内容：

①文档：显示以前打开的文档。

②设置：显示能更改系统设置的组件清单。

③搜索：可以查找文件、文件夹、网络上的计算机、Internet 上的信息等。

④帮助和支持：可以使用“帮助”来找到如何完成某个任务的方法。

⑤运行：通过键入 MS-DOS 命令运行程序或打开文件。

⑥注销：关闭所有正在运行的应用程序，并作为一个新的用户登录。

⑦关闭计算机：关闭计算机或重新启动计算机。

(2)快速启动栏。它存放了桌面上的一些图标，单击它可以实现快速启动。

(3)应用程序任务栏。其上的每一个按钮代表一个或一组打开的应用程序或窗口。

(4)语言栏。选择并设置各种输入法。

(5)通知栏。显示系统时钟、紧急通知图标等。

三、鼠标的使用

在 Windows XP 环境中，鼠标是最常用的工具，利用鼠标可以方便快捷地进行各种操作，提高工作效率。

利用鼠标进行操作，首先必须将鼠标移动到操作对象的位置上，接着才可进行各种操作。

鼠标的操作方式有以下几种：

(1)单击鼠标左键。用于选中独立的操作对象。

(2)单击鼠标右键。用于弹出所选对象的智能化快捷菜单。

当用右键单击某个对象时，Windows XP 系统会将用户可能对该对象进行的操作集中起来，组合成一个快捷菜单显示出来，以供用户选择，从而提高工作效率。鼠标所指对象不同，其快捷菜单也不同。

(3)双击鼠标左键。两次连续的单击,用于启动应用程序、打开对象等。

(4)拖动。按住鼠标左键不放,移动它到某一特定位置后放开,用于移动对象,或选中大片区域等。

鼠标的操作方法并不复杂,但是鼠标在不同的位置进行不同的操作时,它的不同形状所代表的含义也不同。表 2-1 列出了常见鼠标指针的形状及其功能说明。

表 2-1　鼠标指针的形状及其功能说明

鼠标形状	功　能　说　明
	鼠标指向桌面、窗口、菜单、图标、按钮等,是标准选择
	系统正在后台运行
	精确定位,用于图形中
	帮助选择,可从对话框中获得帮助
	表示系统正忙
	文字选择,表示系统在文本区域,指示文本插入点
	手写
	通过鼠标的拖动操作可以在垂直、水平和对角方向调整对象的大小
	移动,移动图片、图像和文本框等
	链接选择,指向一个超级链接,通过单击可打开相应的主题
	不可用,表示当前鼠标操作不起作用

四、窗口及其操作

(一)窗口及其组成

Windows 系统之所以称为视窗软件,完全是因为整个操作系统是以窗口为主体进行操作的。窗口是屏幕上的一块矩形区域,用户可以在窗口中进行各种操作。

图 2-6 所示的是 Windows XP 窗口。

窗口一般由以下几个部分组成:

1. 标题栏

位于窗口的最上方,用于显示窗口的名称。

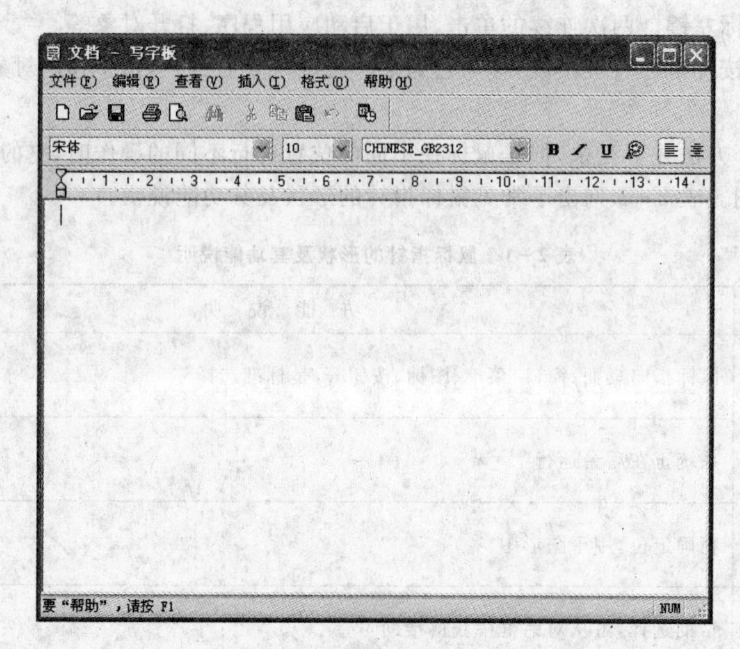

图 2-6 Windows XP 窗口

2. 菜单栏

位于标题栏的下方，用于显示对应的应用程序的各种命令，一般还有各级下拉菜单。

3. 工具栏

一般位于菜单栏的下方，包含各种常用的功能按钮。

4. 工作区域

窗口内部的区域，是用户输入信息的显示区域；也是计算机与用户对话的区域。

5. 状态栏

位于窗口的底部，用于显示窗口的状态。

6. 水平滚动条

当窗口中的内容较多时，利用水平滚动条可以在水平方向翻动，以便阅读。

7. 垂直滚动条

当窗口中的内容较多时，利用垂直滚动条可以在垂直方向翻动，以便阅读。

8. 最小化按钮

单击该按钮，窗口缩小为任务栏上的一个小图标；再单击任务栏上的图标，则将其扩大为窗口，从而实现窗口和图标之间的相互切换。

9. 最大化按钮

单击该按钮，窗口扩大，并占满整个屏幕，此时最大化按钮变为还原按钮，单击还原按钮，则将最大化的窗口还原为原来的大小。

10. 关闭按钮

单击该按钮，可关闭此窗口。

11. 控制图标

位于窗口的左上角，单击可打开控制菜单。

(二)窗口的操作

1. 窗口的打开

窗口的打开有多种方法：

(1)在应用程序或管理程序的图标上双击即可打开窗口。

(2)将鼠标移到某个图标上，单击右键，弹出快捷菜单，选中“打开”。

(3)利用“文件”菜单中的“打开”对话框。

(4)利用“工具栏”中的“ ”按钮。

2. 窗口大小的改变

将鼠标指针移动到窗口的边框或窗角，此时鼠标指针变为双向箭头，沿箭头方向拖动鼠标，即可改变窗口的大小。

3. 窗口的排列

在 Windows XP 系统中，允许用户同时打开多个窗口。如果用户同时打开的窗口较多，屏幕较乱，此时用户可以选择窗口在屏幕上的排列方式。窗口有以下两种排列方式：

(1)层叠式排列。将窗口按打开的先后次序依次排列在屏幕上。

(2)平铺式排列。将窗口一个接着一个水平或垂直排列，分为横向和纵向两种。

具体实现方法为：将鼠标移到任务栏的空白处，单击右键，弹出快捷菜单，单击某个排列方式即可。

4. 窗口的移动

将鼠标定位到标题栏，按住鼠标左键并拖动到任意位置处释放，即可移动窗口。

5. 窗口的切换

如果同时打开了多个窗口，用户可以通过窗口的切换来改变当前窗口或激活窗口。窗口的切换有以下一些方法：

(1)单击任务栏上的图标则激活此图标对应的窗口。

(2)单击窗口的可见部分也可激活对应的窗口。

(3)“Alt”+“Tab”键可以在打开的各窗口间进行循环切换。

6. 窗口的关闭

窗口的关闭有多种方法：

(1)单击标题栏右上方的“关闭”按钮。

(2)双击标题栏左上方的“控制图标”。

(3)利用“Alt”+“F4”组合键。

(4)用右键单击标题栏左上方的“控制图标”，选择“关闭”。

(三)对话框及其操作

对话框是用户与 Windows 系统之间进行信息交流的地方，当用户选中了带“…”的菜单项时，系统就会弹出一个对话框，如图 2-7 所示。对话框与窗口不同，其大小一般不可改变，对话框中常有以下几个成分：

1. 列表框

列表框是对话框中的一个小窗口，其右边有一个“ ”按钮，用户可以单击此按钮，打开列表框并从中选择一项或几项。

2. 文本框

文本框是用户输入文本信息的地方。

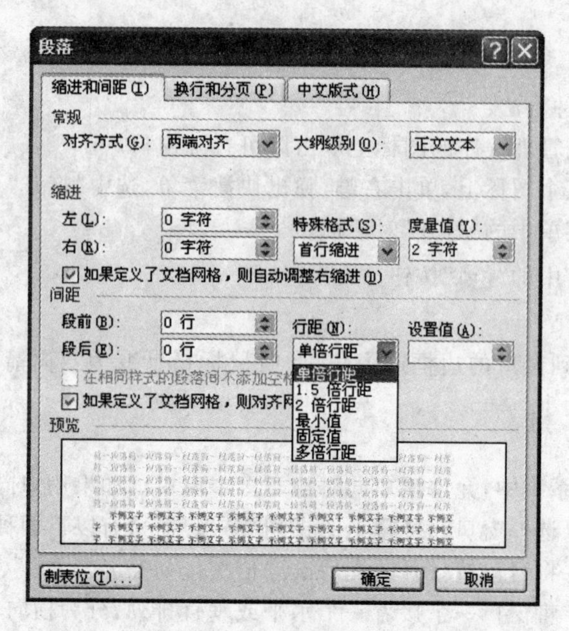

图 2-7 对话框

3. 单选框

单选框中有一组互相排斥的选项，在任何时刻用户只能从中选择一个，单选框中的选项前有一个“◯”按钮，被选中的状态为“◉”。

4. 复选框

复选框中有一组选项，用户可以选择其中的一个或几个，复选框选项前有一个“□”按钮，被选中的状态为“☑”。

5. 命令按钮

每个命令按钮上都有自己的名字，在对话框中单击某个命令按钮则启动一个对应的动作。如单击“确定”按钮，则执行对应的命令，同时关闭对话框；单击“取消”按钮，则关闭对话框。

6. 选项卡

根据用户具体操作的需要，进行选择切换。

五、菜单的使用

(一)菜单的约定

菜单是各种应用程序的命令的集合。在 Windows 系统下，用户的操作均可通过菜单实现；用户选中某个菜单，即可执行对应的操作。每个应用程序的窗口中都含有主菜单，单击主菜单中的某个菜单项，还会弹出一个包含多个命令项的下拉菜单。不同的菜单项有着不同的意义。

1. 灰暗的菜单项

当某个菜单项的执行条件不具备时，则此菜单项为灰暗的，表示其无效。一旦条件具备，立即恢复为正常状态。

2. 带“…”的菜单项

选中此菜单项，将弹出一个对话框，用户可进一步选择。

3. 右侧带“▾”的菜单项

选中此菜单项，将弹出一个下拉式菜单，供用户选择。

4. 名字后带快捷键的菜单项

名字后带快捷键的菜单项，可直接按下快捷键执行相应的命令。如“Ctrl”+“C”可以复制。

5. 带下划线字母的菜单项

带下划线字母的菜单项，可通过键入“Alt”+“字母”打开此菜单。如“Alt”+“X”可以退出。

6. 菜单的分组线

有些下拉菜单中，某几个功能相似的菜单放在一起与其他菜单之间以线条分隔，形成了一组菜单项。

(二)菜单的使用

1. 打开菜单

单击菜单栏上的菜单项即可打开菜单，也可使用键盘进行。

2. 取消菜单

在选中的菜单以外的任意空白处单击鼠标左键即可取消菜单，也可按下“Esc”键取消菜单。

六、获取帮助

Windows XP 系统提供了强大的帮助功能。如果用户对系统不是很熟悉，或在进行操作的过程中有些疑问，可以利用 Windows XP 系统的帮助功能。Windows XP 系统提供了多种帮助方式。

(一)利用“开始”菜单

用鼠标单击“开始”菜单，选择“帮助”，进入 Windows XP 帮助窗口，如图 2-8 所示。用户可在“帮助”窗口中点击感兴趣的项目；或在“搜索”框中输入关键词，即可阅读相关的信息。

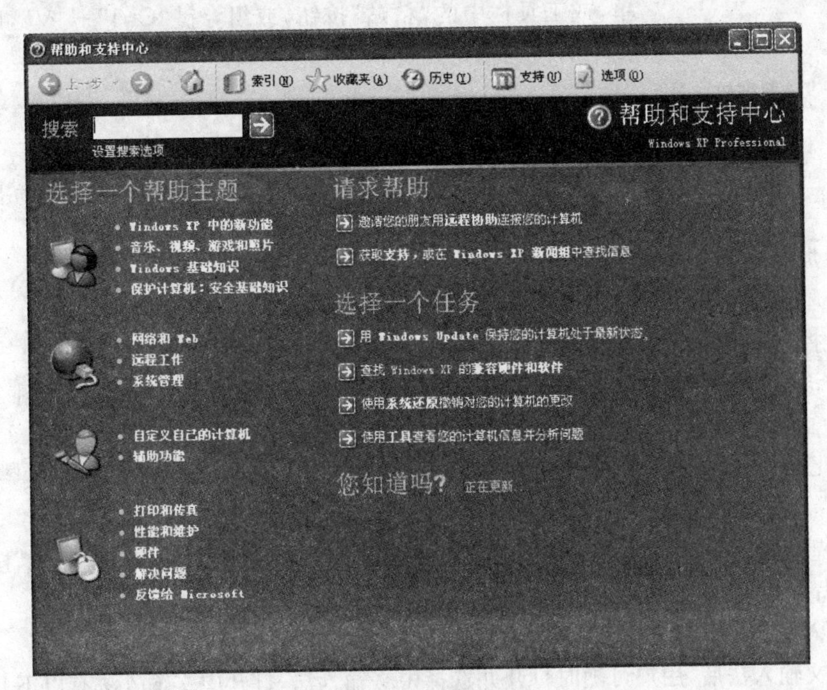

图 2-8　“帮助”主题

(二)其他帮助

Windows 系统除提供以上帮助信息外,还提供了其他的几种帮助信息。

(1)Windows 系统的许多应用程序的窗口菜单中,都含有帮助菜单,单击菜单项“帮助”,即可打开帮助信息。

(2)在许多对话框中,还含有一个“?”按钮,单击“?”按钮,此时鼠标形状变为“?”,再单击某个项目,即可查看此项目的帮助信息。

(3)单击“F1”键,也可获得当前操作的帮助信息。

七、剪贴板

剪贴板是 Windows 系统中程序或文件之间相互传递信息的缓存区。通过使用剪贴板,可以减轻用户的负担,提高速度。操作步骤为:先将信息存入剪贴板,再将剪贴板中的信息粘贴到其他位置。打开“剪贴板”,可用菜单项中的“视图”+“工具栏”+“剪贴板”。剪贴板如图 2-9 所示。

图 2-9　剪贴板

(一)将信息存入剪贴板

首先选中需要的信息,利用菜单中的“复制”菜单项,或工具栏中的“复制”按钮,或组合键“Ctrl”+“C”,即可将信息复制到剪贴板中;利用菜单中的“剪切”菜单项,或工具栏中的“剪切”按钮,或组合键“Ctrl”+“X”,也可将信息剪切到剪贴板中。利用“Ctrl”+“Print Screen”可将整个屏幕复制到剪贴板中;利用“Alt”+“Print Screen”可将当前窗口复制到剪贴板中。

(二)将剪贴板中的信息粘贴到文本

打开文档,找到需要粘贴的位置,利用菜单项中的“粘贴”菜单,或工具栏中的“粘贴”按钮,或组合键“Ctrl”+“V”,即可将剪贴板中的信息粘贴到文本中。

八、中文输入法

Windows XP 系统提供了多种中文输入法,如智能 ABC、全拼、区位等。当然,系统也允许用户根据自己的需要安装和删除其他的输入法。

(一)添加和删除中文输入法

操作步骤如下:

(1)在“控制面板”中打开“区域和语言选项”。

(2)在“语言”选项卡的“文字服务和输入语言”中,单击“详细信息”,弹出如图 2-10 所示的对话框。

(3)在“已安装的服务”中,单击“添加”后,弹出如图 2-11 所示的对话框。

(4)选择输入语言,单击“确定”即可。

如用户想卸载某个输入法,只需在“已安装的服务”框中选择输入法,单击“删除”按钮即可。

以上设置也可用鼠标右键单击语言栏,选中“设置”,如图 2-12 所示。

(二)输入状态的切换

安装中文输入法后,用户可随时打开并选择中文输入法,打开中文输入法有以下几种方法:

(1)用“Ctrl”+“空格键”可在打开和关闭“中文输入法”之间切换。

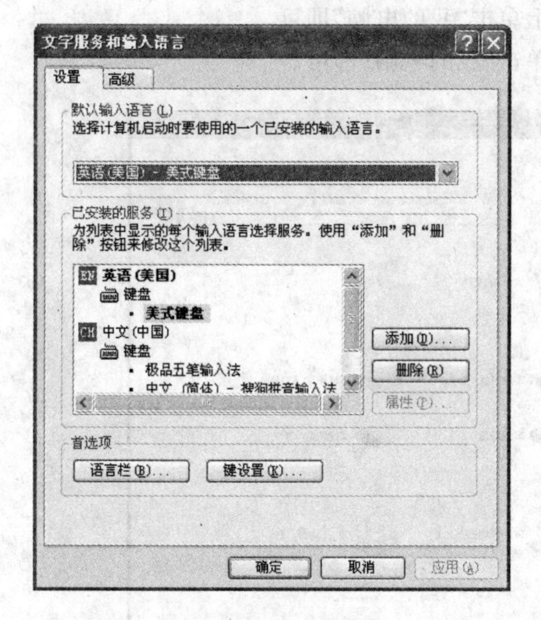

图 2-10 输入法设置

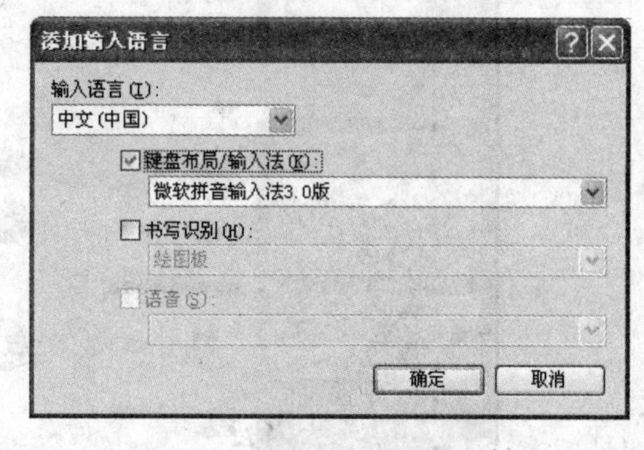

图 2-11 “添加输入语言”对话框

(2)用“Ctrl”+“Shift”可在各种输入法之间循环切换。

(3)用鼠标单击任务栏上的语言栏按钮,选择需要的输入法即可,如图 2-13 所示。

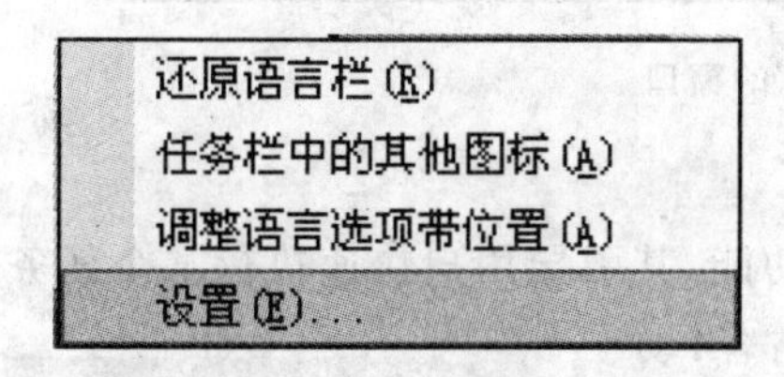

图 2-12 语言栏快捷菜单

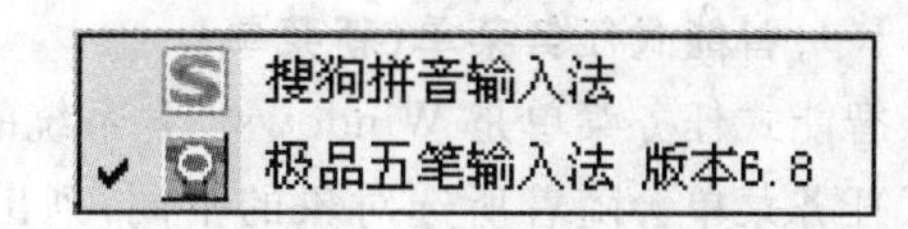

图 2-13 输入法选择

(三)输入法状态条的使用

如图 2-14 所示,输入法状态条由以下几项组成:

(1)中英文切换按钮。可进行中文与英文输入法的切换。

(2)半全角转换按钮。可进行半角与全角之间的切换。

(3)输入法按钮。用于显示各种输入方法。

(4)中英文标点符号切换按钮。可进行中文与英文标点符号之间的切换。

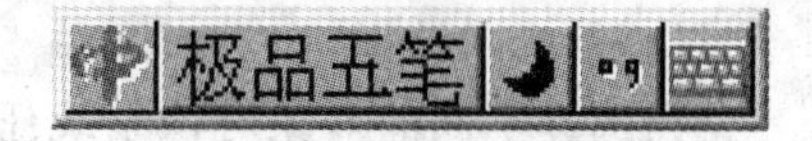

图 2-14 输入法状态条

(5)软键盘按钮。可打开或关闭软键盘以及进行软键盘的各种设置。

第三节 Windows XP 的文件及文件管理(资源管理器)

一、“我的电脑”窗口结构

在 Windows XP 系统中,“我的电脑”负责管理整个计算机系统的软件和硬件资源。打开后,其窗口如图 2-15 所示。打开方法有:

(1)在经典"开始菜单"模式下,直接在桌面上单击"我的电脑"即可。

(2)在"开始菜单"模式下单击"开始"按钮,单击"我的电脑"即可。

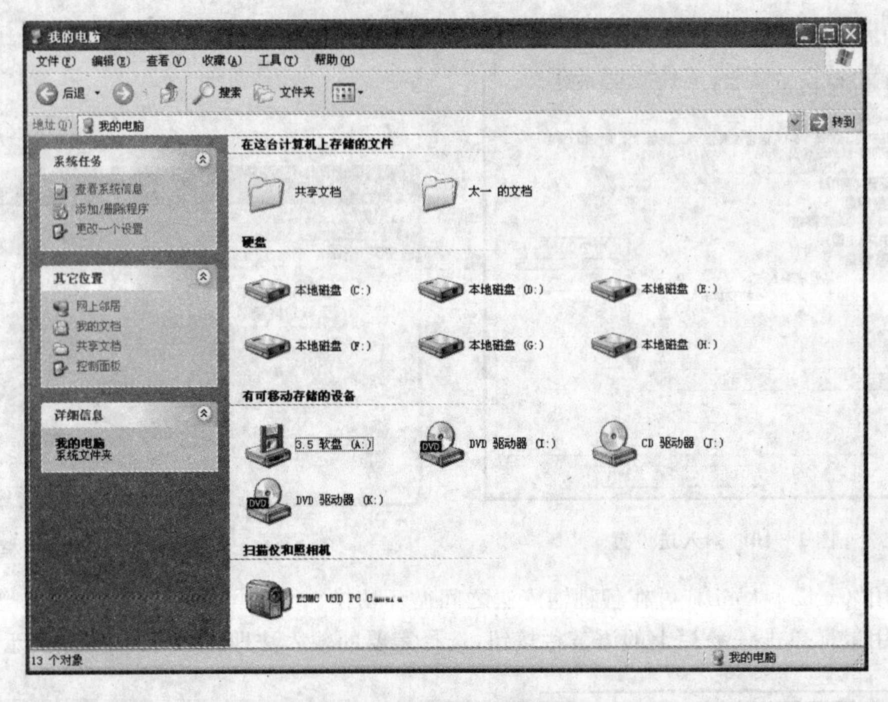

图 2-15 "我的电脑"的窗口

(一)智能式任务菜单(新菜单)

智能式任务菜单是 Windows XP 系统的一项新功能,其引导用户快速执行某个任务。智能式任务菜单会随着所选对象的不同,列出相应的内容,动态地调整其中的内容,以适应不同对象操作的需要,从而方便了用户的使用。

智能式任务菜单从上至下分为 3 个部分,如图 2-16 所示。

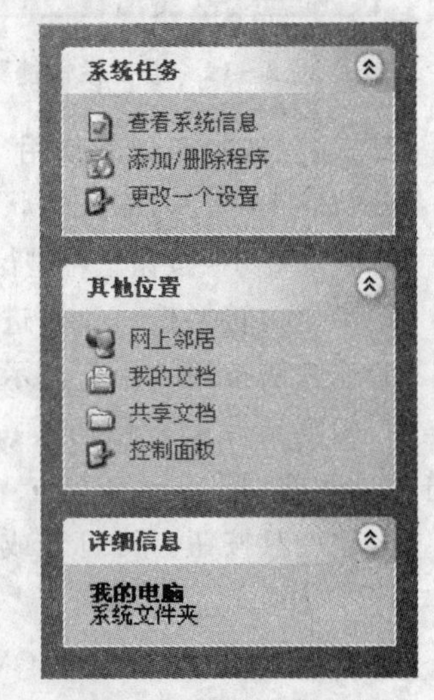

图 2-16 智能式任务菜单

1."系统任务"区

当选择不同的对象时,"系统任务"区就动态地列出该对象的操作选项,单击即可进行相应的操作。

2."其他位置"区

显示当前状态下已建的文件夹,单击即可打开相应的文件夹窗口。

3."详细信息"区

显示当前所选对象的名称、性能、基本作用和相关提示信息。

(二)文件、文件夹与驱动器

1.文件与文件名

文件是存储在外部设备上的一组相关信息的集合。

计算机中所有的程序和数据都以文件的形式存储在存储介质之中;每个文件都必须有一

个文件名，操作系统对文件是按名存取的，文件名是存取文件的依据。文件名由主文件名和扩展名组成，文件名的格式通常为主文件名.扩展名。在 Windows XP 操作系统中，可以取很长的文件名，其具体命名规则如下：

(1)最多可以取 255 个字符。

(2)扩展名中可以使用多个分隔符。

(3)除第一个字符外，其他位置均可出现空格符。

(4)不可使用的字符有“?”“\”“:”“*”“＜”“＞”“|”“‘”“/”等。

(5)为便于管理、查找方便，建议文件名不宜太长，尽量做到“见名知意”。

2.文件与文件夹

计算机的外存上可以存储许多文件，为了便于管理和查找，一般将外存空间组织成结构形式，在树形结构中，每一个结点称为一个文件夹，将文件分类存放在不同的文件夹中。

文件夹是用于存储程序、数据、文档和其他文件夹的地方。文件夹中可以有文件，也可以有文件夹。某个文件夹下的文件夹称为此文件夹的子文件夹，而此文件夹称为其父文件夹。用户一般将文件分类存放在不同的文件夹中，从而方便操作，便于管理。

文件夹的命名规则与文件相同。

3.磁盘与驱动器

磁盘是计算机用于存放数据文件的存储设备，它包括软盘、硬盘和光盘等。驱动器则是用以读写磁盘的硬件设备。在计算机系统中，通常用一个字母加冒号来代表磁盘，称为盘符。计算机系统通常有以下几种类型的驱动器。

(1)软盘驱动器。通常用“A:”代表软驱。

(2)硬盘驱动器。通常用“C:”代表硬盘驱动器。用户可以安装多个硬盘，也可将一个物理硬盘分成几个逻辑分区。为了区分和管理各个驱动器和各个逻辑分区，给每一个驱动器或逻辑分区分配一个字母，用此字母来代表这个驱动器或逻辑分区，如“D:”等。

(3)光盘驱动器。用于查看和阅读光盘中的信息。光驱符号通常跟在硬盘驱动器符号之后，如“E:”等。

(三)工具栏中的标准按钮

在“我的电脑”“控制面板”“资源管理器”窗口中，都有一个相似的工具栏，其作用基本相同，如图 2-17 所示。

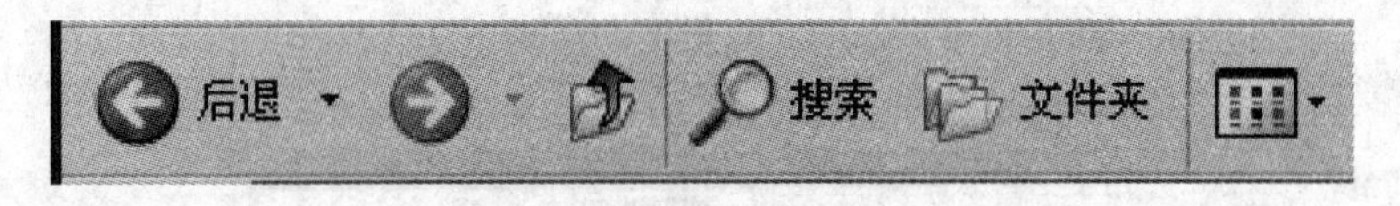

图 2-17　工具栏中的标准按钮

(1)后退按钮。退回到上一步操作。

(2)前进按钮。回到后退前的状态。

(3)向上按钮。进入到当前文件夹的上一级文件夹中。

(4)搜索按钮。调出搜索栏，进行文件的查找。

(5)文件夹按钮。调出文件夹结构栏，用于查看文件夹结构。

(6)查看按钮。单击其右侧的箭头，可在其下拉列表框中选择文件和文件夹的显示方式。

二、文件和文件夹操作

在 Windows XP 操作系统中，操作之前，必须首先选中要进行操作的对象，接着才能进行各种操作。在做一个操作却不知该如何进行时，可以尝试着将鼠标放在对象上单击鼠标右键，弹开此对象的快捷菜单，基本可以找到与此对象有关的操作。

一般情况下，Windows XP 系统中每个操作的方法都不止一种，下面介绍常见的几种。

(一)文件和文件夹的建立

创建文件和文件夹有多种方式。

1. 在桌面上创建文件夹

操作步骤如下：

(1)在桌面的空白处单击鼠标右键，弹出快捷菜单。

(2)选择“新建”中的“文件夹”，此时桌面上出现一个名字暂时定为“新建文件夹”的新文件夹。

(3)在“新建文件夹”位置处输入新的文件夹名，则在桌面上建立了一个新的文件夹。

2. 使用“我的电脑”创建文件夹

操作步骤如下：

(1)打开“我的电脑”。

(2)双击某个磁盘图标或文件夹图标，进入此磁盘或文件夹。

(3)在空白处单击鼠标右键，弹出快捷菜单。

(4)选择“新建”中的“文件夹”。

3. 使用“我的文档”创建文件夹

操作步骤如下：

(1)打开“我的文档”。

(2)双击某个文件夹图标，进入此文件夹。

(3)在空白处单击鼠标右键，弹出快捷菜单。

(4)选择“新建”中的“文件夹”，如图 2-18 所示。

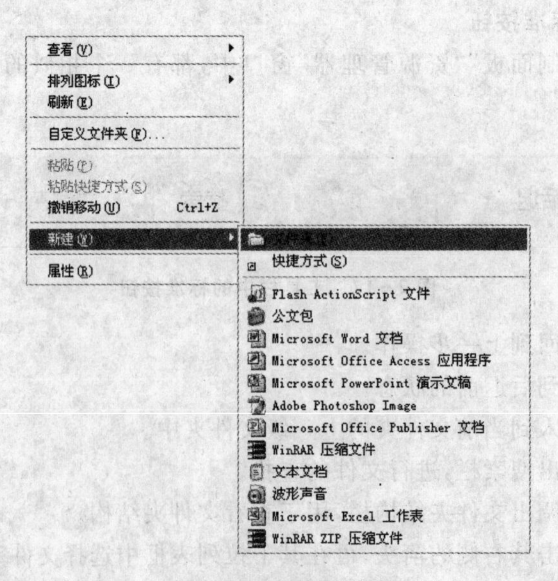

图 2-18 新建文件夹

4.使用应用程序创建文档

操作步骤如下：

(1)启动某个应用程序。

(2)单击菜单中的“新建”,即可建立对应类型的文档。

5.直接创建文档

操作步骤如下：

(1)在桌面上或文件夹中单击鼠标右键,弹出快捷菜单。

(2)选中“新建”。

(3)从列表框中选择所需的文档类型,即可建立对应类型的文档。

6.利用智能菜单创建文档

可以直接单击智能菜单中的“新建”→“文件夹”,如图 2-18 所示。

(二)文件和文件夹的选定

选定对象是进行操作的基础,被选中的对象以反白显示。

1.选择单个文件或文件夹

操作步骤如下：

(1)打开“我的电脑”或“我的文档”或“资源管理器”。

(2)单击需选择的文件或文件夹,则其被选中且以反白显示。

2.选择不相邻的多个文件或文件夹

操作步骤如下：

(1)打开“我的电脑”或“我的文档”或“资源管理器”。

(2)按下“Ctrl”键不放开。

(3)依次单击需选择的对象,则它们被选中且以反白显示。

3.选择相邻的多个文件或文件夹

操作步骤如下：

(1)打开“我的电脑”或“我的文档”或“资源管理器”。

(2)先单击需选择的第一个对象。

(3)按下“Shift”键不放。

(4)再单击最后一个对象,则它们之间的所有对象被选中且以反白显示。

4.选定所有

操作步骤如下：

(1)全部选定。选择“编辑”菜单中的“全部选定”,则选中所有文件。

(2)反向选择。选择“编辑”菜单中的“反向选定”,则选中所有选中文件之外的其他所有文件。

5.拖动鼠标

拖动鼠标,则经过的区域中的内容被全部选定。

6.撤销选定

在空白处单击鼠标,即可撤销选定。

(三)文件和文件夹的打开、删除和更名

图 2-19 为文件和文件夹的快捷菜单和智能化菜单,它包括了文件和文件夹的打开、删除、重命名、移动、复制等。

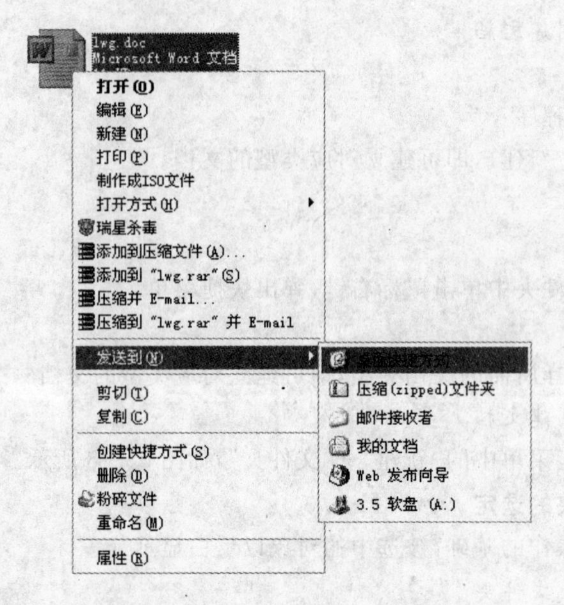

图 2-19　文件和文件夹的操作

1. 文件和文件夹的打开

文件和文件夹的打开方法有多种：

(1)首先找到并选中文件或文件夹，然后双击它，则打开此文件或文件夹。

(2)首先找到并选中文件或文件夹，用右键单击它，选择“打开”，则打开此文件或文件夹。

2. 文件和文件夹的删除

文件和文件夹的删除有多种方法：

(1)找到并选中需删除的文件或文件夹，单击鼠标右键，弹出快捷菜单，选中“删除”并确定。

(2)可选中后按“Delete”键删除。

(3)可以使用菜单中的“删除”菜单项进行删除。

(4)可选择智能化任务菜单中的“删除”。

3. 文件和文件夹的重命名

文件和文件夹的重命名有多种方法：

(1)找到并选中需重命名的文件或文件夹，单击鼠标右键，弹出快捷菜单，选择“重命名”，输入新的文件名即可。

(2)找到并选中需重命名的文件或文件夹，选择智能化任务菜单中的“重命名这个文件”。

(四)文件和文件夹的复制

文件和文件夹的复制有多种方法：

1. 菜单方式的操作步骤

(1)找到并选中需复制的文件或文件夹。

(2)单击“编辑”菜单中的“复制”，则被选中需复制的文件或文件夹被复制到剪贴板。

(3)选择需复制的磁盘或目的文件夹。

(4)单击“编辑”菜单中的“粘贴”，将剪贴板中的内容被复制到目的地。

2. 快捷键方式的操作步骤

(1)找到并选中需复制的文件或文件夹。

(2)按"Ctrl"+"C"键,则被选中需复制的文件或文件夹被复制到剪贴板。

(3)选择需复制的磁盘或目的文件夹。

(4)按"Ctrl"+"V"键,将剪贴板中的内容复制到目的地。

3. 鼠标拖动方式的操作步骤

(1)找到并选中需复制的文件或文件夹。

(2)按下"Ctrl"键,在点住文件或文件夹的同时拖动鼠标到目的地。

4. 利用智能化菜单方式的操作步骤

(1)找到并选中需复制的文件或文件夹。

(2)从智能化菜单中选中"复制这个文件或文件夹",打开"复制项目"对话框,如图 2-20(a)所示。

(3)在列表框中找到并选中目的地,单击"复制"。

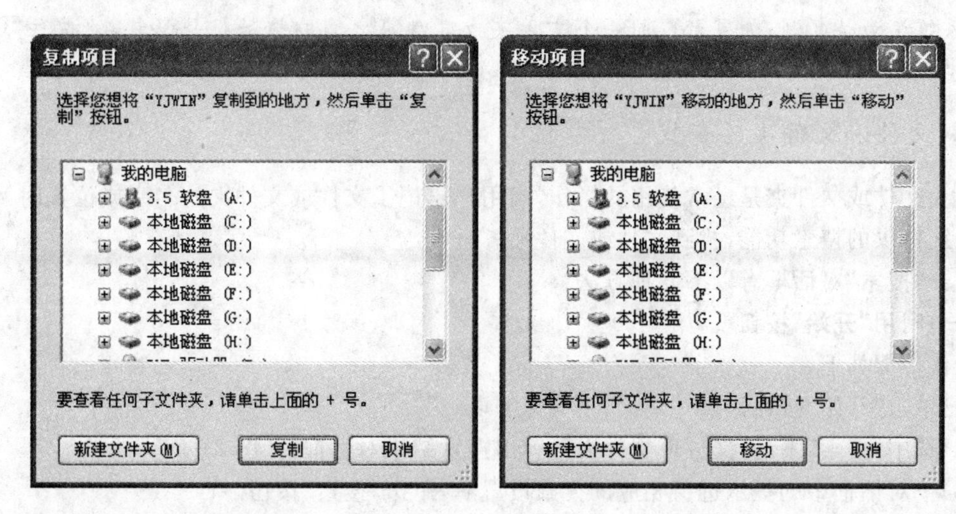

(a) (b)

图 2-20 "复制项目"和"移动项目"对话框

(五)文件和文件夹的移动

文件和文件夹的移动和复制的方法基本相似,不同的是复制后保留原件,而移动后不保留原件。

1. 菜单方式

操作步骤如下:

(1)找到并选中需移动的文件或文件夹。

(2)单击"编辑"菜单中的"剪切",则被选中需移动的文件或文件夹被剪切到剪贴板。

(3)选择需移到的磁盘或目的文件夹。

(4)单击"编辑"菜单中的"粘贴",将剪贴板中的内容粘贴到目的地。

2. 快捷键方式

操作步骤如下:

(1)找到并选中需移动的文件或文件夹。

(2)按"Ctrl"+"X"键,则被选中需移动的文件或文件夹被剪切到剪贴板。

(3)找到磁盘或目的文件夹。

(4)按"Ctrl"+"V"键,将剪贴板中的内容粘贴到目的地。

3. 鼠标拖动方式

操作步骤如下：

(1)找到并选中需移动的文件或文件夹。

(2)点住文件或文件夹并拖动鼠标到目的地，然后放开即可。

4. 利用智能化菜单方式

操作步骤如下：

(1)找到并选中需移动的文件或文件夹。

(2)从智能化菜单中选中“移动这个文件或文件夹”，打开“移动项目”对话框，如图 2-20 (b)所示。

(3)在列表框中找到并选中目的地，单击“移动”。

注意：同一个文件夹或同盘符之间的直接拖动，系统认为是移动；而不同盘符之间的直接拖动，系统认为是复制；如果希望同一个文件夹或同盘符之间的拖动也是复制，须按住“Ctrl”键后再拖动。

三、文件和文件夹的查找

查找文件或文件夹是经常使用的操作，当用户忘记了文件或文件夹的名字或位置时，可借助于系统提供的搜索功能，找到文件或文件夹。

打开“搜索”对话框有以下几种方法：

(一)利用“开始”按钮

操作步骤如下：

(1)单击“开始”按钮。

(2)选中“搜索”下的“文件或文件夹”，弹出搜索结果对话框，如图 2-21 所示。

(3)按对话框中的提示进行相应的搜索设置后，单击“搜索”按钮。

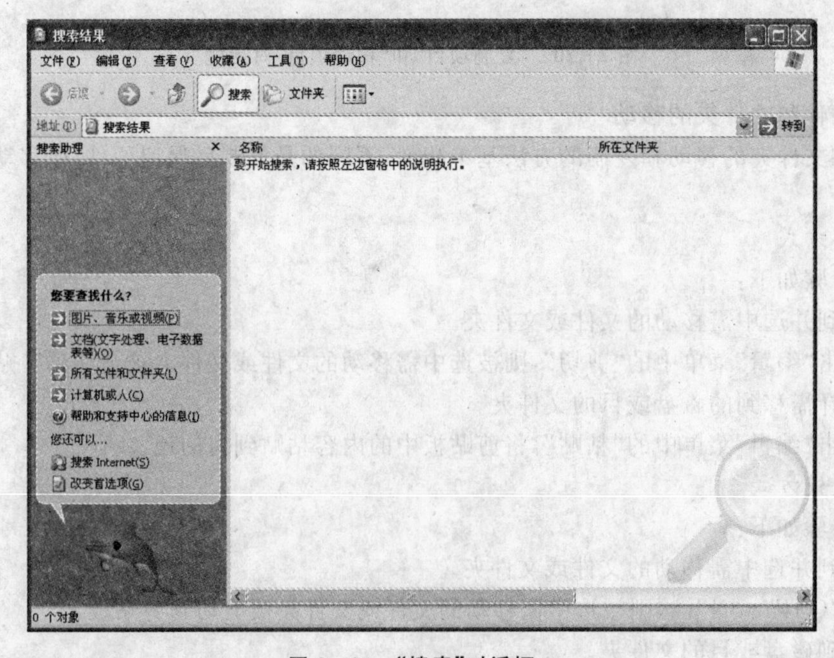

图 2-21 “搜索”对话框 1

(二)利用快捷菜单

操作步骤如下：

(1)将鼠标置于“开始”按钮上，单击鼠标右键，弹出快捷菜单。

(2)单击“搜索”，弹出“搜索”对话框，如图 2-22 所示。

(3)按对话框中的提示进行相应的搜索设置，单击“搜索”按钮。

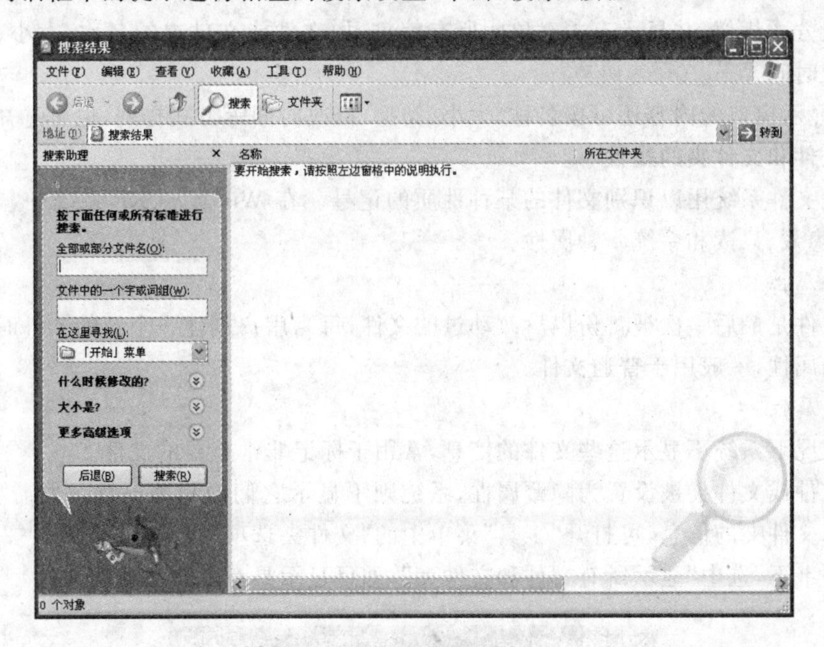

图 2-22 “搜索”对话框 2

(三)利用“我的电脑”

操作步骤如下：

(1)右键单击“我的电脑”或“我的文档”图标，弹出快捷菜单。

(2)单击“搜索”，弹出“搜索”对话框。

(3)按对话框中的提示进行相应的搜索设置，单击“搜索”按钮。

四、文件的显示方式和属性的设置

(一)文件和文件夹的显示方式

通过单击菜单栏中的“查看”菜单项，用户可以选择文件的显示方式。Windows XP 系统提供了以下几种查看文件和文件夹的方法，如图 2-23 所示。

1. 缩略图

在窗口中显示图形文件的图片，有利于图形文件的查看。

2. 图标

系统尽可能大地显示窗口中各个对象的图标。

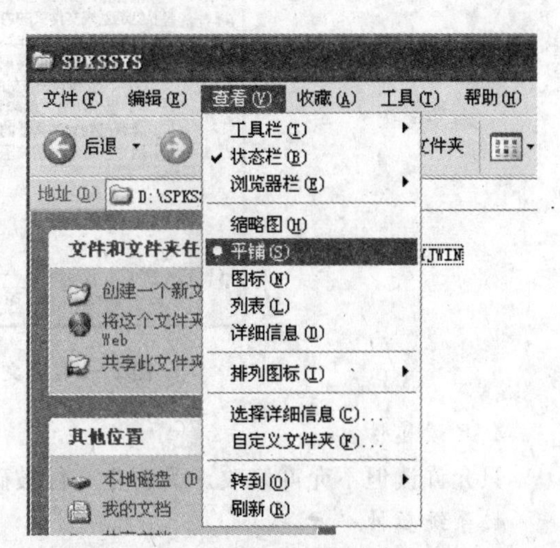

图 2-23 文件和文件夹的显示方式

3. 平铺

将文件和文件夹平铺在窗口中，并显示文件名、文件类型和文件大小。

4. 列表

系统尽可能小地显示窗口中各个对象的图标，且以逐列方式排列。

5. 详细信息

与列表方式相似，并显示有关对象的所有信息，如文件或文件夹的名称、大小、类型、建立日期和修改时间等。

此外，显示窗口的内容还可按名称、大小、类型、修改时间等方式排列，也可选择自动排列。

(二)文件和文件夹的属性

属性是文件系统用以识别文件的某种性质的记号。在 Windows XP 系统中，文件和文件夹有存档、隐藏、只读和系统 4 种属性。

1. 存档属性

说明文件是最后一次被备份以后改动过的文件，每当用户创建一个新的文件时，系统则为其分配存档属性，一般用于普通文件。

2. 隐藏属性

一般情况下系统不显示这些文件的信息，常用于标记非常重要的文件。

如果文件或文件夹被设置为隐藏属性，系统则不显示它们的相关信息。如需显示隐藏属性的文件和文件夹的信息，可打开“工具”菜单中的“文件夹选项”对话框，如图 2-24 所示。在“查看”选项卡下，选中“显示所有文件和文件夹”，即可显示具有隐藏属性的文件。

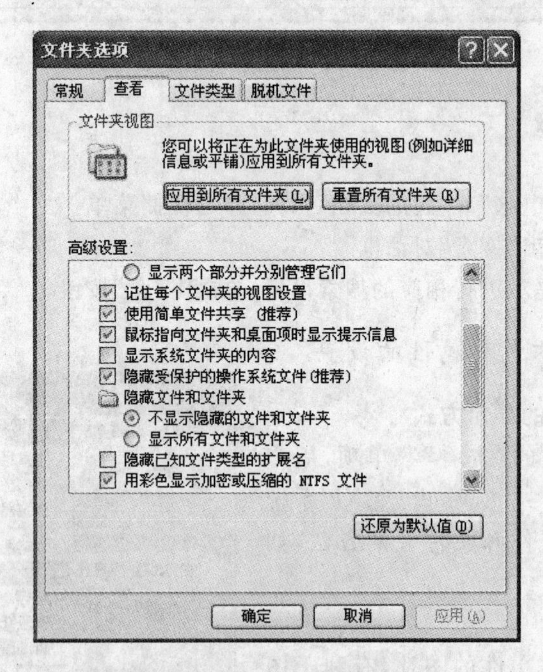

图 2-24 “文件夹选项”对话框

3. 只读属性

只允许读但不允许修改。为防止文件被破坏，可将文件设置为只读属性。

4. 系统属性

是系统操作的文件。

为了设置文件的属性，用户可按如下步骤进行：

选中对象，单击鼠标右键，弹出快捷菜单，如图 2－19 所示；选中"属性"，打开"属性"对话框，如图 2－25 所示，进行选择后，单击"确定"按钮。

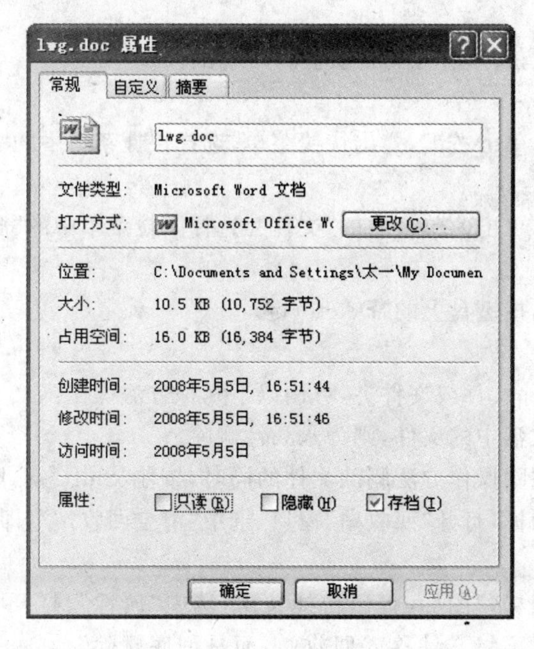

图 2－25　"属性"对话框

五、回收站及文件删除

(一)回收站

回收站是硬盘上的一块区域。它是操作系统专门用以存放用户在硬盘上删除的文件和文件夹的地方，回收站中的内容必要时还可以恢复。在桌面上有一个"回收站"的图标，双击它，即可打开"回收站"对话框，如图 2－26(a)所示。

(a)

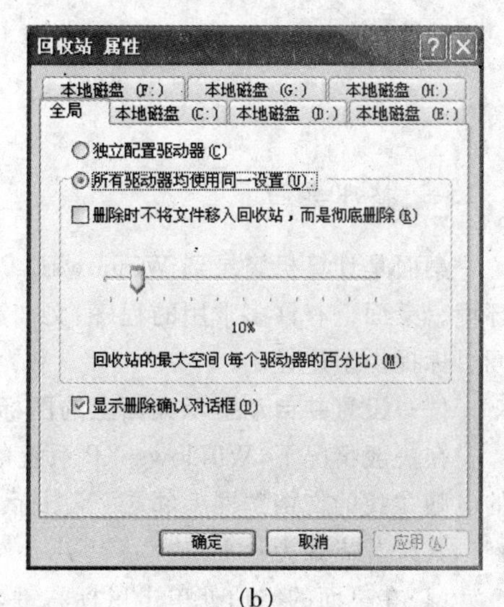

(b)

图 2－26　回收站及其属性

回收站空间的大小可以调整,右键单击“回收站”图标,弹出快捷菜单,选中“属性”,调整滑竿即可。

默认情况下,其空间占整个空间的10%,如图2-26(b)所示。

(二)删除操作

删除文件或文件夹有许多方法,常见的有以下几种:

1.利用快捷菜单

选中文件和文件夹,单击右键,弹出快捷菜单,选择快捷菜单中的“删除”。

2.利用菜单栏

选中文件和文件夹,单击菜单栏中的“文件”,选择下拉菜单中的“删除”。

3.利用键盘

选中文件或文件夹,按键盘上的“Delete”键。

(三)永久性删除

如果希望永久性删除文件或文件夹,可用以下几种方法操作:

(1)如果删除的为软盘中的文件,则为永久性删除。

(2)在用以上3种删除操作方法删除文件的同时,按住“Shift”键,则为永久性删除。

(3)双击“回收站”图标,打开“回收站”窗口,选中“清空回收站”,即可将回收站中的文件永久性删除。

(4)用右键单击“回收站”图标,弹出快捷菜单,选中“属性”,打开“属性”对话框,如图2-26(b)所示,选择“删除时不将文件移入回收站,而是彻底删除”,则对文件的删除操作为永久性删除。

(四)恢复被删除的文件或文件夹

恢复“回收站”中的文件或文件夹的方法如下:

(1)双击“回收站”图标;打开“回收站”对话框,选择需恢复的文件,选中“还原”,即可将文件恢复到原来的位置处。

(2)如果删除文件后未做其他操作,可以单击“编辑”菜单,选中“撤销删除”菜单项,即可恢复刚刚被删除的文件和文件夹。

第四节　定制个性化工作环境

一、整理桌面

桌面是计算机登录到Windows XP系统后最先看到的屏幕状态,是计算机最基本的工作环境。桌面上有许多常用的程序、文档和各种快捷方式图标,这些快捷方式图标为用户快速访问目标提供了途径。

(一)设置并自动显示桌面上的图标

在一般情况下,Windows XP系统的桌面上只显示个别图标,但经过设置后,也可显示“我的电脑”“我的文档”“网上邻居”等图标。

其设置步骤为:

(1)在桌面的空白处单击鼠标右键,打开快捷菜单。

(2)单击“属性”,弹出“显示属性”对话框,如图2-27(a)所示。

(3)单击“自定义桌面”按钮,打开“桌面项目”对话框,如图 2－27(b)所示。

(4)在“常规”选项卡下的选项中选择需要的项目,单击“确定”按钮。

(a)

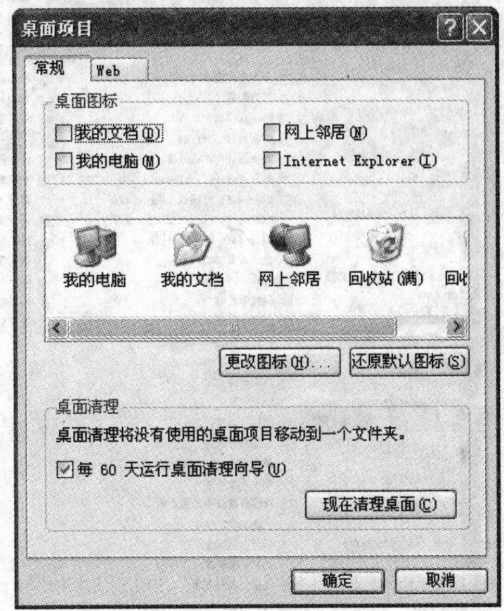

(b)

图 2－27　“显示属性”和“桌面项目”对话框

(二)快捷方式及其图标

1.快捷方式

快捷方式为用户使用计算机提供了一条方便快捷的途径。一个快捷方式可以和Windows系统中的任意对象相链接。快捷方式可以指向本地计算机或网络上的任何可访问的项目,如程序、文件、文件夹、磁盘驱动器等。快捷方式仅仅提供了指向这些项目的链接,而不是这些项目本身。打开快捷方式则意味着打开了对应的对象,而删除快捷方式却不会影响对应的对象。通过在桌面上创建指向应用程序的快捷方式,可快速地访问应用程序。

用户可以在桌面的任意位置上创建快捷方式。用户每创建一个快捷方式,系统则为此建立一个快捷方式图标,快捷方式图标是一个指向对象的指针。

2.快捷方式的创建

操作步骤如下:

(1)选定需创建快捷方式的对象。

(2)单击鼠标右键,弹出快捷菜单。图 2－28 所示为在桌面上创建“画图”的快捷方式。

(3)从中选取“发送到”→“桌面快捷方式”,也可直接拖动到桌面。

3.删除快捷方式图标

操作步骤如下:

(1)选中快捷方式图标。

(2)单击鼠标右键,弹出快捷菜单。

(3)选中“删除”并“确定”。

4.更改快捷方式图标名称

操作步骤如下:

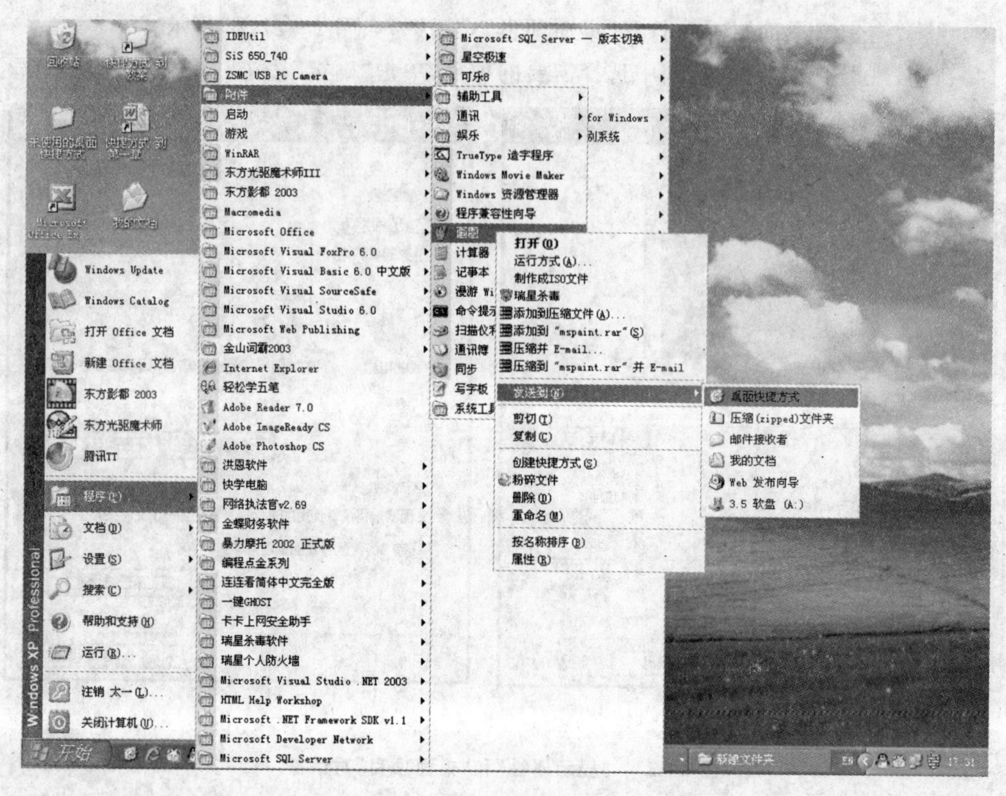

图 2-28　创建快捷方式

(1)选中快捷方式图标。

(2)单击鼠标右键,弹出快捷菜单。

(3)选中“重命名”。

(4)输入新的名字并按“确定”按钮。

(三)移动和排列图标

桌面上图标的位置是可以改变的。用户可以自己改变,也可选择自动排列。

1. 移动图标的位置

操作步骤如下:

(1)将鼠标指向需要改变位置的图标。

(2)按住鼠标左键,并拖动鼠标。

(3)到合适位置后释放即可。

拖动时需注意以下问题:

(1)不要将两个图标重叠在一起,否则系统会以为是移动。

(2)如果将图标拖到了回收站,系统会以为是删除。

2. 自动排列图标

随意拖动图标可能会引起桌面的混乱,可对桌面进行自动排列。

操作步骤如下:

(1)在桌面的空白处单击鼠标右键,弹出快捷菜单。

(2)将光标指向“排列图标”,打开其子菜单,如图 2-29 所示。

(3)可从中选择按名称、大小、类型、自动排列等。

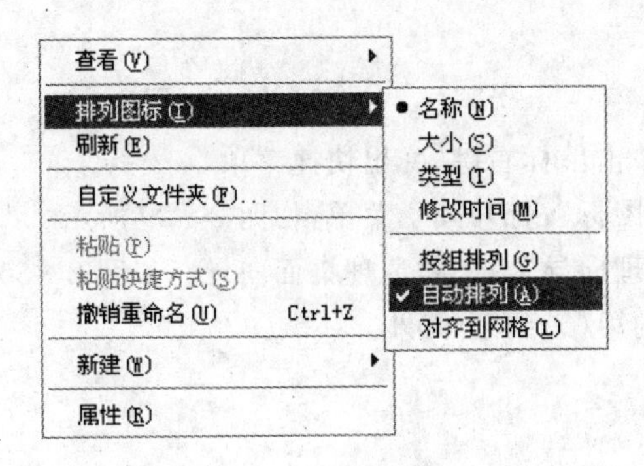

图 2-29 排列图标

(四)桌面清理

为了帮助用户管理桌面上的图标，Windows XP 系统提供了一项自动清理桌面的新功能。通过运行“清理桌面向导”，可以将最近 60 天内未曾使用过的图标移动到一个文件夹中，但不会删除任何项目。

默认情况下，Windows XP 系统定期进行桌面清理，用户也可自己进行清理。以下介绍两种方法：

1. 利用“显示属性”

操作步骤如下：

(1)在桌面的空白处单击鼠标右键，弹出快捷菜单。

(2)单击“属性”，弹出“显示属性”对话框，如图 2-27(a)所示。

(3)单击“自定义桌面”按钮，打开“桌面项目”对话框，如图 2-27(b)所示。

(4)单击“现在清理桌面”，打开“清理桌面向导”，如图 2-30(a)所示。

(5)单击“下一步”按钮，进入如图 2-30(b)所示的对话框。

(6)在“快捷方式”列表框中选择需要移走的快捷方式图标。

(7)单击“下一步”按钮，进入确认对话框，单击“完成”。

从桌面上清理出去的图标被放入一个名为“未使用的桌面快捷方式”的文件夹中。

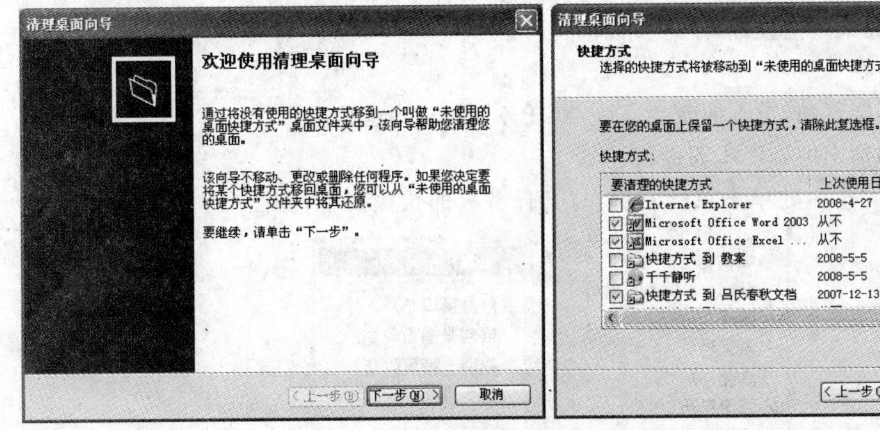

(a) (b)

图 2-30 “清理桌面向导”对话框

2. 利用“排列图标”

操作步骤如下：

(1)在桌面的空白处单击鼠标右键，弹出快捷菜单。

(2)将光标指向“排列图标”，打开其子菜单，如图 2－29 所示。

(3)选择“运行桌面清理向导”，打开“清理桌面向导”，如图 2－30(a)所示。

(4)重复前面方法中的第(5)到第(7)步。

二、任务栏设置

任务栏是 Windows XP 系统中重要的工具之一，通过任务栏可以实现以下功能：

(1)通过任务栏左侧的“开始”按钮，可以启动应用软件。

(2)通过快速启动栏可以直接启动常用程序。

(3)通过打开任务栏区可以在打开的各个任务即各个窗口之间切换。

(4)通过语言栏可以打开或关闭中英文输入法。

(5)通过通知栏可以显示一些重要的图标和系统信息，如时间、网络连接状态等。

(一)移动和改变任务栏的位置和高度

1. 移动任务栏的位置

默认情况下，任务栏位于桌面的底端，但 Windows XP 系统也允许用户将任务栏移到屏幕的顶端、左边或右边。

操作步骤如下：

(1)将鼠标放在任务栏的空白处。

(2)按下鼠标左键，拖动鼠标到其他 3 个边缘的任一边。

(3)当到达合适位置后释放即可。

2. 改变任务栏的高度

Windows 系统允许用户改变任务栏的高度，但其面积不得超过屏幕的一半。

操作步骤如下：

(1)将鼠标放在任务栏的边缘处，此时鼠标指针变为双向箭头。

(2)拖动鼠标到某个位置处即可。

(二)锁定任务栏

如果任务栏不能移动，也不能改变高度，则任务栏处于锁定状态。

解除任务栏的锁定按如下步骤进行：

(1)在任务栏的空白处单击鼠标右键，打开任务栏的快捷菜单，如图 2－31 所示，若选中

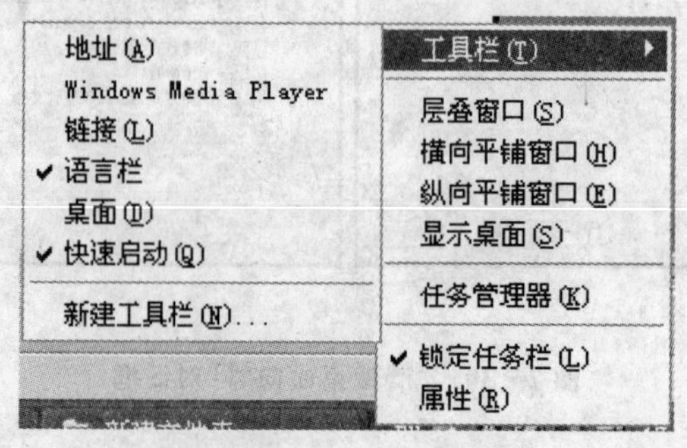

图 2－31　锁定任务栏

"锁定任务栏",则锁定了任务栏。

(2)单击"锁定任务栏",去掉任务栏的锁定,此后任务栏即可移动并可改变高度。

(三)隐藏任务栏

当计算机的显示屏较小时,可以将任务栏设置成隐藏,即不需要时自动隐藏,但当鼠标移动到屏幕底部时,任务栏将会自动显示,鼠标离开时又自动消失。隐藏任务栏的方法有多种。

1. 利用任务栏的属性

操作步骤如下:

(1)用鼠标右键单击任务栏上的空白区域,打开任务栏的快捷菜单,如图 2-31 所示。

(2)选中其中的"属性"菜单项,则打开了"任务栏和「开始」菜单属性"对话框,如图 2-32 所示。

(3)选中"任务栏"选项卡,选择"自动隐藏任务栏"。

(4)如选"将任务栏保持在其他窗口的前端",则任务栏将始终排列在其他窗口的前面;如不选,则其他窗口可能覆盖任务栏,从而使任务栏不可见。

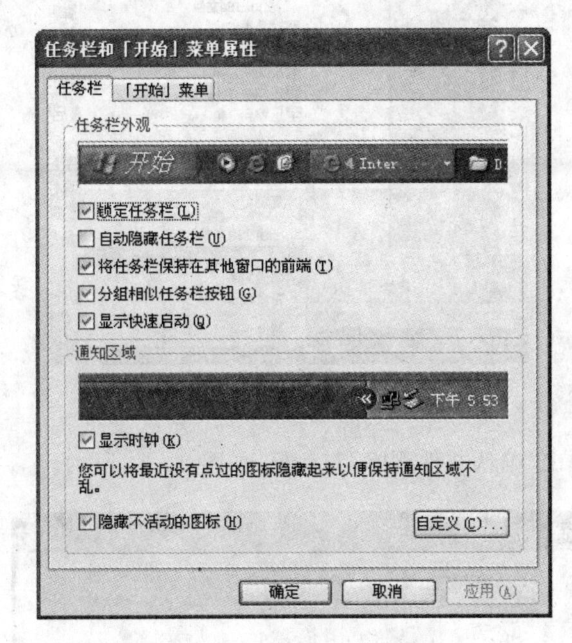

图 2-32　任务栏的设置

2. 利用控制面板

操作步骤如下:

(1)单击"开始",打开"开始"菜单。

(2)单击"控制面板",打开"控制面板"对话框。

(3)双击"任务栏和「开始」菜单"图标,打开对话框,如图 2-32 所示。

(4)如选"将任务栏保持在其他窗口的前端",则任务栏将始终排列在其他窗口的前面;如不选,则其他窗口可能覆盖任务栏,从而使任务栏不可见。

(四)从快速启动栏添加、删除图标

任务栏上的快速启动栏可以放置一些常用程序的快捷方式图标,单击它可直接启动常用程序。默认方式下系统在快速启动栏中放置 IE 浏览器、显示桌面等,用户也可向快速启动栏中添加或删除图标。

1. 向快速启动栏中添加图标

操作步骤如下：

(1)找到需放置在快速启动栏中的快捷方式图标，并将鼠标指向它。

(2)按下鼠标左键，拖动到快速启动栏。

(3)当图标拖动到快速启动栏中时，出现一个“I”形光标，提示新的插入位置。

(4)位置合适后，放开鼠标即可。

2. 从快速启动栏中删除图标

操作步骤如下：

(1)在快速启动栏中找到需删除的图标。

(2)单击鼠标右键，弹出快捷菜单，如图 2 - 33 所示。

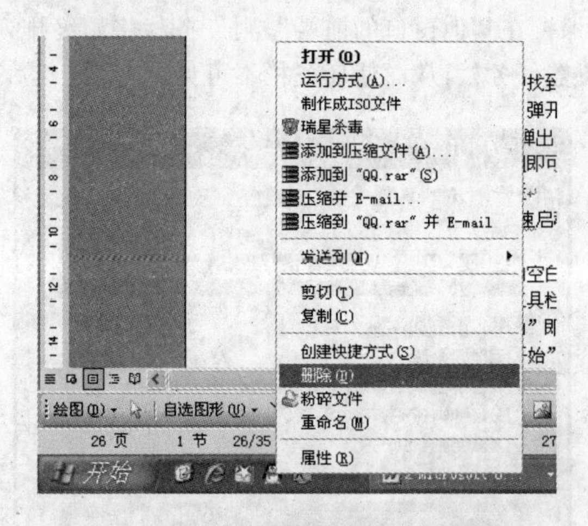

图 2 - 33　从快速启动栏中删除图标

(3)选中“删除”，弹出“确认文件删除”对话框，如图 2 - 34 所示。

图 2 - 34　“确认文件删除”对话框

(4)单击“是”按钮即可。

3. 显示快速启动栏

如果任务栏中无快速启动栏，可显示快速启动栏。

操作步骤如下：

(1)在任务栏的空白处单击鼠标右键，打开任务栏的快捷菜单，如图 2 - 31 所示。

(2)单击其中的“工具栏”。

(3)选中“快速启动”即可。

三、整理“开始”菜单

在 Windows XP 系统中，“开始”菜单是非常重要的。通过它，用户可以进行各种操作，所有的程序都可以从“开始”菜单启动。为此，Windows XP 系统为用户提供了各种设置“开始”菜单的操作。

(一)增加或减少程序显示项目

默认情况下，“开始”菜单列出最近 5 个使用过的程序，用户可根据需要增加或减少这个数目。

操作步骤如下：

(1)单击“开始”按钮，打开“开始”菜单。

(2)单击“控制面板”，打开“控制面板”对话框。

(3)双击“任务栏和「开始」菜单”图标，打开对话框，如图 2－32 所示。

(4)单击“「开始」菜单”选项卡，如图 2－35 所示。

(5)单击“自定义”按钮，进入“自定义「开始」菜单”对话框，如图 2－36 所示。

(6)在“「开始」菜单上的程序数目”后的文本框中输入或选择数字。

(7)单击“确定”即可。

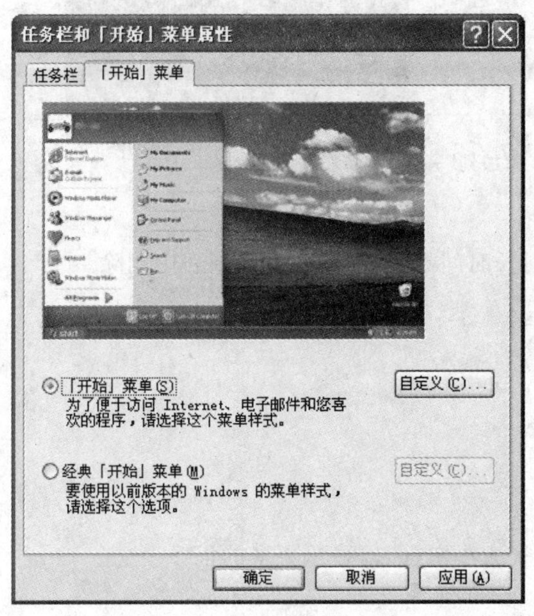

图 2－35 “「开始」菜单”选项卡

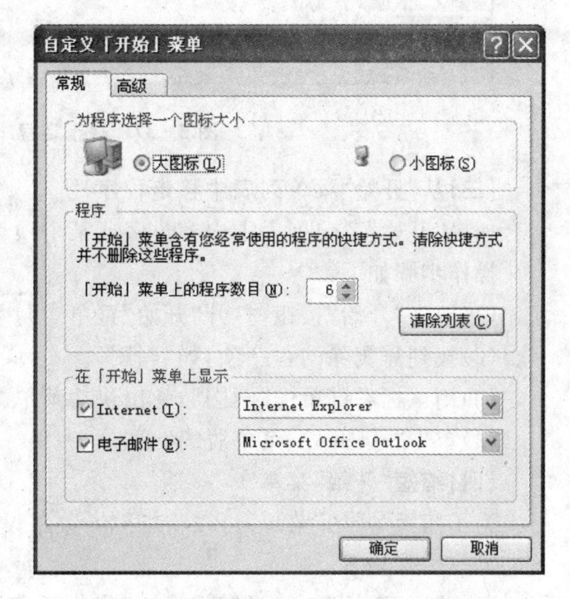

图 2－36 “自定义「开始」菜单”对话框

(二)将程序添加到“开始”菜单

一般情况下，“开始”菜单顶部总是显示“Internet”和“电子邮件”这两个项目，用户也可根据需要在这个位置添加新的程序项。

添加新的程序项的步骤如下：

(1)单击“开始”按钮，打开“开始”菜单。

(2)光标指向“所有程序”，找到需添加的程序项，如“画图”。

(3)用鼠标右键单击“画图”，弹出快捷菜单。

(4)单击“附到「开始」菜单”，如图 2－37 所示。

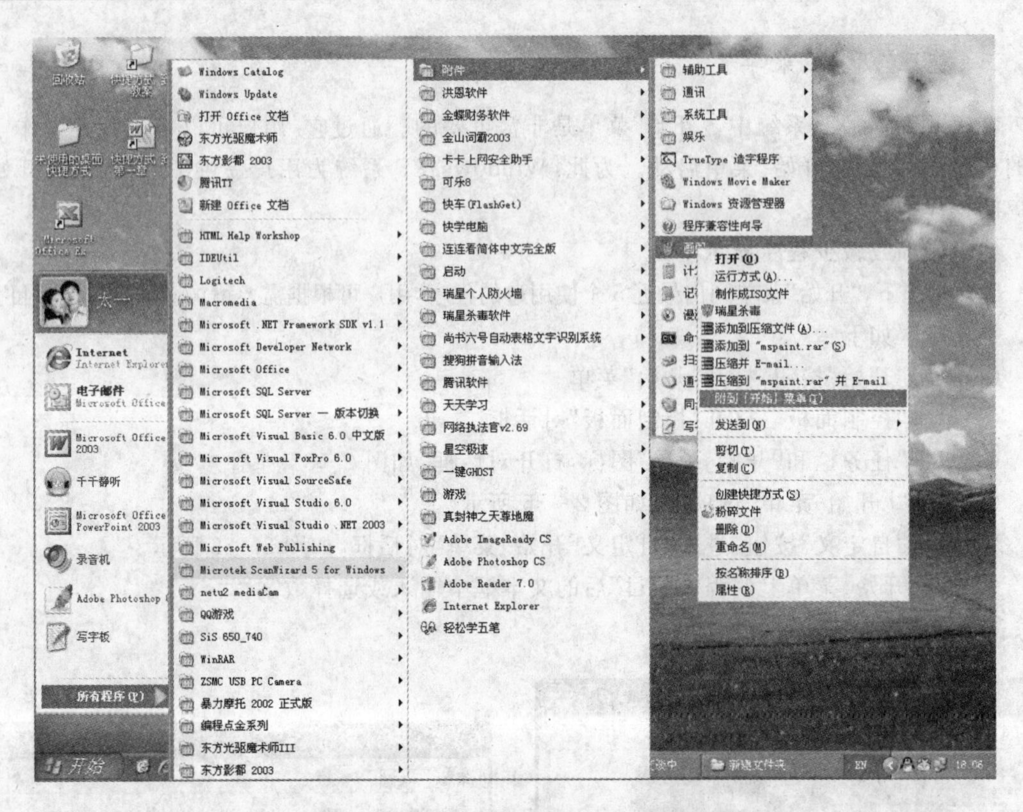

图 2-37 将指定程序添加到“开始”菜单

(三)从“开始”菜单列表中移走程序

如果“开始”菜单列表中内容过多或某个项目长时间不用，即可将其从列表中删除。

操作步骤如下：

(1)单击“开始”按钮，打开“开始”菜单。

(2)找到需删除的程序项，如“画图”。

(3)用鼠标右键单击“画图”，弹出快捷菜单。

(4)单击“从「开始」菜单脱离”。

(四)缩短“开始”菜单

为了缩短“开始”菜单，可以将“开始”菜单设置为小图标，以显示更多的程序。

操作步骤如下：

(1)单击“开始”按钮，打开“开始”菜单。

(2)单击“控制面板”，打开“控制面板”对话框。

(3)双击“任务栏和「开始」菜单”图标，打开对话框，如图 2-32 所示。

(4)单击“「开始」菜单”选项卡，如图 2-35 所示。

(5)单击“自定义”按钮，进入“自定义「开始」菜单”对话框，如图 2-36 所示。

(6)选择“常规”选项卡中的“小图标”。

(7)单击“确定”即可。

四、改变屏幕显示

Windows 系统本身提供了丰富多彩的人机界面，除此以外，系统还允许用户根据自己的爱好进行各种环境的设置,以使计算机更加符合个人的需要,更加具有个性化的特色。

为了使计算机的桌面更加符合个人的需要,用户可对桌面进行各种设置。

(一)设置屏幕背景

操作步骤如下:

(1)用鼠标右键单击桌面上的空白区,弹出桌面的快捷菜单。

(2)选中"属性"菜单项,打开"显示属性"对话框。

(3)单击"桌面"选项卡,如图 2-38(a)所示。

(4)在"背景"列表框中选中需要的背景,也可单击"浏览"按钮,选择自己喜欢的背景。

(5)单击"确定"按钮,即可改变桌面的背景。

(a)

(b)

图 2-38　"显示属性"中的"桌面"和"屏幕保护程序"选项卡

(二)设置屏幕保护程序

如果用户长时间不进行任何操作,计算机的屏幕就没有任何变化,从而导致显示器局部过热,影响了显示器的使用寿命,为此系统向用户提供了屏幕保护程序。屏幕保护程序一般为一些运动的图形,它们在屏幕上不断地变化着,从而避免了显示器局部过热,延长了显示器的使用寿命。用户应事先设置屏幕保护程序及其启动时间,这样当用户在一定的时间内没有任何操作时,计算机将自动启动屏幕保护程序。

操作步骤如下:

(1)用鼠标右键单击桌面上的空白区,弹出桌面的快捷菜单。

(2)选中"属性"菜单项,打开"显示属性"对话框。

(3)单击"屏幕保护程序"选项卡,如图 2-38(b)所示。

(4)从"屏幕保护程序"下拉列表中选中一个,并可在模拟显示中预览其效果。

(5)单击"设置"按钮,打开"设置"对话框,根据自己的爱好进行设置。

(6)改变"等待"数值框中的数据,可以设置计算机启动屏幕保护程序的时间。

(7)单击“确定”即可。

当计算机启动屏幕保护程序后,用户只要按任意键即可退出屏幕保护程序,恢复原来的状态。

(三)设置屏幕刷新频率

刷新频率是指屏幕的扫描频率。显示器的扫描频率一般为每秒 60 次,用户也可自行设置。扫描频率高可有效地减少屏幕的闪烁,从而防止眼睛的疲劳。

操作步骤如下:

(1)用鼠标右键单击桌面上的空白区,弹出桌面的快捷菜单。

(2)选中“属性”菜单项,打开“显示属性”对话框。

(3)单击“设置”选项卡,如图 2-39 所示。

(4)单击“高级”按钮,打开“高级”对话框,如图 2-40 所示。

(5)打开“屏幕刷新频率”下拉列表框,从中选择合适的刷新频率。

(6)单击“确定”即可。

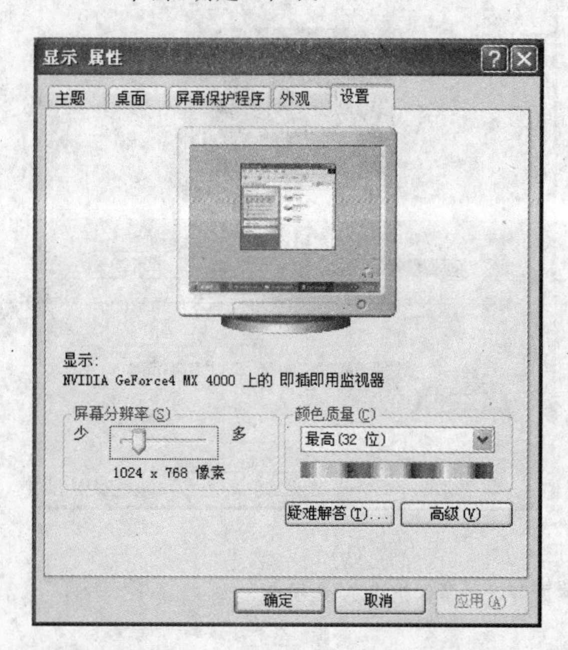

图 2-39 “显示属性”中的“设置”选项卡

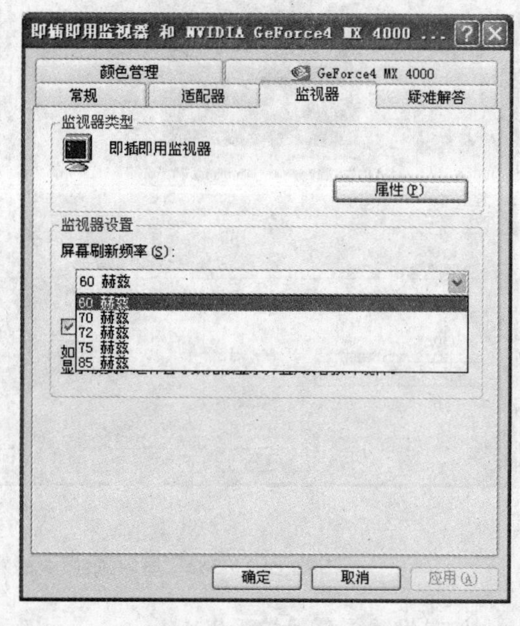

图 2-40 设置屏幕刷新频率

第五节 管理和控制 Windows XP(控制面板)

一、显示更改系统日期和时间

计算机系统都有着自动的计时系统,如果时间不准确,用户在使用计算机的过程中可修改时间;为了避免某些病毒的发作,也可修改系统日期。

(一)显示系统日期和时间

默认情况下,系统总是在任务栏的右侧显示系统时钟,以提示本机的当前时间和日期,如果没有显示,可通过以下步骤将其显示出来:

操作步骤如下:

(1)用鼠标右键单击任务栏上的空白区域,打开任务栏的快捷菜单,如图 2-31 所示。

(2)选中其中的“属性”菜单项,则打开了“任务栏和「开始」菜单属性”对话框,如图 2-32 所示。

(3)选中“任务栏”选项卡,选择“显示时钟”。

(4)单击“确定”即可。

(二)更改系统日期和时间

用户可按如下步骤设置日期和时间:

(1)打开“日期和时间属性”对话框。打开“日期和时间属性”对话框有以下几种方法:

①打开“控制面板”,双击“日期和时间”图标,打开“日期和时间属性”对话框。

②双击任务栏右侧的时间指示器,打开“日期和时间属性”对话框。

(2)单击其中的“日期和时间”选项卡,打开“日期和时间属性”对话框。

(3)在相应的列表框中进行设置。

(4)单击“确定”即可。

二、添加或删除 Windows 组件

Windows 组件包含在 Windows XP 系统中,也可从 Windows 安装盘中安装。

操作步骤如下:

(1)单击“开始”按钮,打开“开始”菜单。

(2)单击“控制面板”,打开“控制面板”对话框。

(3)单击“添加或删除程序”,显示相应对话框,如图 2-41(a)所示。

(4)单击左侧的“添加/删除 Windows 组件”按钮,进入“Windows 组件向导”对话框,如图 2-41(b)所示。

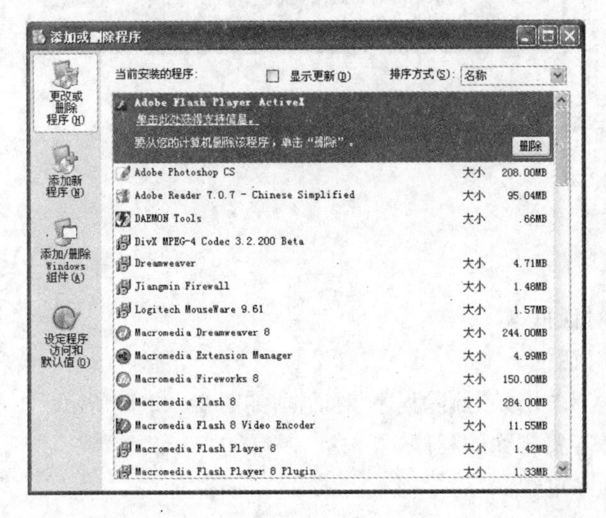

(a)

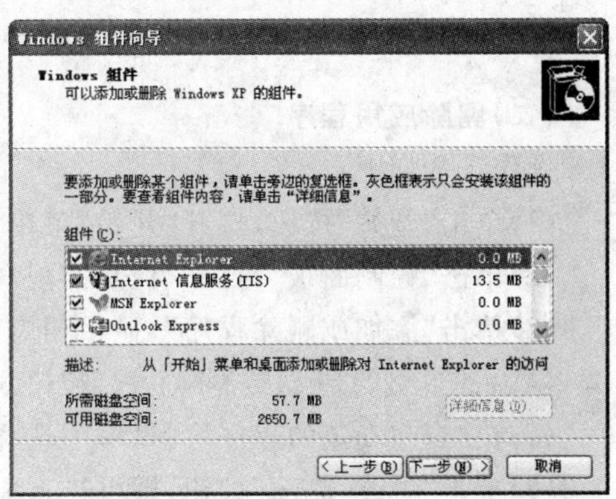

(b)

图 2-41 添加或删除 Windows 组件

(5)从“组件”列表中选中需添加或删除的 Windows 组件。

(6)单击“下一步”按钮,按屏幕提示插入光盘,单击“确定”按钮。

(7)安装完成后,单击“完成”按钮。

三、安装和删除应用程序

用户在使用计算机的过程中,经常需要安装和删除应用程序。

(一)安装应用程序

操作步骤如下:

(1)单击"开始"按钮,打开"开始"菜单。

(2)单击"控制面板",打开"控制面板"对话框。

(3)单击"添加或删除程序",显示相应对话框,如图 2-41(a)所示。

(4)单击左侧的"添加新程序"按钮,进入"添加或删除程序"对话框,如图 2-42(a)所示。

(5)单击"CD 或软盘"按钮,将安装盘插入光驱,单击"下一步"按钮。

(6)按屏幕提示进行设置,如选择安装类型、确定安装位置等。

(7)安装完成后,单击"开始"按钮,从"开始"菜单即可启动该程序。

(a)

(b)

图 2-42 "添加或删除程序"中的"添加新程序"和"更改或删除程序"按钮

(二)删除应用程序

操作步骤如下:

(1)单击"开始"按钮,打开"开始"菜单。

(2)单击"控制面板",打开"控制面板"对话框。

(3)单击"添加或删除程序",显示相应对话框。

(4)单击左侧的"更改或删除程序"按钮,进入"更改或删除程序"对话框,如图 2-42(b)所示。

(5)在"当前安装的程序"列表框中选择需要删除的程序。

(6)单击"更改/删除"按钮,即可进入删除过程。

四、打印机的设置与安装

随着计算机应用的普及和价格的降低,除了键盘、显示器、鼠标等基本输入、输出设备之外,打印机已成为非常普及的外设。通过"控制面板",用户可以方便地安装和设置打印机。

(一)安装打印机

操作步骤如下:

(1)打开"控制面板"窗口,双击其中的"打印机和传真"图标,打开"打印机和传真"对话框,如图 2-43 所示。

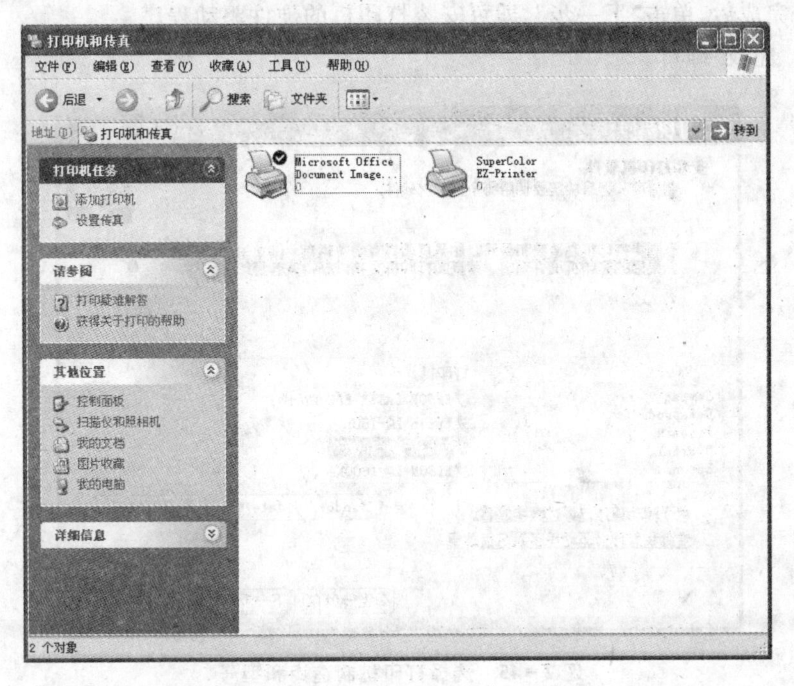

图 2-43　"打印机和传真"对话框

(2)在智能任务菜单中选择"添加打印机"菜单项,打开"添加打印机向导"对话框,如图 2-44(a)所示。

(3)单击"下一步",如图 2-44(b)所示,选择"连接到此计算机的本地打印机"或"网络打印机或连接到其他计算机的打印机"。如选择前者,则打印机只为用户单独使用;如选择后者,且用户的计算机已接入网络,则网络上的其他计算机可共享此打印机。

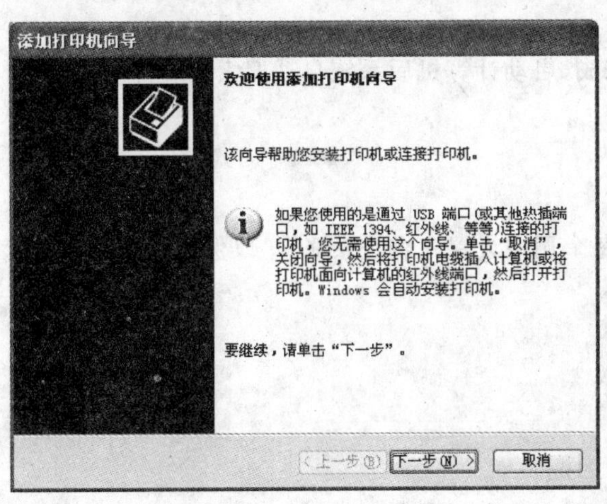

(a)

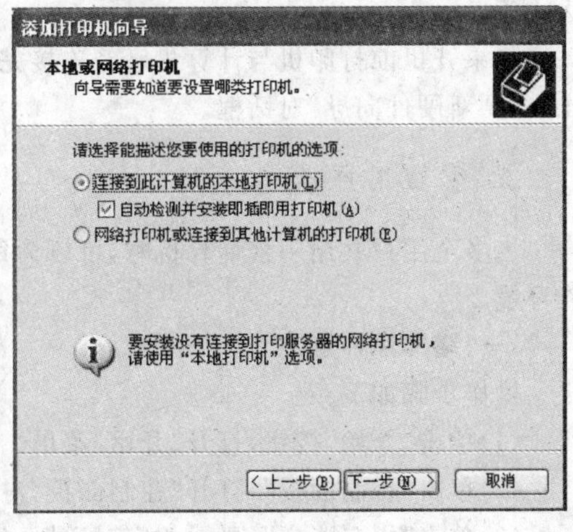

(b)

图 2-44　"添加打印机"向导

(4)单击"下一步",并按照屏幕的提示,在列表框中选择打印机的制造厂商和打印机的型号，如图 2－45 所示。Windows 系统本身基本配备了市场上主要厂商的常见型号打印机的驱动程序。用户还可选择“从磁盘安装”。

(5)设置完成后，单击“下一步”，即可安装打印机的硬件驱动程序。

(6)单击“完成”即可。

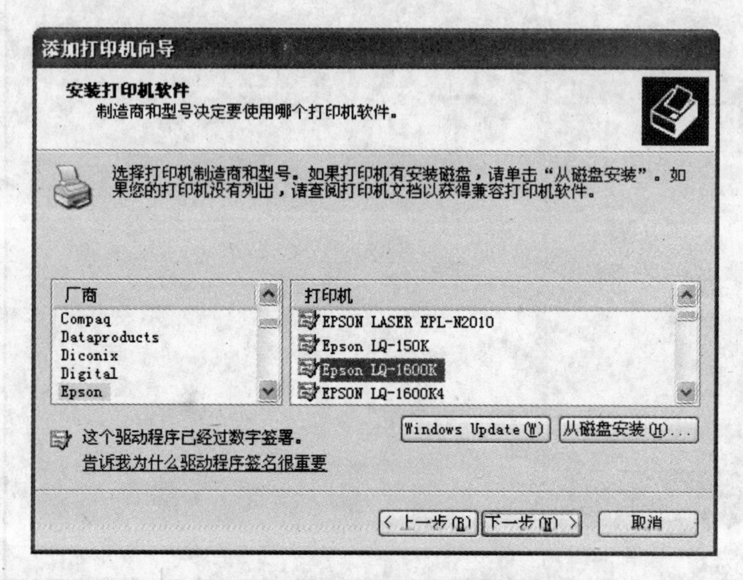

图 2－45　选择打印机制造商和型号

(二)设置打印机

在打印机安装完成后，用户还需对打印机进行对应的设置。

设置步骤如下：

(1)打开“控制面板”窗口，打开其中的“打印机和传真”图标。

(2)用鼠标右键单击“打印机”图标，打开“打印机”的快捷菜单；选中“属性”菜单项。

(3)按照屏幕的提示，用户可对打印机进行各种设置。如确定打印机是否共享、选择纸张大小等。

如果开机前打印机与计算机已经连接完成，启动计算机后系统自动搜索新硬件，并自动弹出“找到新硬件向导”对话框。

五、管理用户账户

当多个用户共用一台计算机时，可以为每个用户设置一个登录账户，以保证用户个人的工作环境。

(一)增加用户账户

操作步骤如下：

(1)单击“开始”按钮，打开“开始”菜单。

(2)单击“控制面板”，打开“控制面板”对话框。

(3)单击“用户账户”，显示相应对话框，如图 2－46(a)所示。

(4)从“挑选一项任务”列表框中选中“创建一个新账户”，进入“创建一个新账户”对话框，如图 2－46(b)所示。

(5)在“为新账户键入一个名称”下部的文本框中输入新账户名。

(a)

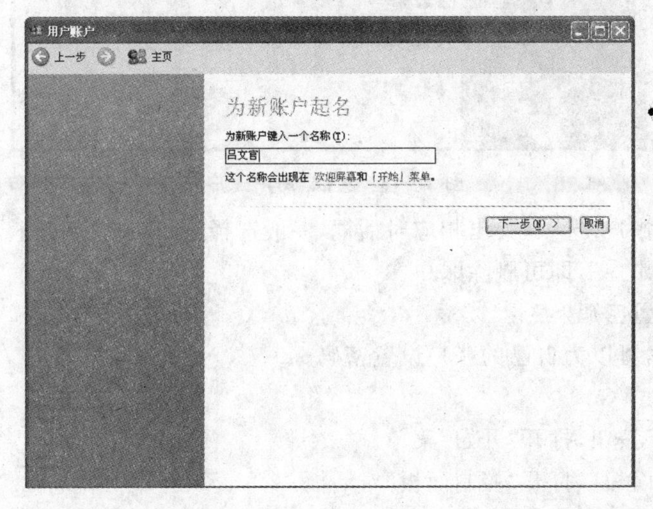

(b)

图 2-46 创建用户账户

(6)单击“下一步”按钮,选择新账户类型,如图 2-47 所示,如计算机管理员。

(7)单击“创建账户”按钮,则新账户创建完成,开机启动时即可看到此新账户。

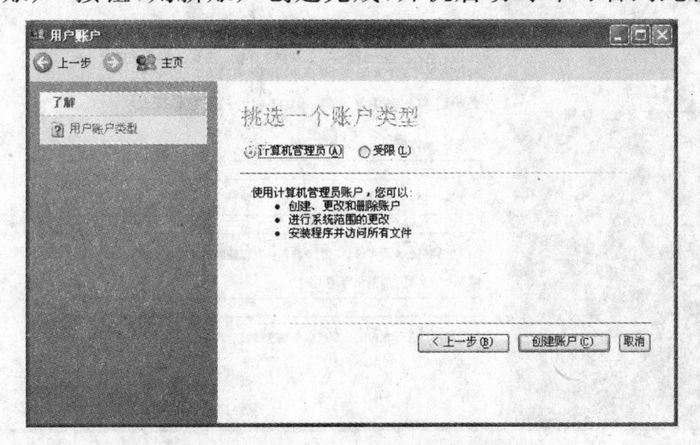

图 2-47 选择用户账户类型

(二)删除用户账户

如果一个账户不用了,可将其删除。

操作步骤如下:

(1)单击"开始"按钮,打开"开始"菜单。

(2)单击"控制面板",打开"控制面板"对话框。

(3)单击"用户账户",显示相应对话框,如图2-46(a)所示。

(4)单击账户列表中一个待删除的账户,进入相应窗口,如图2-48所示。

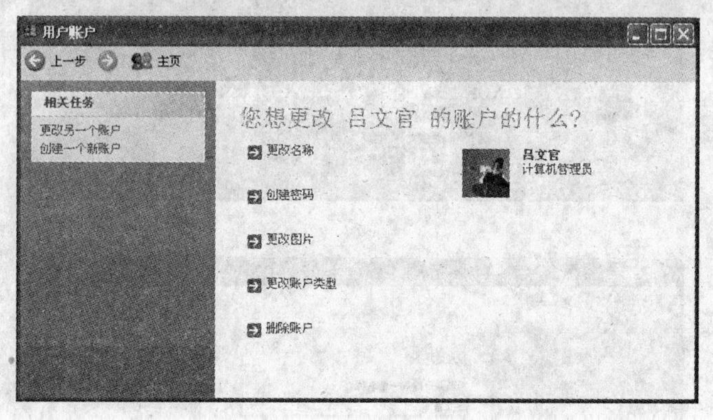

图2-48 更改"用户账户"

(5)单击"删除账户"选项,弹出相应对话框,一般选择"保存文件"按钮。

(6)单击"删除账户",即可删除账户。

(三)为账户设置密码

为提高安全性,可以为自己的账户设置密码。

操作步骤如下:

(1)单击"开始"按钮,打开"开始"菜单。

(2)单击"控制面板",打开"控制面板"对话框。

(3)单击"用户账户",显示相应对话框,如图2-48所示。

(4)单击"创建密码",进入"创建密码"对话框,如图2-49所示。

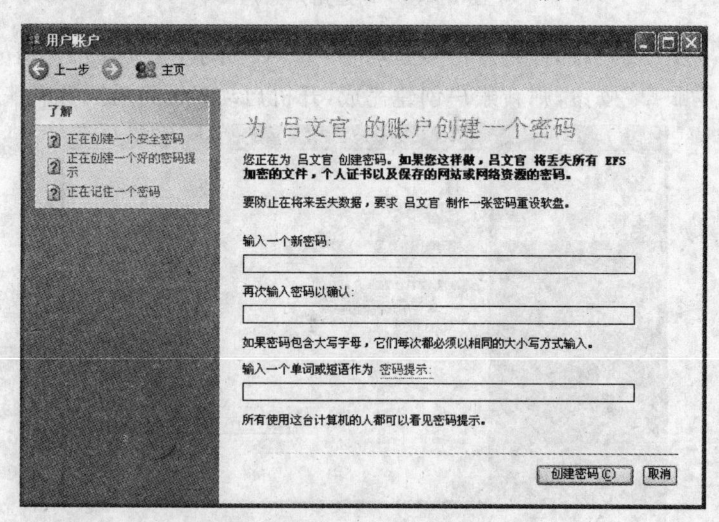

图2-49 "创建密码"对话框

(5)输入一个新密码,并再次输入密码以确认。

(6)单击“创建密码”按钮即可。

六、系统的自动更新

由于计算机的软、硬件技术在不断地发展着,即使是最好的软件也不能完全、始终保证与其他软硬件的配合。为此,微软公司提供了 Windows Update 网站,用户可以进入此站点,以获取系统的更新信息。

操作步骤如下:

(1)使用了 Windows XP 系统一段时间后,通知栏上会显示“保持自动更新”提示框。

(2)单击“保持自动更新”提示框,弹出“自动更新安装向导”对话框。

(3)单击“下一步”按钮,进入选择更新方式对话框。

(4)单击“自动下载更新并且当更新就绪可以安装时通知我”。

(5)单击“下一步”按钮,进入安装完成提示对话框,如图 2-50 所示。

(6)单击“完成”,完成自动更新设置。

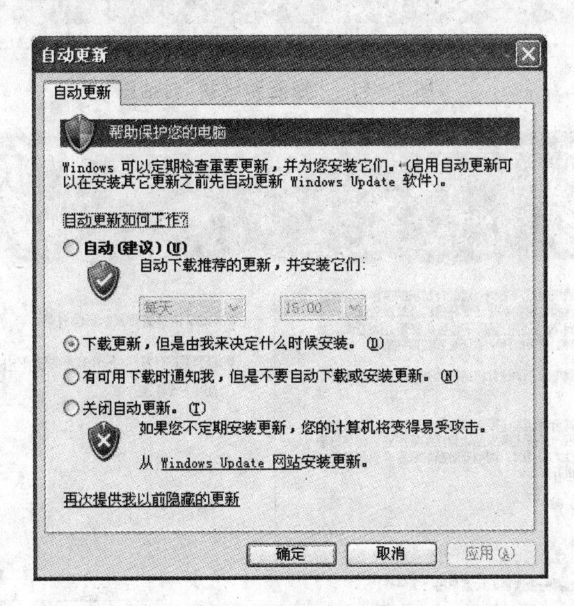

图 2-50 “自动更新”对话框

七、系统还原

在使用计算机的过程中,经常需要设置系统、安装软件。如果又想回到设置以前的系统状态,即可利用 Windows XP 系统提供的还原功能。

(一)创建还原点

系统进行还原时,是以“还原点”为基础的,为此必须事先创建还原点。

手动创建还原点的操作步骤如下:

(1)单击“开始”按钮,打开“开始”菜单。

(2)单击“控制面板”,打开“控制面板”对话框,切换到分类视图。

(3)单击“性能和维护”,显示对话框,如图 2-51 所示,单击“系统还原”,打开“系统还原”

对话框,如图 2-52 所示。

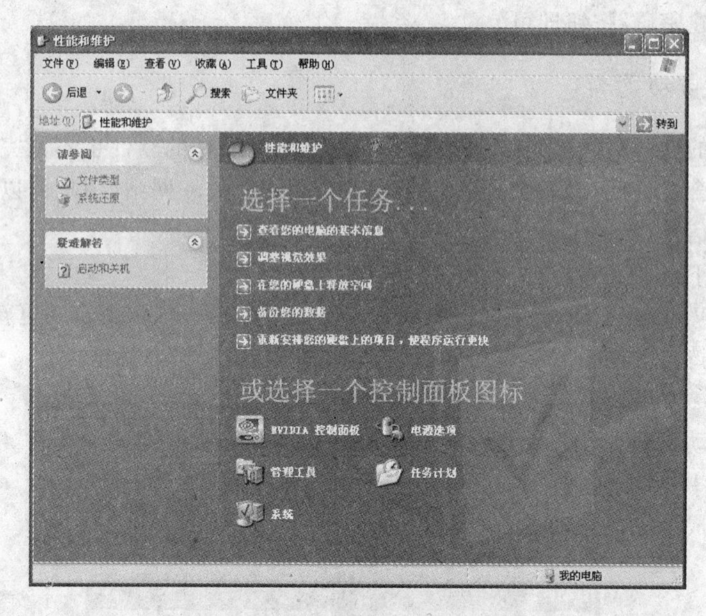

图 2-51 “性能和维护”对话框

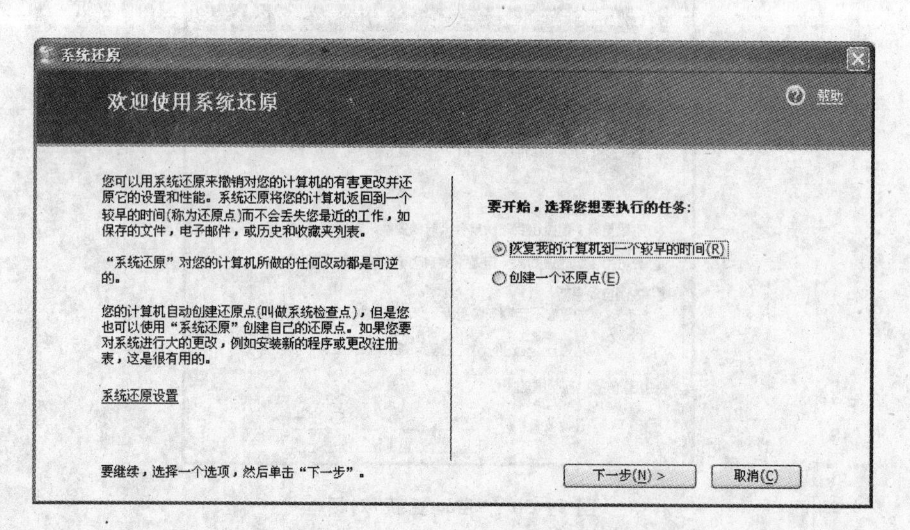

图 2-52 “系统还原”对话框

(4)选择“创建一个还原点”,单击“下一步”,进入“创建一个还原点”对话框,在“还原点描述”文本框中输入还原识别文字,即为还原点命名,如图 2-53 所示。

(5)单击“创建”,创建之后,单击“关闭”按钮,创建结束。

(二)进行系统还原

操作步骤如下:

(1)单击“开始”按钮,打开“开始”菜单。

(2)单击“控制面板”,打开“控制面板”对话框,切换到分类视图。

(3)单击“性能和维护”,显示对话框,如图 2-51 所示,单击“系统还原”,打开“系统还原”对话框。从左侧日历中选择日期,从右侧选择一个还原点,如图 2-54 所示。

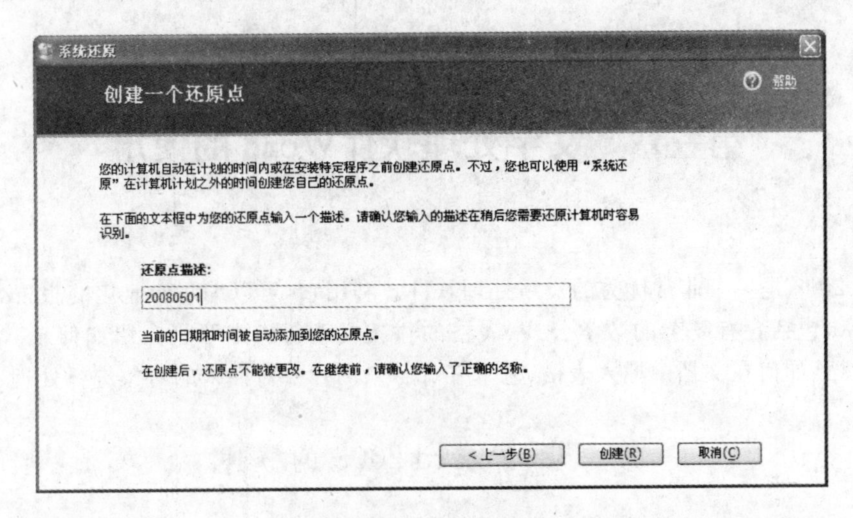

图 2-53　还原点命名

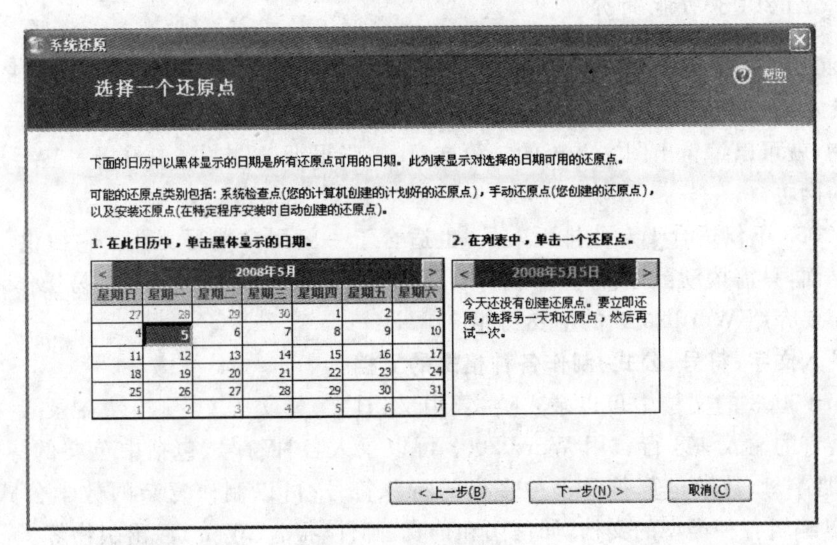

图 2-54　选择还原点

(4)单击“下一步”按钮，在“确认还原点恢复”中单击“下一步”按钮进行还原，还原完成后需重新启动计算机，系统才能恢复到还原点以前的状态。

习　题

1. 在 Windows XP 操作系统中，启动一个应用程序有哪些途径？
2. 在 Windows XP 操作系统中，复制一个文件有哪些途径？
3. 创建快捷方式有哪些方法？
4. Windows XP 操作系统中的文件夹有什么作用？
5. 谈谈你对“无论做什么，都必须先选中，后操作”的认识。
6. 学习设置系统的环境。
7. 学习定制个性化环境。

第三章　文字处理软件Word的使用

Word 2003 是一个非常优秀的文字处理软件。利用它,可以编写专业化的报告,各种图文并茂的文章,包括含有复杂的数学公式、表格的科技文章等。本章将介绍如何录入、编辑、排版、打印文档,如何在文档中插入表格、艺术字、图形、图片并对插入的对象进行处理。

第一节　Word 2003 的概述

一、Word 2003 功能简介

Word 2003 是 Microsoft Office 2003 中的一个重要组件,也是 Office 系列中最有特色的软件。它提供了录入文字、符号,绘制和处理图形、表格,编辑、排版和打印文档,信息共享等功能。

有了它,就可以编辑出图文并茂的一篇文章、一张报纸、一本书、一份报表甚至是一张国际互联网上的网页。

Word 2003 不仅适合于专业排版人员,也适合于一般用户编写文档。它提供了非常清晰和友好的界面,只需按动鼠标,计算机就可以执行选定的命令,因此它易学、易操作。

下面简要介绍 Word 2003 的主要功能。

(一)录入文字、符号、公式,制作各种格式的文档

在 Word 2003 的文档中可以录入英文、中文、日文、韩文等文字,当然在录入文字前必须安装相应语言的输入法才行。用 Word 2003 可以录入各种符号,包括中英文的标点符号、拉丁字母、希腊字母、数学运算符及多种多样的特殊符号;可以制作复杂的数学公式;用 Word 2003 还可以编辑各种类型的文档,如信函和传真、邮件、报告、Web 页、出版物等。

(二)文档的编辑和排版

Word 2003 具有很强的文字处理能力。它可以为选定的字符设置字体、大小、颜色,使字符加粗、变为斜体、增加下划线等;可以整行、整块地移动、复制、修改或删除字符,查找和替换字符;可以自动为段落编号,在一页纸上添加页眉、页脚和页码;可以设置打印纸的大小、页边距、每行的字数和每页的行数等;可以在中文简体与繁体之间进行转换;可以同时打开多个文档进行编辑,实现多个文件之间信息的互相交换;可以在打印之前预览文档并打印文档等。

(三)表格的制作和处理

用 Word 2003 可以制作出日常生活中几乎所看到的任何表格。它可以快捷地制作一张表格,设置表格的尺寸和单元格内文字的格式,改变行高和列宽,拆分或合并单元格,在表格中嵌套表格,给表格添加或删除边框及底纹,还可以通过直接拖动鼠标调整表格的大小和位置。

(四)图形的添加和操作

可以在 Word 2003 的文档中添加来自 Word 2003 图片集或其他图形编辑软件制作的图形,可以在文档的标题处插入艺术字、图表、动画等,还可以利用绘图工具对图片进行加工处理,增添艺术效果。

(五)支持互联网(Internet)

在 Word 2003 中编辑的文件能够保存成 HTML 格式而成为一张网页,文件中可以插入超级链接,实现简单网页的编辑。Word 2003 还可与内部网完全结合在一起,可以利用 NetMeeting 做实时的联机会议,还可以将 Word 2003 文件发布到网站上让大家共同讨论。

(六)Word 2003 的辅助功能

Word 2003 可以统计文章或书的页数、字数等。可以在 Word 2003 中查阅英汉或汉英词典,还可以给文档设置密码,不让他人查看或修改文档。

以上介绍的只是 Word 2003 的主要功能,其实 Word 2003 的功能远不止这些,读者在使用 Word 2003 后会逐渐体会到。

二、Word 2003 新增功能简介

(一)支持 XML 文档

现在 Word 允许以 XML 格式保存文档,因此可将文档内容与其二进制(.doc)格式定义分开。文档内容可以用于自动数据采集和其他用途。文档内容可以通过 Word 以外的其他程序搜索或修改,如基于服务器的数据处理。

此外,如果使用 Microsoft Office Professional Edition 2003 或单独的 Microsoft Office Word 2003,可以通过"模板和加载项"对话框中的"XML 架构"选项卡将 XML 架构附加到任意文档,可以指定架构文件名称以及是否希望 Word 使用此架构对文档进行验证。

然后,使用"XML 架构"任务窗格将 XML 标记应用于文档中,并查看文档中的 XML 标记。

(二)增强的可读性

Microsoft Office Word 2003 将使计算机上的文档阅读工作变得异常简单。现在 Word 可以根据屏幕的尺寸和分辨率优化显示。同时,一种新的阅读版式视图也提高了文档的可读性。

阅读版式视图的功能如下:

(1)隐藏不必要的工具栏。

(2)显示文档结构图和新的缩略图窗格,以便快速跳至文档的各个部分。

(3)自动在页面上缩放文档内容,以得到最佳的屏幕显示并易于浏览。

(4)允许突出显示部分文档并添加批注或进行更改。

(三)支持墨迹设备

如果正在使用支持墨迹输入的设备,例如 Tablet PC,就可以通过 Tablet 笔来使用 Microsoft Office Word 2003 的手写输入功能:用手写批注和注释标记文档,将手写内容写入 Word 文档,使用 Microsoft Outlook 中的 Word Mail 发送手写电子邮件。

(四)改进的文档保护

在 Microsoft Office Word 2003 中,文档保护可进一步控制文档格式设置及内容。例如,可以指定使用特定的样式,并规定不得更改这些样式。当保护文档内容时,不再需要将相同的限制应用于每一名用户和整篇文档,可以有选择地允许某些用户编辑文档中的特定部分。

如果限制文档的格式设置,则可以防止用户应用未明确指定可用的样式,也可以防止用户直接将格式应用于文本(如项目符号或编号列表以及字体格式)。限制格式之后,用于直接应用格式的命令和键盘快捷键将无法使用。

将文档保护为只读或只可批注后,可以将部分文档指定为无限制;还可以授予权限,以允许用户修改无限制的文档。

(五)并排比较文档

有时查看多名用户对同一篇文档的更改是非常困难的,但现在比较文档有了一种新方法——并排比较文档。使用"与<文档名称>并排比较"("窗口"菜单)来并排比较文档,无需将多名用户的更改合并到一个文档中就能简单地判断出两篇文档间的差异。可以同时滚动两篇文档来辨认两篇文档间的差别。

(六)文档工作区

利用文档工作区,可以通过 Microsoft Office Word 2003、Microsoft Office Excel 2003、Microsoft Office PowerPoint 2003 或 Microsoft Office Visio 2003 简化实时的共同写作、编辑和审阅文档的过程。文档工作区站点是围绕一篇或多篇文档的 Microsoft Windows Share Point Services 站点。同事可以轻松地合作处理文档。例如,可以在文档工作区副本上直接进行编辑,也可以在各自的副本上进行编辑并周期性地更新那些已经保存到文档工作区站点副本中的变动。

通常,在使用电子邮件以共享附件的形式发送一篇文档时,即创建了一个文档工作区。作为共享附件的发送者,就成为文档工作区的管理员,所有收信人即成为文档工作区的成员,他们被授予在站点工作的权限。

当使用 Word、Excel、PowerPoint 或 Visio 打开文档工作区中文档的一个本地副本时,Microsoft Office 程序会周期性地从文档工作区获取更新并通知用户。例如,当其他成员编辑了自己的文档副本并将更改保存到文档工作区,如果这些更改与在副本上的更改发生矛盾时,可以选择保存哪个副本。当完成对副本的编辑后,可以将更改保存到文档工作区,其他成员将可以看到更改,并可以将其合并到他们的文档副本中。

(七)信息版权管理

现在,只有通过限制对存放敏感信息的网络或计算机的访问才能控制敏感信息。一旦用户具有访问权限,就无法保证文档内容会被如何更改,也无法保证文档会被传播到何处。这个特点使得敏感信息很容易被传送到没有访问权限的用户手中。Microsoft Office 2003 提供了信息版权管理(IRM)功能,这有助于避免敏感信息落入没有权限的用户手中。

管理员可以授予用户阅读和更改的访问权限,并设定内容的有效期,也可以删除文档、工作簿或演示文稿的受限许可。

此外,企业管理员可以创建能应用于 Microsoft Office Word 2003、Microsoft Office Excel 2003 和 Microsoft Office PowerPoint 2003 的许可策略。这些策略指定谁可以访问信息及对一个文档、工作簿或演示文稿,用户具有什么样的编辑级别或工作权限。

收到内容的用户如果具有受限许可,就可以像普通内容一样方便地打开文档、工作簿或演示文稿。如果用户没有安装 Office 2003 或更高的版本,他们可以下载一个程序,程序允许他们查看内容。

(八)增强的国际功能

Microsoft Office Word 2003 为创建使用其他语言的文档和在多语言设置下使用文档提供了增强的功能。根据特定语言的要求,邮件合并会根据收件人的性别选择正确的问候语格式。邮件合并也能根据收件人的地理区域设置地址格式。增强的排版功能实现了更好的多语言的文本显示。

(九)Office 的新外观

Microsoft Office 2003 有一个开放而又充满活力的新外观。此外,还可以使用新优化的任务窗格。新任务窗格包括“开始工作”“帮助”“搜索结果”“共享工作区”“文档更新”和“信息检索”。

(十)支持 Tablet PC

在 Tablet PC 中,可以通过手写方式快速、直接地在 Office 文档中输入手写内容,如同用笔在纸上进行书写。此外,现在可以在水平方向上查看任务窗格,以便于在 Tablet PC 上进行工作。

(十一)“信息检索”任务窗格

如果可以连接 Internet,新的“信息检索”任务窗格可提供一系列参考信息和扩充资源,可使用百科全书、Web 搜索或通过访问第三方内容搜索特定主题的内容。

(十二)Microsoft Office Online

在所有的 Microsoft Office 程序中更好地集成了 Microsoft Office Online,以便可以在工作时更充分地利用网站提供的帮助。

可以通过 Web 浏览器直接访问 Microsoft Office Online 或使用 Office 程序的不同任务窗格和菜单中的链接进行访问,以查阅文章、提示、剪贴画、模板、联机培训、下载和服务,以增强使用 Office 程序的能力。根据你和其他 Office 用户的直接反馈和特定的要求,网站会定期更新内容。

(十三)改善客户服务质量

Microsoft 一直在努力提高 Microsoft 软件和服务的质量、可靠性和性能。Microsoft 通过“客户体验改善计划”收集硬件配置信息以及如何使用 Microsoft Office 程序和服务的信息,以分析需求和使用模式。是否参与计划是可选的,并且数据收集也是完全匿名的。另外,还对错误报告和错误信息进行了改进,以便于用户在遇到问题时可使用最简便的方法报告错误并提供最有价值的警告信息。最后,通过 Internet 连接,用户可以反馈对 Office 程序、帮助内容或 Microsoft Office Online 内容的 Microsoft 客户意见,Microsoft 将会根据反馈意见不断添加或改进内容。

三、Word 启动与退出

(一)Word 启动

Windows 操作系统启动后,有多种方法进入 Word 2003,常用的有以下 3 种:

(1)单击“开始”按钮,选择“程序”菜单,单击“Microsoft Office”选项中“Microsoft Office Word 2003”,即进入 Word 窗口并打开一个如图 3-1 所示的 Word 空白文档。

(2)双击桌面上的 Microsoft Word 快捷方式图标,即进入 Word 窗口并打开一个如图 3-1 所示的空白文档。

(3)在“资源管理器”中,双击已存在的 Word 文档文件(扩展名为.doc 的文件)启动 Word 2003,并打开该文件。

(二)Word 退出

在 Word 应用程序中结束工作后,应该先关闭文档,并退出该应用程序,然后再退出 Windows,最后关闭计算机。

用下面的 4 种方法都可以退出 Word 应用程序:

(1)单击该应用程序标题栏上的“关闭”按钮。

(2)在该应用程序的“文件”菜单中执行“退出”命令。

(3)按下“Alt”+“F4”键退出。

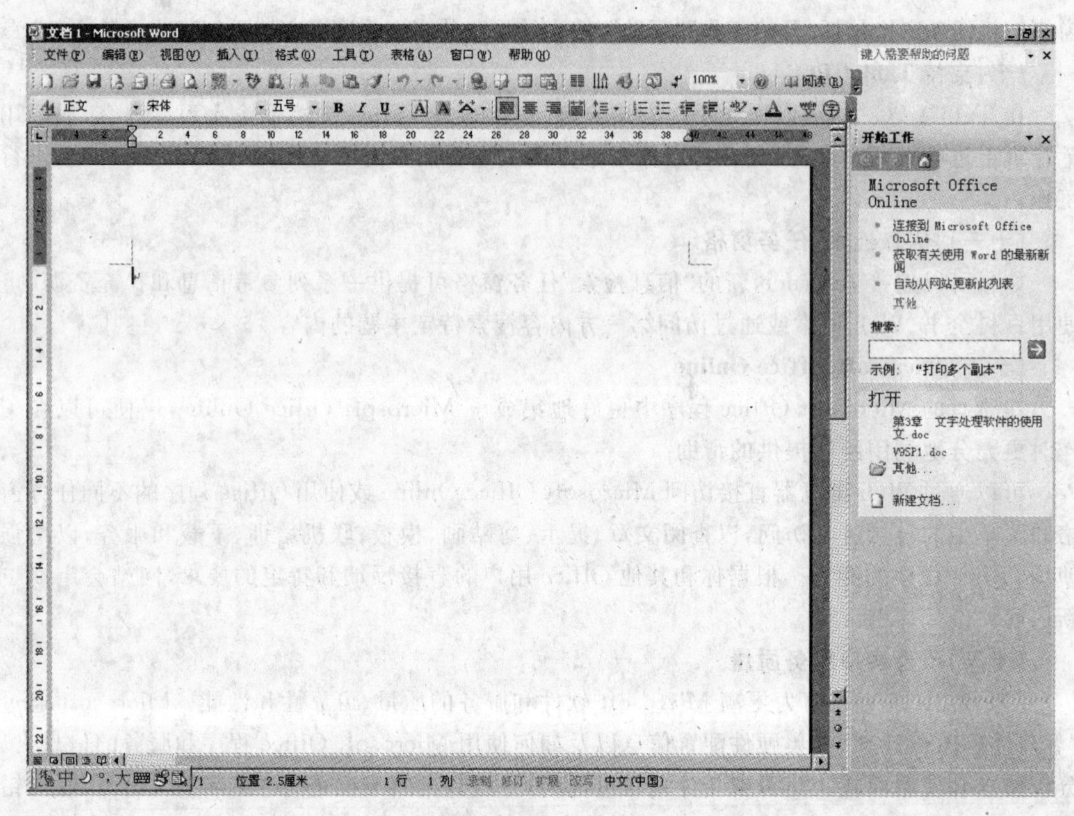

图 3-1 Word 窗口

(4)在标题栏上,右击该应用程序的名字,然后在弹出的快捷菜单中单击“关闭”命令。

执行了上述任意一个操作之后,如果文档中还有未曾保存的信息,那么应用程序会提醒将它们存盘,此时可看到如图 3-2 所示的对话框。

图 3-2 关闭文档时提示保存对话框

如果 Office 助手不在运行,则显示的对话框外形不同,但功能和操作方法相同。在此对话框中单击“是”,则将这些信息用当前的文件名存盘。如果单击“否”,则所有自上次执行“保存”命令以来录入的信息都会丢失。如果单击“取消”,则该对话框关闭,又回到应用程序中,没有发生任何新的变化。

四、Word 2003 的工作窗口

Office 组件的应用程序有风格相类似的应用程序窗口,共享一些常用的菜单命令和对话框的使用方法。我们在此介绍 Word 的工作窗口,如图 3-1 所示。

可以看到,应用程序窗口主要由标题栏、菜单栏、工具栏、文本编辑区、标尺、状态栏、任务窗格和滚动条组成。

下面分别对 Word 2003 窗口的几个部分作介绍。

(一)标题栏

标题栏位于窗口的最上端,它的作用是显示当前正在编辑的文件的名称,如当前正在编辑的文件是 文档 1 - Microsoft Word ,左边的图标 和右边的“Microsoft Word”表示当前运行的是 Word 程序,中间的“文档 1”是编辑的文件名称。

(二)菜单栏

菜单栏在缺省的情况下位于标题栏下面,菜单中包含一些命令。单击这些命令可以完成某些工作。Word 2003 应用程序的菜单栏 文件(F) 编辑(E) 视图(V) 插入(I) 格式(O) 工具(T) 表格(A) 窗口(W) 帮助(H) 由 9 个菜单项组成。

单击某个菜单项,则该项菜单弹出一个菜单框。例如,单击“文件”,显示如图 3-3 所示的菜单框。

菜单框中显示的每一项都是一个命令,单击它就会执行这个命令,如单击“保存”,计算机就会保存文件。菜单框中有些命令左边有图标,它表示在工具栏上有这些命令的快捷按钮,如“保存”命令的左边有一个图标,在工具栏上就有“保存”命令的快捷按钮;有些命令右边有组合键,表示可以用键盘执行该命令;有些命令后跟“…”,表示执行该命令后会弹出一个对话框;而“▶”表示该命令带有一个子菜单,单击该命令会弹出一个子菜单,如在图 3-3 中,单击菜单中的“发送”命令,右边又弹出一个子菜单框;有些命令是浅色的,表示该命令目前不能用。

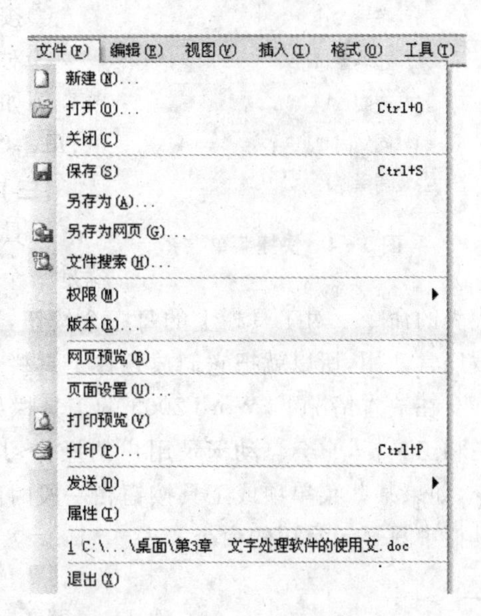

图 3-3 “文件”菜单对话框

按“Alt”+“Z”快捷键,其中“Z”是菜单名后带下划线的字母。例如,按下“Alt”+“F”键(即先按下“Alt”键不放开,再按一下“F”键,然后松开),也可以得到如图 3-3 所示的结果。

菜单将各种操作命令一目了然地展现在屏幕上,要让计算机执行某个命令,就用鼠标单击这个命令即可,用户不必死记每一个操作的命令。同时,菜单也是软件功能的体现。

通常用鼠标来执行各种操作命令,也可以用键盘执行命令。

(1)在菜单框中有的命令的右边带有组合键,如“文件”菜单中的“打开”命令右边写着“Ctrl+O”,它的意思是按下这两个键和用鼠标单击该命令的作用一样。具体的做法是:先按下键盘上的“Ctrl”键不松开,然后按下“O”键,再松开“O”键,最后松开“Ctrl”键。这样的组合键称为“快捷键”,按“Ctrl”+“O”键就执行了“打开”命令。如果用鼠标执行这个命令,则要做两步:先单击“文件”菜单,再单击“打开”命令。所以,用快捷键比用鼠标更快捷。

(2)按下“Alt”键不松开,然后按下菜单项右边括号中带下划线的字母再松开,这时就会弹出该菜单项的菜单框,菜单框中的每一个命令右边也有一个带下划线的字母,按下该字母键也与单击该命令的作用相同,如先按下“Alt”+“F”键,然后再按下“O”键,就会执行“打开”命令。另一种方法是按动上下方向键(有子菜单的则按动右方向键)到需要执行的命令,然后按回车键(“Enter”键),也同样可执行该项命令。

因为通常是用键盘来录入字符的,如果用键盘对菜单进行操作,则手无需离开键盘去移动鼠标，所以记住一些常用的快捷键可以提高操作的速度。

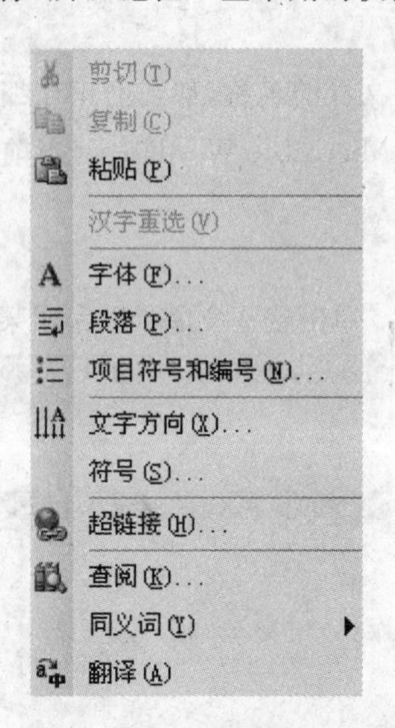

图 3-4　快捷菜单

上面所讲的菜单称为“下拉式菜单”。Office 2003 中还有另外一种类型的菜单，称为“弹出式菜单”，例如在 Word 编辑区内右击鼠标，就会弹出如图 3-4 所示的菜单。在编辑区的不同地方右击鼠标，会弹出不同的菜单，这种菜单也称为“快捷菜单”。

注意：当弹出一个菜单框后又不想选择里面的命令时，可以用以下 3 种方法取消它。

①单击菜单框外面的区域，一般是在编辑区内单击一下。

②按一下键盘左上角的“Esc”键。

③对于下拉式菜单，则再一次单击弹出菜单的那个菜单项。例如，用鼠标单击“插入”菜单项后，弹出一个下拉式菜单，单击“插入”菜单项就可以将下拉式菜单取消。

（三）工具栏

工具栏位于菜单栏的下面，一般由按钮组成。一个按钮就是一个操作命令，用鼠标单击某个按钮就会执行该按钮所代表的命令。对工具栏上的每一个按钮，通常在菜单栏中都有等效的命令。因为这些命令要被经常使用，所以就把它们放置在工具栏上，使得操作更快捷、方便。

在缺省情况下，Word 2003 的工具栏如图 3-5 所示。Office 2003 提供了更智能化的菜单栏和工具栏，它会自动记录用户的操作习惯，只在菜单栏和工具栏中显示用户最近常用的命令，如果某些菜单项或工具按钮在一段时间内没有被使用，就会自动隐藏，只保留菜单框和工具栏中只显示常用的命令。

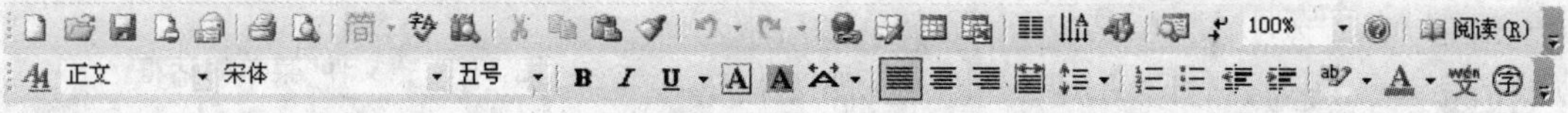

图 3-5　Word 2003 的工具栏

Office 应用程序的“常用”工具栏上的按钮是一些在该程序中最常用的命令。那些与文档格式化有关的按钮则放在“格式”工具栏上。工具栏中包含了一系列相关的工具按钮。除了这两个工具栏外，大多数的 Office 应用程序中都还有几个有特别用途的工具栏，用以帮助用户最有效地使用该应用程序中独特的功能。

(1)添加或删除工具栏。如果要在屏幕上添加或删除某些工具栏，可按下面的步骤操作：

①在任何一个工具栏上右击鼠标，弹出一个工具栏快捷菜单，例如在 Word 2003 的工具栏上右击鼠标，会弹出一个如图 3-6 所示的菜单。

此菜单中列出了所有可用的工具栏。在该列表中，活动工具栏（即当前显示的工具栏）名字旁边有一个钩号。

②单击想添加的工具栏的名字，即可添加此工具栏。例如，如果经常要处理图片，就需要用到“图片”工具栏，那么就可以添加“图片”工具栏。

③如果想隐藏一个活动工具栏，则在工具栏快捷菜单中单击该工具栏的名字即可。

(2)移动工具栏。如想给编辑区留出更多的空间，则可以将一个或多个工具栏移动到屏幕上的不同位置。移动的方法是：将鼠标指向该工具栏的左边界处，当鼠标指针变成“”形状时，拖动鼠标，将工具栏移动到合适的位置。图 3－7 所示的是将“常用”工具栏移动到编辑区中间的情况。

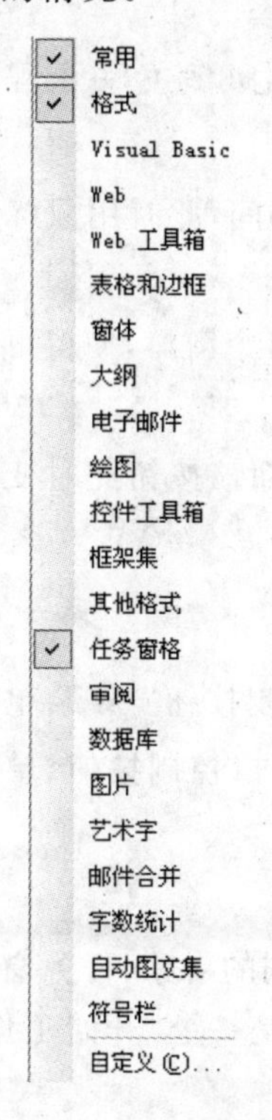

图 3－6　工具栏快捷菜单

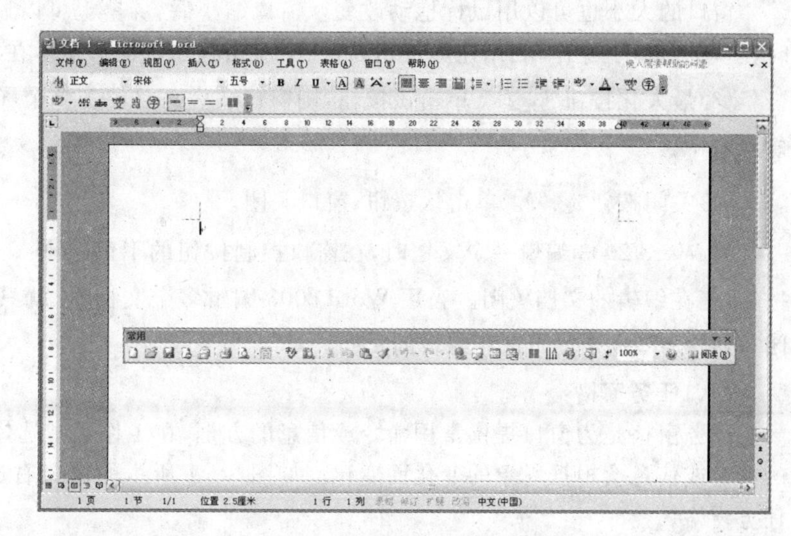

图 3－7　“常用”工具栏移动窗口

注意：

①菜单栏也可以像工具栏那样移动。

②单击“视图”菜单中的“工具栏”命令，也可以看到一些常用的工具栏项目。

(四)状态栏

状态栏位于应用程序窗口的底部，它的作用是指示状态切换键(如 Num Lock 和 Insert)的现时状态，以及与该程序有关的其他信息(如页号等)。图 3－8 所示的是 Word 应用程序窗口中的状态栏。

11 页　1 节　11/48　位置 6.9厘米　9 行　1 列　录制　修订　扩展　改写　中文(中国)

图 3－8　状态栏窗口

它的常用信息说明如表 3－1 所示。

表 3－1　Word 应用程序状态栏的常用信息说明

状　态	说　明
11 页	显示当前工作文档的页号
1 节	显示当前工作文档的节号
11/48	显示当前工作文档的页数/总页数
位置 6.9 厘米	光标相对页顶边的垂直距离
9 行	本页光标所在的行号
1 列	本页光标所在的列号

(五)窗口控制按钮

窗口控制按钮在标题栏的右边,由以下 4 个按钮组成:

(1)最小化按钮“ ”。单击该按钮,窗口缩小为一个小图标。最小化可避免一个程序妨碍用户做其他的事情,而需要它时,单击小图标就可以立即起用它。

(2)还原按钮“ ”。单击该按钮,窗口缩小为一部分并显示在屏幕中间,此时用鼠标拖动窗口的标题栏就可以移动窗口的位置。

窗口的大小也可以用鼠标拖动改变。窗口缩小后,屏幕上可以显示多个窗口,使得可以同时在多个窗口中操作,利用还原按钮,将两个应用程序的窗口显示在屏幕上。

(3)最大化按钮“ ”。单击该按钮,则窗口放大并且覆盖整个屏幕,而该按钮此时变成还原按钮“ ”。

(4)关闭按钮“ ”。单击该按钮,窗口关闭。

用 Word 2003 编辑一个文档时,在窗口控制按钮的下面还有一个关闭按钮“ ”,单击该按钮,正在编辑的文档关闭。当用 Word 2003 编辑多个文档时,就只有窗口控制按钮,单击关闭按钮“ ”,也是关闭正在编辑的文档。

(六)任务窗格

任务窗格是为窗口提供常用命令或信息的方框,在工作区中选择不同的对象,任务窗格中的命令或信息会根据对象的变化而变化。如图 3-1 所示的窗口右边就是一个“开始工作”的任务窗格。

在任务窗格中,单击其中的命令就可以执行该命令。若要关闭任务窗格,则单击窗格上的关闭按钮“ ”。单击“文件”菜单中的“新建”命令,可以显示任务窗格。单击窗格上的“ ”按钮,可以转到其他任务窗格。

(七)滚动条

计算机的屏幕大小有限,而用户输入的内容一般要比一个屏幕显示的多。为了让用户要看的内容显示在当前屏幕上,就要利用滚动条来移动编辑区。

滚动条分为垂直滚动条和水平滚动条。垂直滚动条使编辑区上下移动,水平滚动条使编辑区左右移动。

滚动条一般有 3 个操作点,分别为两端的按钮、滚动块和滚动块下的空间。单击两端的按钮,编辑区移动较小的距离;单击滚动块下的空间,编辑区移动较大的距离;拖动滚动块,则可以自由移动。

五、新建、保存、打开文档

在 Office 中,所有的操作都是针对文档进行的,新建一个文档是使用 Office 组件程序的第一步。对于以前建立的文档还可以打开后进行重新编辑。

(一)新建文档

新建一个 Word 文档的操作步骤如下:

(1)打开 Word 2003 的应用程序。

(2)选择“文件”菜单中的“新建”命令,弹出“新建文档”任务窗格,在该任务窗格中可以选择直接新建或根据模板新建等命令,如图 3-9 所示。

(3)也可以使用“常用”工具栏中的“新建”按钮，快速新建一个空白文档。

(二)打开文档

若要打开已有的文档，可以直接在“我的电脑”中双击文档文件的图标。例如，若双击某Word 文档的图标，将自动运行 Word 2003 并在其中打开此文档。也可在 Word 2003 程序中直接打开文档，具体方法如下：

(1)选择“文件”菜单中的“打开”命令，弹出“打开”对话框，如图 3－10 所示。

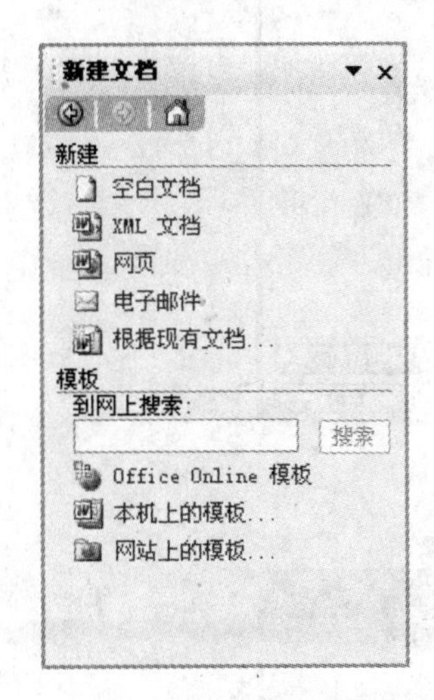

图 3－9　“新建文档”任务窗格

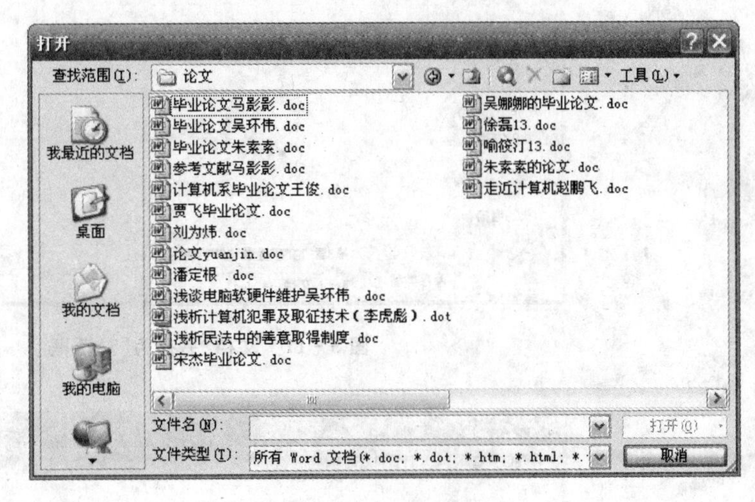

图 3－10　“打开”对话框

(2)在其中的“查找范围”内选择目标文档所在的文件夹。

(3)选择了文件夹后，在下面的文件列表框中即可选定所需打开的文档。

(4)单击“打开”按钮完成操作。

(5)“打开”对话框中的左侧还有一个文件夹面板，包括“我最近的文档”“桌面”“我的文档”“我的电脑”和“网上邻居”几个文件夹按钮。选择“我最近的文档”按钮，可以打开最近打开过的文档列表在其中选择；选择“我的文档”或“桌面”，则快速进入“我的文档”文件夹或桌面；选择“网上邻居”，可以打开网上邻居中的文档。

(6)在“打开”按钮右侧单击三角按钮，在弹出的子菜单中还可以选择文档的打开方式，如“以只读方式打开”或“以副本方式打开”等。

(三)保存与关闭文档

保存文档操作是把进行了编辑和修改的文档保存到磁盘上的操作。每个编辑完的文档只有进行保存操作，才可以将所做的修改长久保存。保存文档有多种方法：

(1)选择“文件”菜单中的“保存”命令，可以将对文档的编辑和修改保存在原文件中。如果是还没有保存到磁盘的新建文档，则“保存”命令和“另存为”命令效果相同。还可以直接使用“常用”工具栏的“保存”按钮进行相同的操作。

(2)选择“文件”菜单中的“另存为”命令，弹出“另存为”对话框，如图 3－11 所示。在此对话框中可以设置将文件另存的文件名和地址。此对话框的使用方法和上文讲到过的“打开”对话框类似。

(3)选择“文件”菜单中的“另存为网页”命令，可以将文件另存为网页。该命令将打开“另存为”对话框，如图 3－12 所示，这个对话框和图 3－11 所示的对话框类似。不同的是，在这个对话框中，文件的保存类型默认为网页的类型。单击“更改标题”按钮，将弹出一个对话框，在其中可以设置用浏览器打开时出现在浏览器的标题栏中的标题。

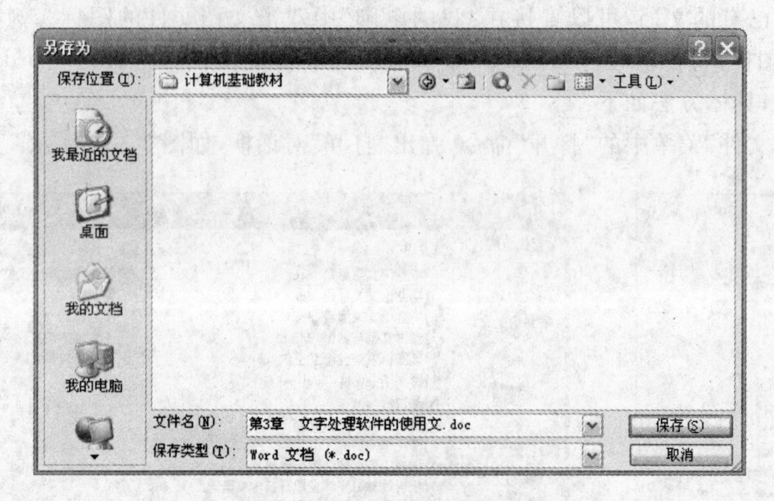

图 3-11　文档“另存为”对话框

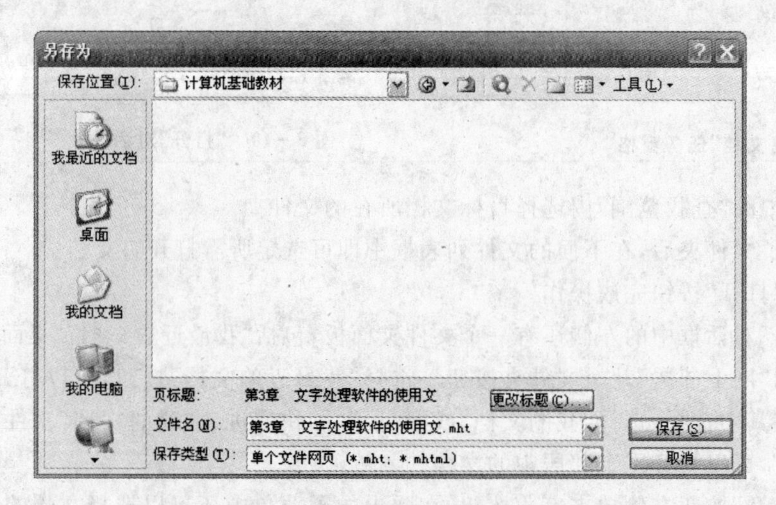

图 3-12　网页“另存为”对话框

使用下列任何一种方法都可以关闭文档：

(1)选择“文件”菜单中的“关闭”命令。

(2)单击菜单栏右端的“关闭”按钮或是标题栏右端的“关闭”按钮。

(3)使用快捷键“Alt”+“F4”或是“Ctrl”+“W”。关闭文档后，如果还没有对当前文档的修改操作进行过保存，将弹出如图 3-13 所示的对话框。在其中选择“是”，则保存当前文档；选择“否”，则不保存修改；选择“取消”，则会取消关闭文档的操作。

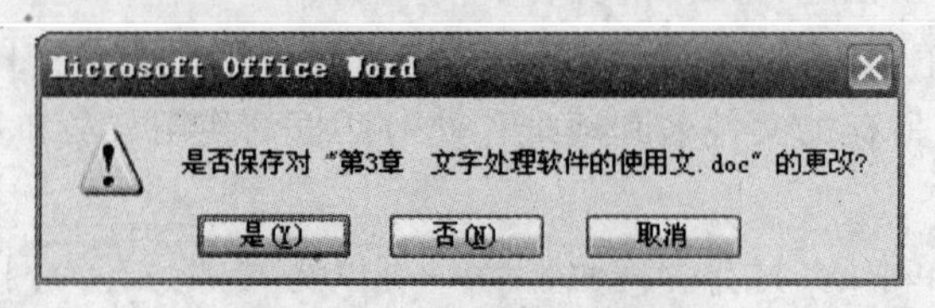

图 3-13　提示保存对话框

第二节　文档的基本操作

一、文档的录入

制作 Word 文档的第一步就是输入文本，这是 Word 中最基本的操作。

(一)录入文字

在打开文档之后，可以在文档窗口中输入文本、特殊字符、当前日期和当前时间等，也可以插入其他文件的内容。

在 Word 中建立一个新文档后，插入点(不停闪烁的竖线)位于编辑区的左上角。输入文本时，插入点自动向右移动。输入到行尾时，用户不必按回车键，Word 会自动换行。只有当完成一个自然段落的输入时才按回车键。如果输错了某个字，可以按“BackSpace”键删除插入点之前的字符，按“Delete”键删除插入点之后的文本，然后继续输入。

(1)选择输入方法。默认的输入方式为英语，如果输入汉字，必须切换到中文输入法状态，切换方法如下：

①用鼠标切换：单击任务栏右边的输入法图标，将弹出输入法选择菜单，单击可选择需要的输入法。

②用键盘切换：按“Ctrl＋空格键”可进行中/英文输入法切换，按“Ctrl”＋“Shift”键可进行各种输入法(包括英文)的切换。

(2)当切换到中文输入法后，在屏幕下方出现输入法提示栏“标准”，在提示栏上显示正在使用的输入法名称，还有用于切换中/英文输入、全/半角状态、中/英文标点的图标按钮。

注意：请初学者注意输入法各种状态的切换，中、英文标点符号的输入(如“、”的输入)等问题。

(二)录入符号和特殊字符

(1)录入符号。如果想在文档中插入键盘上无法找到的特殊字符，如“☆”“⊙”“♀”“♁”等，可以使用 Word 的插入符号功能。Word 可以将这些符号和国际字符插入到文档中，方法如下：

①将光标移到要录入符号的位置。

②单击“插入”菜单下的“符号”命令，屏幕上弹出如图 3－14 所示的对话框。

③选择“符号”对话框中的“符号”选项卡，选中所需符号后单击“插入”按钮，或双击所要插入的符号。

④如果没有找到所要插入的字符，可以改变“符号”对话框中的“字体”或“子集”列表框中的选项，以找到所需字符。

文本框“近期使用过的符号”下列出了近期使用过的符号，如图 3－14 所示。如果要输入的文章中经常出现某些符号，则第一次录入这些符号后，它们会出现在此表中，此后就可以直

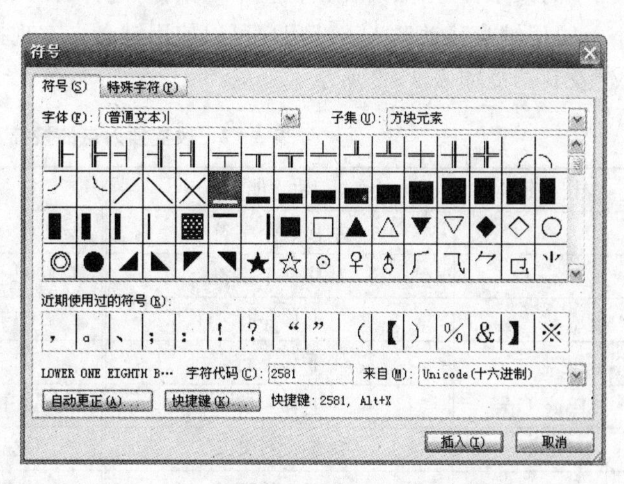

图 3－14　“符号”对话框中的“符号”选项卡

接在此表单击这些符号，而不用在上面列表框中列出的众多符号中选择，节省了时间。

(2)录入特殊字符。

①在图 3-14 所示的对话框中单击“特殊字符”选项卡，弹出“特殊字符”对话框，单击需要的字符。

②单击“插入”按钮，或双击所要插入的符号，该字符就在光标处出现。单击“关闭”按钮关闭对话框。

对于常用的符号可以自己给它定制快捷方式，方法如下：打开“符号”对话框，单击选中目标符号，然后单击“快捷键”按钮，可以自定义快捷方式，如图 3-15 所示。

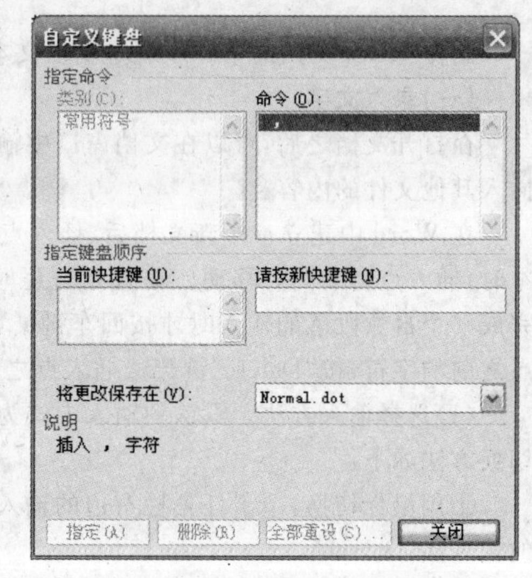

图 3-15 “自定义键盘”对话框

(3)插入其他文件的内容。Word 允许将其他文件的内容插入到当前的文档中，以便将几个文档合并成一个文档。

①将插入点置于要插入文档的位置。

②选择“插入”菜单的“文件”命令，打开“插入文件”对话框。

③在对话框中输入或选择要插入的文件名，单击“插入”按钮，该文件就插入到文档中。

二、编辑文档

文档的编辑包括选定、复制、粘贴、查找和替换等，在编辑文本之前一般都要执行改变插入点的位置、选定文本等操作。

(一)改变“插入点”的位置

用户可以使用鼠标改变插入点的位置，也可以使用键盘改变。常用方法如下：

(1)用鼠标移动插入点。使用鼠标移动插入点的方法很简单，只要把“I”形鼠标指针移到文档中的某个位置，然后在该位置单击鼠标，这样，插入点就停在鼠标单击的位置。

(2)用键盘移动插入点。用户可以使用键盘来实现插入点在文本中的移动，改变插入点的按键及其功能如表 3-2 所示。

表 3-2 改变插入点的按键及其功能

按 键	功 能	按 键	功 能
←	左移一个字符	Ctrl+←	左移一个单词
→	右移一个字符	Ctrl+→	右移一个单词
↑	上移一行	Ctrl+↑	后移一个段落
↓	下移一行	Ctrl+↓	前移一个段落
Page Up	上移一屏	Page Down	下移一屏
Home	移至该行开头	End	移至该行末尾
Ctrl+Home	移至文档开头	Ctrl+End	移至文档末尾

(二)选定文本

许多操作(如剪切,复制,为字符设置字体、字形、大小等)在执行之前,都要先选定文本。Word 中可以使用鼠标或键盘选定文本,包括不相邻的文本。选定的文本反相显示(黑底白字)。

(1)使用鼠标选定文本。使用鼠标选定文本的操作方法见表 3-3。

表 3-3　用鼠标选定文本的方法

选定范围	操作方法
连续的任意数量的文本	将鼠标移至要选定文本的起始处(或结尾处),按住左键拖动至文本的结尾处(或起始处),然后松开;或单击要选定内容的起始处(或结尾处),然后滚动到要选定内容的结尾处(或起始处),在按住"Shift"键的同时单击结尾处(或起始处)
一个单词	双击该单词
一行文本	将鼠标指针移至文本区域的左侧,直到指针变为指向右边的箭头,然后单击
一个段落	将鼠标指针移动到该段落的左侧,直到指针变为指向右边的箭头,然后双击。或者在该段落中的任意位置三击
多个段落	将鼠标指针移动到段落的左侧,直到指针变为指向右边的箭头,再单击并向上或向下拖动鼠标
整篇文档	将鼠标指针移动到文档中任意正文的左侧,直到指针变为指向右边的箭头,然后三击
一块垂直文本	按住"Alt"键,然后将鼠标拖过要选定的文本
一句	将鼠标指针移动到该句上,按住"Ctrl"键不放,单击

(2)使用键盘选定文本。使用键盘选定文本的操作方法如表 3-4 所示。

表 3-4　使用键盘选定文本的操作

选定范围	操作方法
插入点右侧的一个字符	Shift+右箭头
插入点左侧的一个字符	Shift+左箭头
插入点所在处至单词结尾	Ctrl+Shift+右箭头
插入点所在处至单词开始	Ctrl+Shift+左箭头
插入点所在处至行尾	Shift+End
插入点所在处至行首	Shift+Home
插入点所在处至段尾	Ctrl+Shift+下箭头
插入点所在处至段首	Ctrl+Shift+上箭头
插入点所在处至文档开头	Ctrl+Shift+Home
插入点所在处至文档结尾	Ctrl+Shift+End
整篇文档	Ctrl+A

(三)插入、删除和改写文本

(1)插入文字信息。在我们编辑文档时,时常会忘记、漏输或增加一些文字信息,这时我们就需要在文本中重新插入这些信息。我们可以利用两种方法来插入文字信息:

①先将光标定位在想插入文字的地方,再在键盘上直接输入文字即可。

②也可以利用 Word 2003 提供的"剪切板"中的文字信息,直接"粘贴"在你想要插入信息的地方即可。

(2)删除文字信息。在编辑过程当中,有时也会删除一些多余文本,可能是一些汉字,也可能是字母、数字或其他字符。方法如下:

我们可以利用“BackSpace”键或者“Delete”键逐个删除光标所在位置之前或之后的字符;也可以利用鼠标先选定要删除的内容,再按“BackSpace”键或“Delete”键,将删除多行文本信息;同时,还可以按下“Ctrl”+“BackSpace”或“Ctrl”+“Delete”组合键删除光标所在位置之前或之后的整个单词。

(3)改写文字信息。改写文本也就是将文本内容中某些文字删除,替换上某些新的文字,这也是 Word 2003 中比较频繁的操作。在 Word 2003 中,对于改写文本,通常我们会先选中要改写的文本,然后输入或粘贴更换后的文本,也可以用另外一种方法:

①将光标定位于要改写文本的地方,再双击 Word 2003 状态栏右下方的“改写”指示器或按下“Insert”键切换到“改写模式”下。可以看到“改写”指示器由灰色变为黑色,表示“改写模式”启用。

②输入要改写的内容,我们将看到在光标后面的内容被改写了。但是用户需注意,在启用“改写模式”后,无论我们输入多少字都将覆盖掉光标后已有文字,所以在我们不需要“改写”时,应及时关闭“改写模式”,双击“改写”指示器或重新按“Insert”键。

(四)移动文本

我们经常会对文本区域的位置作必要的调整,也就是要移动文本的位置,使文档内容条理清楚。移动文本的方法有使用功能键、使用剪切板和拖动鼠标 3 种。

方法一:使用功能键的操作。

(1)选择你想要移动的文本块。

(2)按下功能键 F2,这时在工作界面的状态栏左下方将显示“移至何处?”的字样,如图 3-16 所示。

(3)将光标移到你想要移到的位置,按下“Enter”键,完成文本的移动。

方法二:利用 Word 2003 的剪切板,可以存储多个内容。

(1)点击菜单“编辑”下“Office 剪切板”命令项,打开“剪切板”任务窗格,如图 3-17 所示。

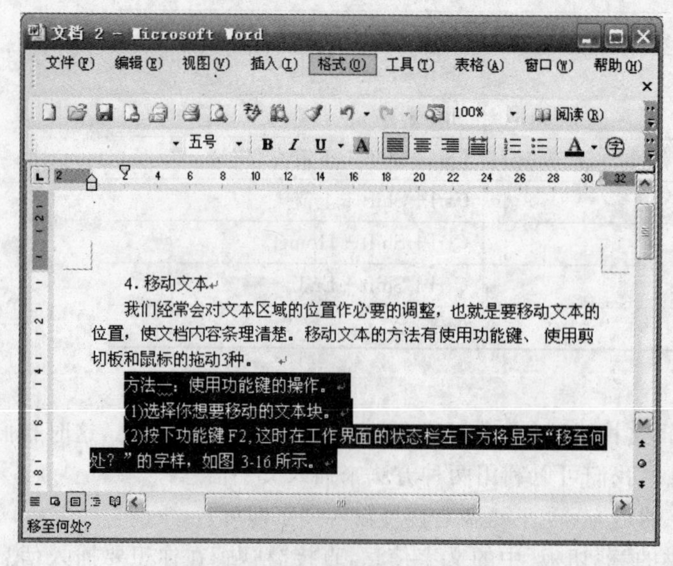

图 3-16 使用功能键 F2 移动文本

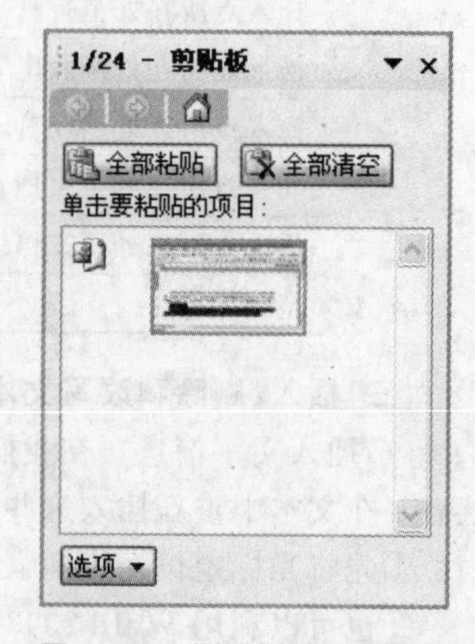

图 3-17 “剪切板”任务窗格

如果用户在多次复制或剪切时，系统也会自动打开“剪切板”任务窗格。

(2)将光标定位在你想粘贴内容的位置，再在“剪切板”任务窗格中选择你要粘贴的内容。

方法三：通过鼠标操作移动文本。

(1)选定想要移动的文本，并且按住鼠标左键不放，此时鼠标箭头下方将出现一个小的虚线矩形框。拖动选定的文本块移动到你想要移到的位置，然后放开鼠标左键。

(2)在移动的位置处，将出现“粘贴选项”按钮，点击它将展开一个下拉菜单，如图 3-18 所示。

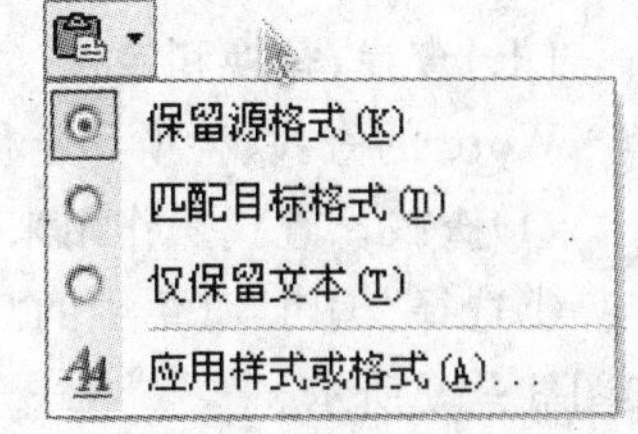

图 3-18 设置“粘贴选项”

其中：

①“保留源格式”命令：表示保留所粘贴内容的原有格式。

②“匹配目标格式”命令：表示将粘贴内容的格式与当前位置的格式匹配。

③“仅保留文本”命令：表示只保留粘贴内容的文本，且改格式为当前位置的格式。

④“应用样式或格式”命令：表示打开“样式或格式”任务窗格。

选择其中一个命令，完成移动文本。

(五)剪切、复制和粘贴

在文本编辑中，频繁使用的就是剪切、复制和粘贴。其中粘贴是配合剪切、复制进行使用的。

剪切与粘贴配合的用法如下：

(1)选中要剪切的文本，点击“常用”工具栏的“剪切”按钮，或者点击菜单“编辑”下的“剪切”命令，或者按下组合键“Ctrl”+“X”，这时将剪切的文本就放入了 Word 2003 的“剪切板”中。

(2)移动鼠标，使光标定位到你想要粘贴的位置，点击“常用”工具栏的“粘贴”按钮，或者按下组合键“Ctrl”+“V”。

复制与粘贴配合的用法如下：

(1)选中要复制的文本，点击“常用”工具栏的“复制”按钮，或者点击菜单“编辑”下的“复制”命令，也可按下组合键“Ctrl”+“C”，这时将复制的文本就放入了 Word 2003 的“剪切板”中。

(2)将光标定位到你想要粘贴的位置，点击“常用”工具栏的“粘贴”按钮，或者按下组合键“Ctrl”+“V”。

剪切与复制的区别：剪切将选中的内容删除了，跟前面我们学习的移动功能相似；而复制则是将选中的内容重新复制了一份，原有的内容仍然不变。用户可以根据不同情况进行选择使用。

(六)撤销、恢复和重复操作

在编辑文档中如果出现了误操作，可以使用撤销操作和重复操作来避免。Word 会自动记录最近的一系列操作，这样我们可以方便地撤销前几步的操作、恢复被撤销的步骤或是重复刚做的操作。

(1)撤销操作。选择“编辑”菜单中的“撤销”命令。如刚进行的一步操作是粘贴了一段文本，但是发现粘贴操作出现了失误，那么可以使用撤销操作取消粘贴。另一种方法是使用“常用”工具栏中的撤销按钮“↶ ▾”，单击可以撤销上一步操作；也可以单击按钮图标右侧的三角按钮，在弹出的列表框中选择直接恢复到某步操作。

(2)恢复操作。使用“常用”工具栏中的恢复按钮“↷ ▾”，单击可以恢复上一步操作，也可以单击按钮图标右侧的三角按钮，在弹出的列表框中选择直接恢复到以前的某步操作。

(3)重复操作。选择“编辑”菜单中的“重复”命令,可以重复最近进行的一步操作。

技巧:可以使用快捷键进行撤销、重复操作,具体方法如下:

①按“Ctrl”+“Z”可以撤销一步操作,反复按可撤销到前几步。

②按“Alt”+“Shift”+“BackSpace”可以恢复上一步操作,反复按可恢复到以前几步操作。

③按“Ctrl”+“Y”可以重复一步操作,反复按可多次重复。

(七)查找、替换和定位

Word 的查找、替换和定位操作提供了快速查找文档和浏览文档的功能。

(1)查找。查找操作用来在文档中查找指定内容的文本。

①选择“编辑”菜单中的“查找”命令或按快捷键“Ctrl”+“F”,弹出“查找和替换”对话框,如图 3-19 所示。

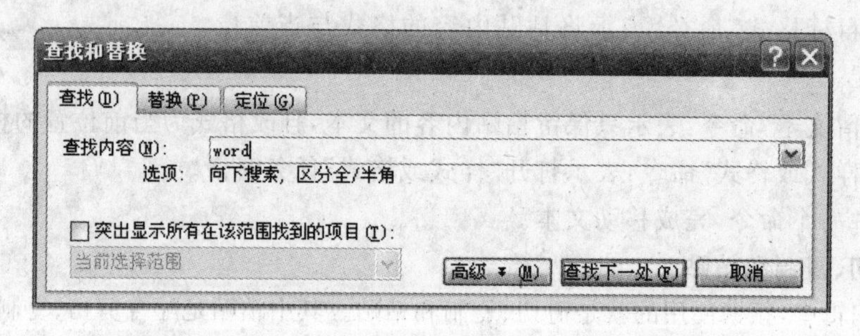

图 3-19 “查找和替换”对话框中的“查找”选项卡

②在“查找内容”栏中输入所要查找的文本内容。

③单击“查找下一处”按钮,Word 就会将光标移动到查找到的文档内容处。

④关闭“查找”对话框后,还可以使用快捷键“Shift”+“F4”继续查找。

⑤如果想要一次选中所有的指定内容,选中“突出显示所有在该范围找到的项目”复选框,然后在下面的列表中选择查找范围,单击“查找全部”按钮,Word 就会将所有指定内容选中。

⑥单击“高级”按钮后,在弹出的附加对话框中可以定制查找的条件。

⑦按“Esc”键可以取消当前的查找。

(2)替换。使用替换操作可以自动替换文字。替换时,不仅可以替换文字内容,还可以将文字格式同时替换。例如,可以将文档中的某个词全部替换为黑体。

①选择“编辑”菜单中的“替换”命令,弹出“查找和替换”对话框,如图 3-20 所示。

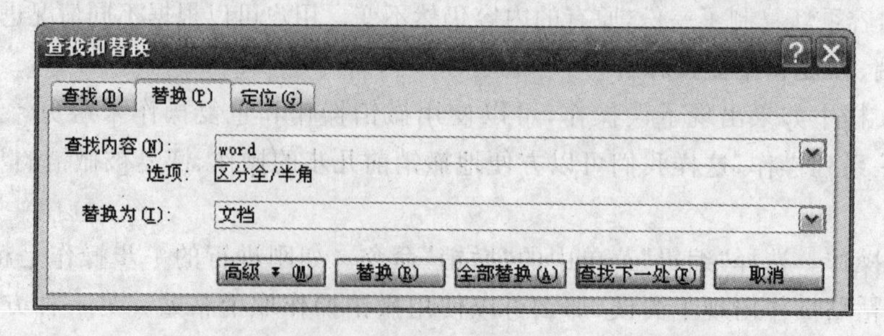

图 3-20 “查找和替换”对话框中的“替换”选项卡

②在“查找内容”框内输入要搜索的文字。

③在“替换为”框内输入替换文字。

④单击“查找下一处”“替换”或者“全部替换”按钮。

⑤单击“高级”按钮,可以定制替换操作条件。

⑥按“Esc”键可取消替换操作。

(3)定位。使用定位操作可以把光标直接移动到指定位置。

①选择“编辑”菜单中的“定位”命令,弹出“查找和替换”对话框,如图 3－21 所示。

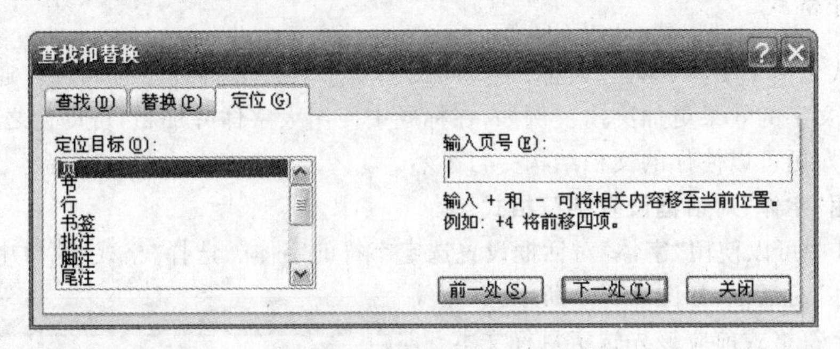

图 3－21　“查找和替换”对话框中的“定位”选项卡

②在定位目标列表框中选择目标对象,如选择“页”。

③在“输入页号”框中输入目标页号,如果输入带“＋”或“－”的数字,将是相对于当前位置的偏移量。例如,若当前页为第 6 页,输入“－2”后,光标将移动到第 4 页。

④单击“定位”按钮,光标将移动到目标位置。如果刚进行过定位操作,也可以使用“前一处”和“下一处”按钮重复定位。

(4)高级查找。除了查找和替换文本外,有时需要查找或替换某些特定的格式和符号等,此时就要通过“高级”按钮来扩展“查找和替换”对话框,如图 3－22 所示。

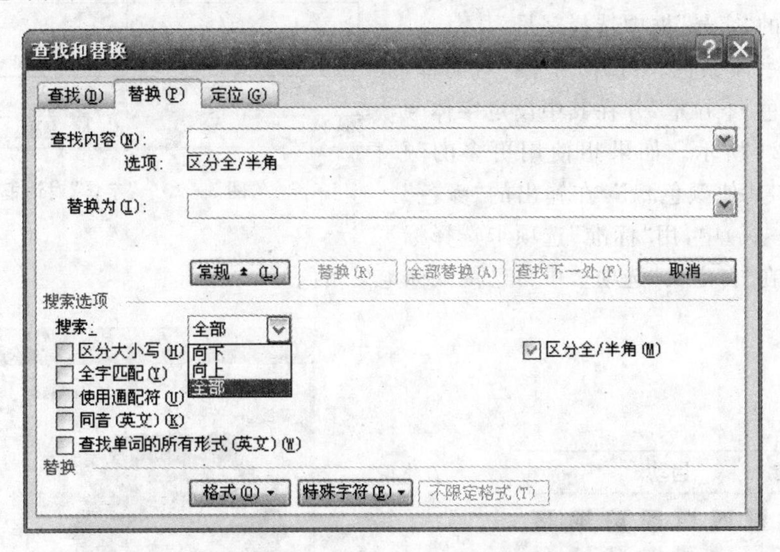

图 3－22　扩展的“查找和替换”对话框

高级模式下主要有以下几项扩展内容,简述如下:

①“搜索”列表框:设置查找和替换对象的范围。搜索范围包括“向上”“向下”和“全部”。

②“格式”按钮:指定“查找内容”或“替换为”内容的排版格式,如字体、段落、样式等。

③“特殊字符”按钮:将查找对象设置为特殊字符,如通配符、制表符、分栏符、分页符等。

④“不限定格式”按钮:取消为“查找内容”或“替换为”指定的所有格式。

第三节　文档的排版

一、字符格式

字符格式包括了字体、颜色、大小、字符间距和动态效果等各种字符属性。通过设置字符格式，可以使文字的效果更加突出。例如，在标题中使用大字体并加粗，可以使之更为醒目；而使用各种字号，更可以使你的文档结构一目了然。

（一）使用“字体”对话框设置字符格式

在 Word 中可以使用“字体”对话框设置选定字符的字体。选择“格式”菜单中的“字体”命令，弹出“字体”对话框，如图 3－23 所示。

在改变字符格式前应该先选定目标文本。

（1）改变字体。打开“字体”对话框，在“字体”选项卡中的“中文字体”列表框中选定中文字体，在“西文字体”列表框中选定英文字体。选定后，在下方的“预览”框中可以预览效果。

（2）改变字形。打开“字体”对话框，在“字体”选项卡中的“字形”框中选定所要改变的字形，如倾斜、加粗等。

（3）改变字号。打开“字体”对话框，在“字体”选项卡中的“字号”框中选择字号。

（4）改变字体颜色。打开“字体”对话框，点击“字体颜色”下拉框，并在其中设定字体颜色，如图 3－24 所示。如果想使用更多的颜色，可以单击“其他颜色...”，在弹出的“颜色”对话框（图 3－25）中，用“标准”选项卡选择标准颜色，或是在“自定义”选项卡中自己用鼠标定义颜色。

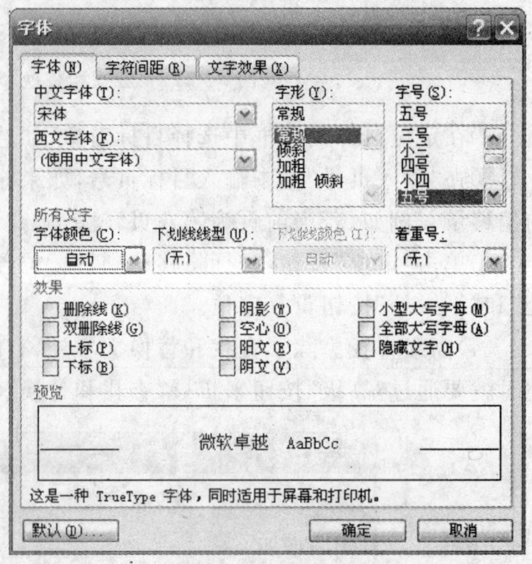

图 3－23　“字体”对话框

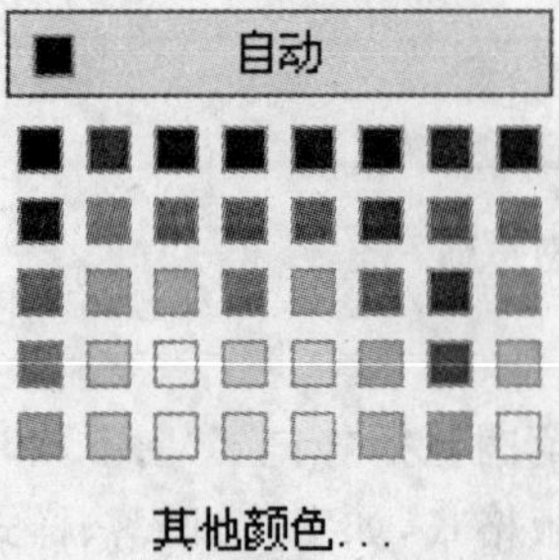

自动

其他颜色...

图 3－24　“字体颜色”下拉框图

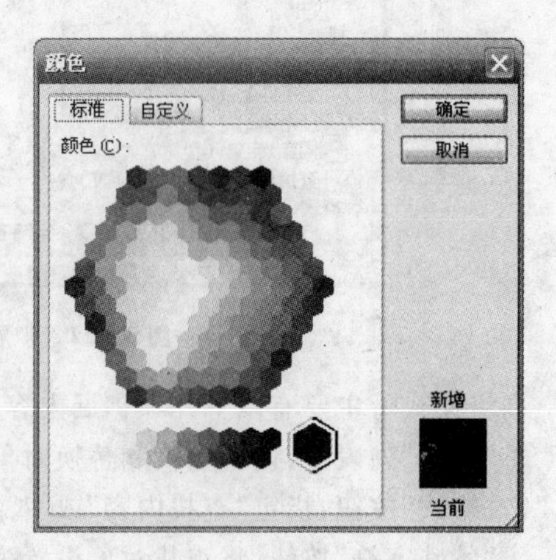

图 3－25　“颜色”对话框

(5)设定下划线。打开“字体”对话框,在“字体”选项卡中,使用“下划线线型”和“下划线颜色”下拉框配合设定下划线。“下划线颜色”下拉框的使用同“字体颜色”。

(6)设定着重号。打开“字体”对话框,在“字体”选项卡中的“着重号”下拉框中选定圆点标记。

(7)设定其他效果。打开“字体”对话框,在“字体”选项卡的“效果”栏中,用复选框选择想要的效果,包括删除线、双删除线、上标、下标、阴影、空心、阳文、阴文、小型大写字母、全部大写字母、隐藏文字等效果。

(二)设置字符间距

通过设置字符间距,可以改变显示在屏幕上的字符之间的距离。选择“格式”菜单中的“字体”命令,在弹出的“字体”对话框中选择“字符间距”选项卡,如图 3-26 所示。在设置字符间距前,也要先选定所要设定的文本。

“字符间距”选项卡中各项的意义如下:

(1)缩放。设定文字以不同的比例排版,在“缩放”下拉框中可以选择标准的缩放比例。如果要使用特殊的比例,直接在其中下拉框的编辑区中输入想要的比例。

(2)间距。在“间距”下拉框中可以选择“标准”“加宽”和“紧缩”3 个选项。选用“加宽”或“紧缩”时,右边的“磅值”框中出现数值,在其中选择想要加宽或紧缩的磅值。

(3)位置。在“位置”下拉框中可以选择“标准”“提升”和“降低”3 个选项。选用“提升”或“降低”时,右边的“磅值”框中出现数值,在其中选择想要提升或降低的磅值。

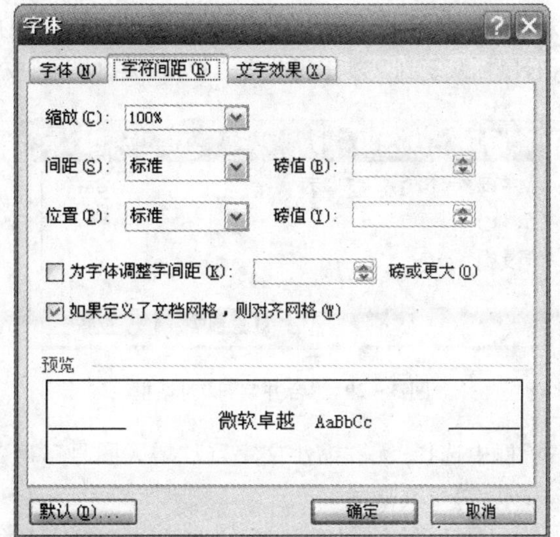

图 3-26　“字符间距”选项卡

(4)为字体调整字间距。选择“为字体调整字间距”复选框,从“磅或更大”框中选择字号,Word 会自动设置大于或等于选定字体的字间距。

(5)如果定义了文档网格,则对齐网格。如果选定了此复选框且定义了文档网格,Word 则会自动根据网格对齐。

(三)设置文字效果

使用设置文字效果的功能,可以使选定文字具有动态效果,选择“格式”菜单中的“字体”命令,在打开的“字体”对话框中选择“文字效果”选项卡。在“动态效果”框中选择要求的效果,并在预览框中观看效果。

(四)使用“格式”工具栏设置字符格式

设置字符格式的更快捷的方式是使用“格式”工具栏,如图 3-27 所示。使用此工具栏上的按钮,可以方便地设置包括“字体”“字号”“颜色”“字形”“下划线”“字符边框”“字符底纹”“字符缩放”在内的各种字符格式。

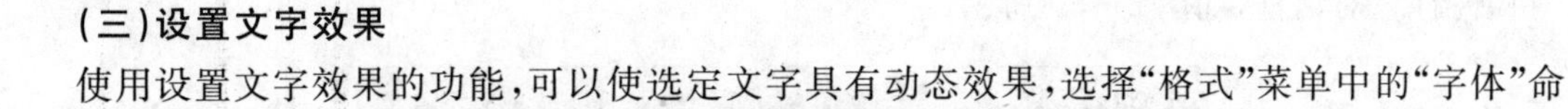

图 3-27　“格式”工具栏

注意:如果你的 Word 中找不到“格式”工具栏,说明还没有将它打开。选择“视图”菜单中的“工具栏”子菜单,在其中选择“格式”,这时就能看到“格式”工具栏了。

(五)使用“其他格式”工具栏

选择“视图”菜单中的“工具栏”子菜单中的“其他格式”，会出现“其他格式”工具栏，如图3-28所示。

图3-28 “其他格式”工具栏

在“其他格式”工具栏中，包括“突出显示”“着重号”“双删除线”“合并字符”和“带圈字符”这几项。其中，前面已经介绍了“着重号”和“双删除线”的使用，这里再介绍一下剩下的几项功能。

(1)突出显示。单击“突出显示”按钮，已选定的文本将变成带有背景色的文本，鼠标指针的外观会变为彩笔的样式，这时，按住左键，用它拖过的文本都会带上背景色。再次单击“突出显示”按钮，鼠标恢复到文本编辑状态。单击“突出显示”按钮右边的三角按钮可以自己设置背景色。

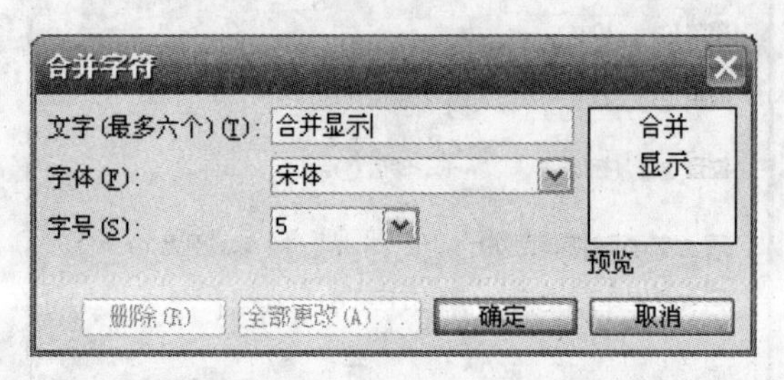

图3-29 “合并字符”对话框

(2)合并字符。单击“合并字符”按钮，弹出“合并字符”对话框，如图3-29所示，在“文字”框中输入文本，设定字体和字号后，则可在预览框中看到合并后的效果。

(3)带圈字符。单击“带圈字符”按钮，弹出“带圈字符”对话框，在“文字”框内输入一个字或在下拉框中选择(下拉框中将列出最近使用过的带圈字)，在“圈号”框中选择圈，在“样式”框中选择“无”“缩小文字”或“增大圈号”，确定后，Word则在文档中加入了带圈字符。

(六)中文版式

中文排版中常用到一些特殊的格式，Word的中文版式支持包括“带圈字符”“合并字符”“拼音指南”“纵横混排”和“双行合一”等功能。前面已经介绍了前2种，这里再介绍余下的3种。

(1)拼音指南。使用拼音指南功能，可以在选定文字上标注拼音。使用方法如下：

①选定需要标注的文本。

②选择“格式”菜单中的“中文版式”命令。在打开的子菜单中选择“拼音指南”命令，弹出“拼音指南”对话框，如图3-30所示。

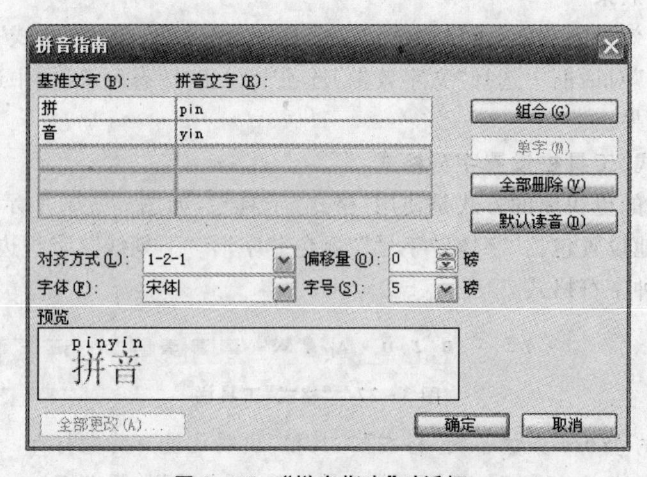

图3-30 “拼音指南”对话框

③“基准文字”框内列出了选定的文字，“拼音文字”框内列出了相应的拼音。此外，还可选择“对齐方式”“字体”和“字号”等。

④观看预览效果后，单击“确定”按钮完成操作。

(2)纵横混排。使用 Word 的纵横混排功能，可以实现在竖排版的文档中插入横排版的效果。

①选定需要混排的文档。

②选择“格式”菜单中的“中文版式”命令，在弹出的子菜单中选择“纵横混排”命令。

③弹出“纵横混排”对话框。

④选择“适应行宽”，则选定文字会根据行宽自动调整大小。在“预览”框中观看效果后，单击“确认”按钮完成操作。

(3)双行合一。“双行合一”的效果和前文介绍的“合并字符”的效果类似，只不过不能设置字号和字体，但是可以使文本带上括号。使用方法如下：

①选择需要合并的文字。

②选择“格式”菜单中的“中文版式”命令，在弹出的子菜单中选择“双行合一”命令，弹出“双行合一”对话框。

③“字符”区内为选定字符，可以选择是否带括号以及括号的类型。预览后，单击“确定”按钮完成操作。

(七)复制字符格式

对于已经设置了字符格式的文本，可以将它的格式复制到文档的其他要求格式相同的文本中，而不用对每段文本重复设置。方法如下：

(1)选择已设置格式的源文本。

(2)单击“常用”工具栏中的“格式刷”按钮“ ”。

(3)鼠标指针外观变为一个小刷子后，按住左键，用它拖过要设置格式的目标文本，所有拖过的文本都会变为源文本的格式。

二、段落格式

一个段落标记即为一个段落，段落可以是文字也可以是图片。段落格式主要包括段落对齐方式、段落缩进方式及行距和段前、段后距等。设置段落格式时通常不用选定整个段落，而只把光标置于段落中任意位置即可。

(一)段落对齐方式

(1)段落的水平对齐。段落的水平对齐方式包括左对齐、右对齐、居中对齐、两端对齐和分散对齐。

①左对齐：文档左端对齐，右端允许不齐，多用于英文文档。

②右对齐：文档右端对齐，左端允许不齐，多用于文档末尾的签名和日期等。

③居中对齐：文档自动居于版面的中央，一般用于文档标题。

④两端对齐：Word 自动调整文档使之两侧都对齐，多用于中文文档。

⑤分散对齐：文档自动均匀分散充满版面，多用于制作特殊效果。选择“格式”菜单中的“段落”命令，在弹出的“段落”对话框中，选择“缩进和间距”选项卡，如图 3－31 所示。在“对齐方式”列表中，可以选择各种对齐方式。

(2)段落的垂直对齐。设置段落的垂直对齐方式可以改变段落在版面中的垂直位置。例如，制作文档封面时，对标题使用垂直对齐中的“居中”对齐，则可将标题置于版面中央。选择

“文件”菜单中的“页面设置”命令，在弹出的“页面设置”对话框(图 3－32)中选择“版式”选项卡，改变“垂直对齐方式”下拉框中的选项。选择“顶端对齐”“居中”“两端对齐”和“底端对齐”4 种方式中的一种。

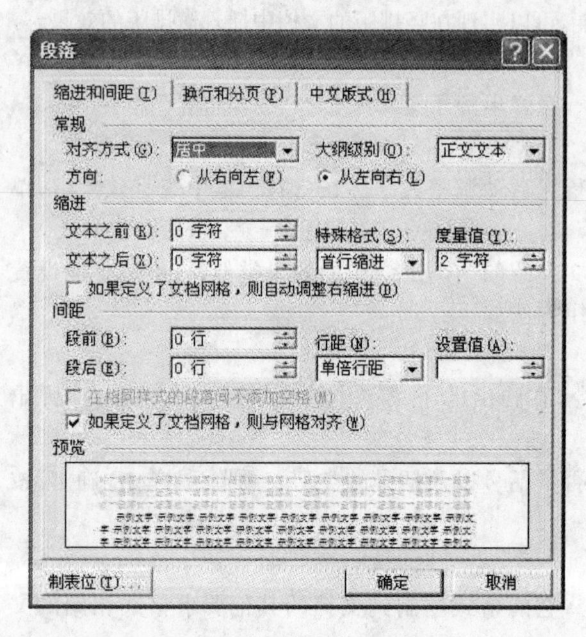

图 3－31 “段落”对话框

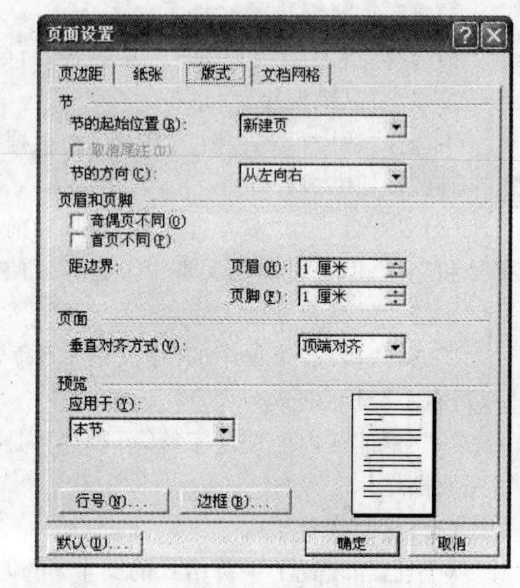

图 3－32 “页面设置”对话框

(二)段落缩进方式

段落缩进方式包括首行缩进、悬挂缩进、整段左缩进和整段右缩进。

(1)首行缩进。第一行文字缩进排版。

(2)悬挂缩进。除第一行外的文字缩进排版。缩进效果如图 3－33 所示。从上到下的 4

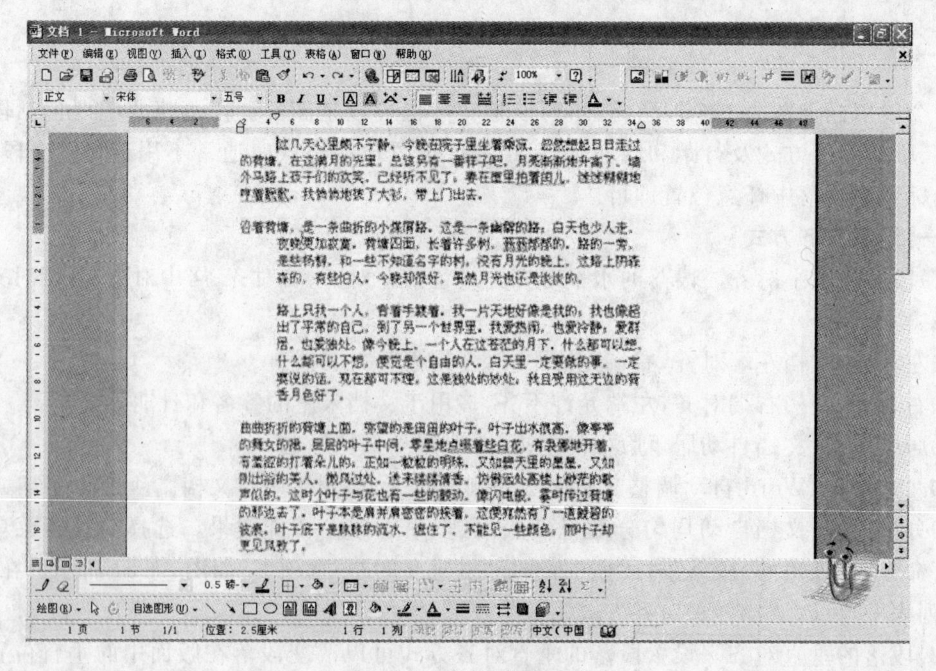

图 3－33 缩进效果示例

段文字分别采用了首行缩进、悬挂缩进、整段左缩进和整段右缩进。设置段落的缩进效果可以采用菜单的方式,也可以采用拖动标尺的方式。

(3)整段左缩进。整段文字在版面中向左缩进排版。

(4)整段右缩进。整段文字在版面中向右缩进排版。

(5)使用菜单。选择“格式”菜单中的“段落”命令,在弹出的“段落”对话框中选择“缩进和间距”选项卡。在“左”“右”下拉框中设定左、右缩进。在“特殊格式”栏中选择“首行缩进”或“悬挂缩进”,并在“度量值”栏中设定缩进大小。

(6)使用拖动标尺的方法设置缩进更加简单、快捷。标尺可以在 Word 页面中找到,如图 3-34 所示。

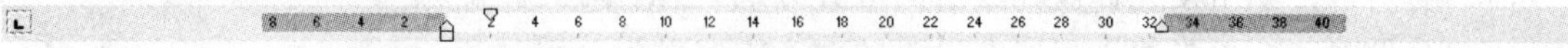

图 3-34　标　尺

标尺左侧的倒三角按钮为“首行缩进”按钮,正三角按钮为“悬挂缩进”按钮,长方形按钮为“左缩进”按钮;标尺右侧的正三角按钮为右缩进按钮。标尺的使用方法为:用鼠标左键按住相应缩进方式的按钮并拖动到所需位置即可。若需要精确设定缩进位置,可按住“Alt”键并拖动。

注意:进行缩进操作前,光标应置于目标段落上。如果 Word 找不到标尺,应该选中“视图”菜单中的标题命令,而使标尺可见。

(三)行距和段前、段后距设置

设置段落中的行距可以改变段落中每行文字之间的距离,一般选择改变行距以提高文档的可读性。设置段前、段后距可以改变段落和前一段落或后一段落的距离,一般标题都应增大段前、段后距。

选择“格式”菜单中的“段落”命令,在弹出的“段落”对话框中选择“缩进和间距”选项卡。在“间距”区域内设置段前、段后距和行距。设定行距时,可以选择多种行距:

(1)单倍行距。单倍行距指单行间距,但是如果文档中插入了大字体、公式等对象时,Word 会自动调整插入行的高度。

(2)1.5 倍行距、2 倍行距。顾名思义,分别为单行间距的 1.5 倍和 2 倍。

(3)多倍行距。指更多行的行距。

(4)最小值。指行间距最小值为指定的数值,但是如果文档中插入了大字体、公式等对象时,Word 会自动调整插入行的高度。

(5)固定值。指严格按照“设置值”栏中设定的行间距,如果文字字号大于行距,文字会被剪切掉。

(四)换行和分页

选择“格式”菜单中的“段落”命令,打开“段落”对话框,选择“换行和分页”选项。其中,一共有 6 个复选框,其意义分别是:

(1)孤行控制。孤行即页面顶的某段落的最后一行,或是页面尾的某段落的第一行。清除“孤行控制”复选框,可以使 Word 允许出现孤行。

(2)段中不分页。不允许在段落之中出现分页符。

(3)与下段同页。不允许在所选段落和下一段之间出现分页符。

(4)段前分页。在段落前插入分页符。

(5)取消行号。取消“文件”菜单“页面设置”命令中添加的行号。

(6)取消断字。防止自动断字。

注意:如果在文档中需要插入分页符,不要使用强行加入几个"Enter"的方法。否则,文档进行修改的时候,必须要处理加过的"Enter"键,会造成不必要的麻烦。可以使用"段前分页"或是在"插入"菜单中选择"分隔符"命令,在弹出的"分隔符"对话框中选择"分页符"。

(五)使用"格式"工具栏

我们前面讲过了使用"格式"工具栏设定字符格式的方法,这里再介绍一下使用"格式"工具栏设定段落格式的方法。"格式"工具栏中有常用的段落格式按钮,分别是:

(1)两端对齐。单击使光标所在段落的对齐方式设为两端对齐。

(2)居中。单击使光标所在段落的对齐方式设为居中。

(3)右对齐。单击使光标所在段落的对齐方式设为右对齐。

(4)分散对齐。单击使光标所在段落的对齐方式设为分散对齐。

(5)行距。点击按钮右侧的三角按钮设定行距,默认值为1.0,即单倍行距。

(6)编号。单击此按钮,使光标所在段落自动产生编号。在3.6.2中将详细介绍如何使用编号。

(7)项目符号。单击使光标所在段落自动产生项目符号。详细介绍见3.6.2相关内容。

(8)减少缩进量。单击使光标所在段落减少缩进量大小。

(9)增加缩进量。单击使光标所在段落增加缩进量大小。

(六)复制段落格式

前面在讲到复制字符格式时,曾经讲过"格式刷"的使用方法。这里再介绍一下"格式刷"在复制段落格式时的用法。

(1)将光标置于源段落中的任意位置。

(2)单击"常用"工具栏中的"格式刷"按钮,光标外观变为刷子状。

(3)单击目标段落中的任意位置,完成格式复制操作。

第四节　文档图文处理

Word可以使用多种类型的图形来增强文档的效果,提供了能使用户轻松编辑出图文并茂文档的强大的图形编辑功能。图形对象主要包括自选图形、图片、艺术字和文本框等。这些对象都是Word文档的一部分。使用"绘图"工具栏,可以更改和增强这些对象的颜色、图案、边框和其他效果。

一、插入图片

图片是由其他文件创建的图形。它们包括位图、扫描的图片、照片以及剪贴画。通过使用"图片"工具栏上的选项和"绘图"工具栏上的部分选项,可以更改和增强图片效果。在某些情况下,必须取消图片的组合并将其转换为图形对象后,才能使用"绘图"工具栏上的选项。

(一)来自剪贴画

Word自带了一个内容十分丰富的剪贴画库,用户可以直接在其中选择需要的图片插入到文档中。对于经常使用的图片,用户也可以通过将其加入到剪贴画库中,从而更方便地使用。把剪贴画插入到文档中的操作步骤如下:

(1)将光标置于需要插入图片的位置。

(2)选择“插入”菜单中的“图片”命令,在弹出的子菜单中选择“剪贴画”命令,弹出“插入剪贴画”任务窗格,如图 3-35 所示。

(3)在任务窗格中的“搜索文字”栏内输入所要插入的剪贴画的关键字,若不输入任何关键字,则 Word 会搜索所有的剪贴画。

(4)在“结果类型”框中设置搜索目标的类型,包括“剪贴画”“照片”“影片”或“声音”,并选择其格式。单击“搜索”按钮进行搜索,搜索后的结果将在“结果”区中以图片预览的形式显示出来,单击即可添加到光标处。

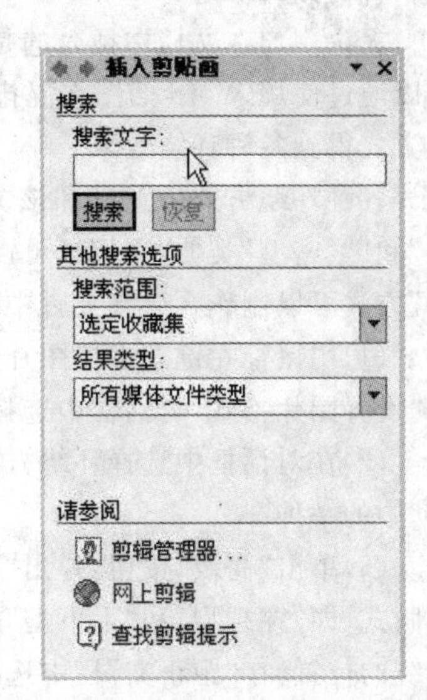

图 3-35　“插入剪贴画”任务窗格

(二)来自文件

在文档中可以直接插入来自文件的图片。操作方法如下:

(1)选择“插入”菜单中的“图片”命令,在弹出的子菜单中选择“来自文件”。

(2)在弹出的“插入图片”对话框中选择需要插入的图片文件,所选的文件必须是 Word 所支持的类型。

(3)直接单击“插入”按钮或单击“插入”按钮右侧的三角按钮,选择“插入”“链接文件”或“插入和链接”命令。若选择了“插入”命令,则将图片直接复制到文档中,并可以对它进行编辑操作。若选择了“链接文件”命令,图片则以链接的方式被加入到文档中,这样做可以减少文档占用的存储空间,但在 Word 中不可以直接编辑它。

(三)来自插入对象

可以通过插入对象的方法,插入有源图片。对于 Word 不能直接编辑的图片,可以使用其他图形处理程序进行编辑,插入到 Word 文档中。插入对象的方法如下:

(1)将光标置于需要插入图片的位置。

(2)选择“插入”菜单中的“对象”命令,弹出“对象”对话框,如图 3-36 所示。

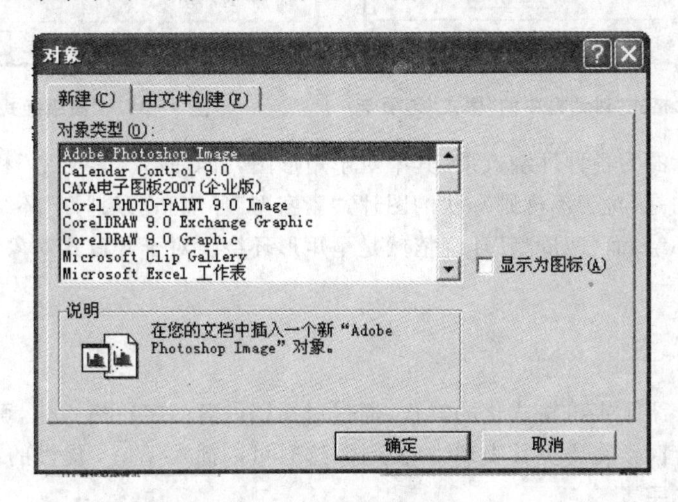

图 3-36　“对象”对话框

(3)若要直接插入和图形处理程序链接的对象,则选择“新建”选项卡。在其中的“对象类型”列表框内选择,插入对象的编辑环境。若要显示在页面上为一图标,则选定“显示为图标”

复选框。

(四)图文混排

无论用户在文档中插入的是图片、剪贴画或是艺术字，还是表格、图表、文本框等对象，都可以通过使用 Word 的图文混排功能，将之置于文字中的任何位置，并可以通过设置不同的环绕方式得到各种环绕效果。

各种环绕方式的意义和该方式的图标中的样式类似。其中“嵌入型”表示不环绕；“穿越型”和“紧密型”类似，它们都可以通过拖动图片四周的控制点改变环绕边界；使用“衬于文字下方”方式可以制作页眉和页脚中的水印效果。

(1)用鼠标左键双击该图片或用前面讲过的任意方法打开“设置图片格式”对话框，在弹出的“设置图片格式”对话框中选择“版式”选项卡，如图 3－37 所示。

(2)在对话框中选择环绕方式为“嵌入型”“四周型”“紧密型”“浮于文字上方”“衬于文字下方”中的一种。

(3)单击“高级”按钮，弹出“高级版式”对话框，如图 3－38 所示。在其中可以设置另外两种版式，即“穿越型”和“上下型”。根据选择的不同环绕方式，可以在“环绕文字”栏中设置文字环绕的位置，在“距正文”栏中选择文字和图片之间的距离。

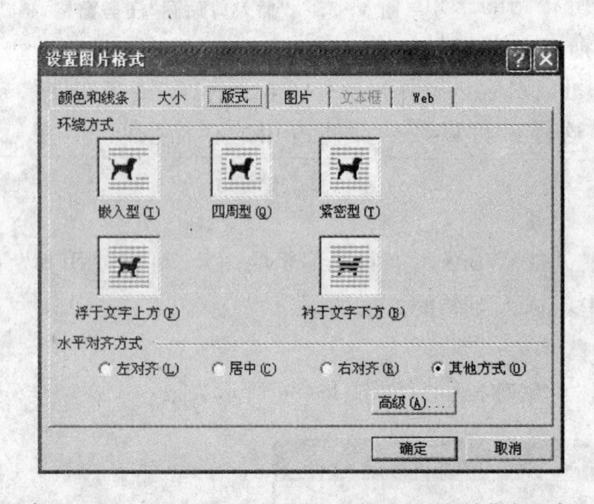

图 3－37 “设置图片格式”对话框中的“版式”选项卡

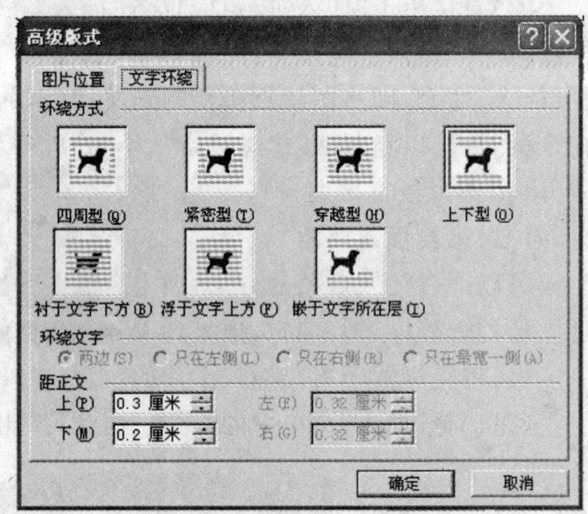

图 3－38 “高级版式”对话框

图 3－38 所示的为各种环绕效果，其中对于矩形图，“四周型”“紧密型”和“穿越型”的效果基本相同。不同的是，对于不规则形状的图片，“紧密型”环绕和“穿越型”环绕中文字会依图片的形状紧贴图片环绕，而“四周型”环绕依然是呈矩形环绕。对于开放式对象，“穿越型”可以在对象内部环绕。

二、插入艺术字

在前面我们介绍了字符格式化的操作，通过对文档内容的字符格式化，可以使用各种字体和字符颜色。但有时候需要更具表现力的字体，这时可以插入 Word 提供的艺术字对象。

(一)插入艺术字

在文档中插入艺术字对象的操作方法如下：

(1)单击“绘图”工具栏中的“艺术字”按钮或选择“插入”菜单中的“图片”命令，在弹出的子菜单中选择“艺术字”命令，以上两种方法都可以打开“‘艺术字’库”对话框，如图 3－39 所示。

(2)在对话框中选择一种艺术字样式后，单击“确定”按钮，将弹出“编辑‘艺术字’文字”对话框，如图 3-40 所示。

(3)在“编辑‘艺术字’文字”对话框中的“文字”文本框中输入自己的艺术字内容，和编辑普通文本一样，利用对话框中的工具栏设置字体、字号和是否加粗、倾斜。输入和设置完成后，单击“确定”按钮，把艺术字插入到文档中。

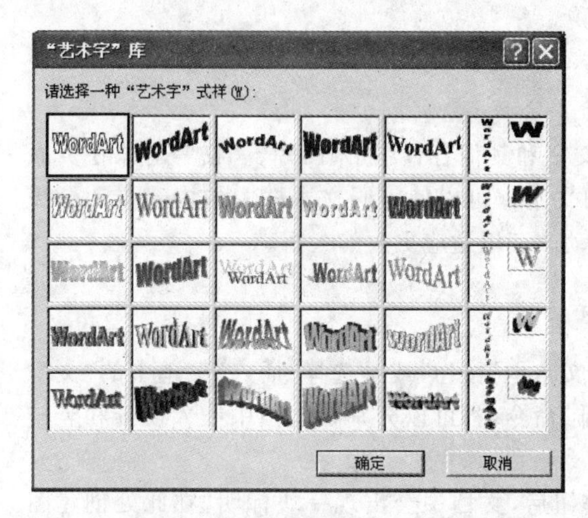

图 3-39　“‘艺术字’库”对话框

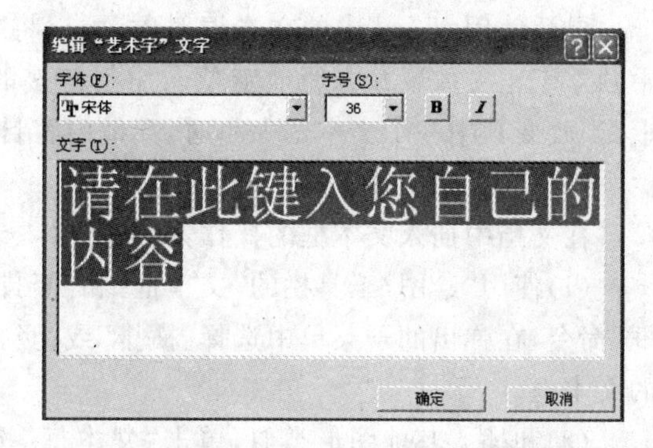

图 3-40　“编辑‘艺术字’文字”对话框

(二)使用“艺术字”工具栏

使用“艺术字”工具栏可以对已经插入到文档中的艺术字对象进行编辑和格式化。艺术字对象和前面介绍的使用“绘图”工具栏加入的图形对象相同，也可以进行旋转、设置文字环绕、填充颜色、制作阴影和三维效果等操作，其中，部分可以使用“绘图”工具栏和对待普通图形对象一样操作，部分(如改变艺术字形状、艺术字的间距、文字环绕等)可以使用“艺术字”工具栏实现。

选中需要编辑的艺术字对象后，弹出“艺术字”工具栏，如图 3-41 所示。它上面的按钮从左到右依次是“插入艺术字”“编辑文字”“艺术字库”“设置艺术字格式”“艺术字形状”“文字环绕”“艺术字字母高度相同”“艺术字竖排文字”“艺术字对齐方式”“艺术字字符间距”。下面一一介绍它们的使用方法。

图 3-41　“艺术字”工具栏

(1)单击“插入艺术字”按钮，在文档中插入新的艺术字对象，操作和前一小节介绍的完全相同。

(2)单击“编辑文字”按钮，弹出“编辑‘艺术字’文字”对话框，可以在其中改变选定艺术字对象中文字的内容和字符格式。

(3)单击“艺术字库”按钮，弹出“‘艺术字’库”对话框，在其中选择可以改变选定艺术字对象的样式。

(4)单击选择“设置艺术字格式”按钮，弹出“设置艺术字格式”对话框，其样式和使用方法与前文所述的“设置图片格式”对话框完全类似，请读者自行参照相关的介绍使用。

(5)单击“艺术字形状”按钮，在弹出的子菜单中可以设置多种艺术字形状。

(6)使用“文字环绕”按钮的方法也请参照前文中的介绍。

(7)单击“艺术字字母高度相同”按钮,可以使所有字母高度相同。

(8)使“艺术字竖排文字”按钮处于按下状态,可以使选定的艺术字对象变为竖排版样式。

(9)单击“艺术字对齐方式”按钮,在弹出的子菜单中可以为选定的艺术字对象中的文字选择一种对齐方式。

(10)单击“艺术字字符间距”按钮,在弹出的子菜单中可以选择“很密”“紧密”“常规”“疏松”“很松”等字符间距格式。

三、文本框

灵活使用 Word 中的文本框对象,可以将文字和其他各种图形、图片、表格等对象在页面中独立于正文放置并方便地定位。使用链接的文本框可以使不同文本框中的内容自动衔接上,当改变其中一个文本框大小时,其他内容自动改变以适应更改的大小。

(一)在文档中插入文本框

在文档中插入文本框的操作方法如下:

(1)使用“绘图”工具栏的“文本框”和“竖排文本框”按钮,或是选择“插入”菜单中的“文本框”命令,在弹出的子菜单中选择“横排”或“竖排”命令,都可以分别在文档中插入横排和竖排的文本框。

(2)和插入其他图形类似,单击“文本框”按钮后,文档中会出现一块标明“在此处创建图形”的绘图画布。在其中按住左键拖动鼠标,即可将绘制出的文本框插入到文档中。

(3)单击文本框中的范围,可以开始在其中编辑内容,也可以输入文本或是插入图片、图形、艺术字等对象,并可以利用前文所述的各种方法设置字符格式和图片、图形、艺术字格式,编辑和格式化的方法与文档正文相同。

(4)选定文本框后,它的四周会出现 8 个控制点,也可称为文本框的句柄。将鼠标置于句柄上,当鼠标指针外观变为双向箭头时,按住左键拖动即可改变文本框的大小。将鼠标置于文本框边框上,当鼠标指针外观变为四向箭头时,按住左键拖动,即可将文本框拖动到文档中的任意位置。

(5)如果需要为文本框设置格式,可以用右键单击文本框边框,在弹出的子菜单中选择“设置文本框格式”命令,或是选中文本框后,选择“格式”菜单中的“文本框命令”,都可以弹出“设置文本框格式”对话框。使用此对话框,可以设置文本框的图文混排、边框、颜色、边距等多种属性。此对话框的使用方法和前面讲到的“设置图片格式”对话框类似,请读者参照前文中的介绍使用。

(二)链接文本框

使用“文本框”工具栏可以将多个文本框链接起来,这样,当在前一个文本框中编辑的内容超出范围时,会自动加入到下一个文本框中。

(1)用右键单击工具栏,在弹出的菜单中选择“文本框”命令,或是在“视图”菜单中选择“工具栏”命令,并在弹出的子菜单中选择“文本框”命令,都可以打开“文本框”工具栏,如图 3-42 所示。

图 3-42 “文本框”工具栏

(2)此工具栏上的按钮从左向右分别是“创建文本框链接”“断开向前链接”“前一文本框”和“下一文本框”。

(3)选中某一文本框后,单击“创建文本框链接”按钮,鼠标指针外观变为一个水杯状,用它单击要与之建立链接的文本框，两个文本框即建立了链接。选中后一个文本框后，单击"断开向前链接"，可以断开与第一个文本框的链接。使用"前一文本框"和"下一文本框"按钮，可以在链接的文本框之间切换光标。

四、绘制图形

使用"绘图"工具栏，可以在文档中绘制包括基本图形和自选图形在内的各种图形，还可以方便地绘制组织结构图，并可以为绘制的图形填充颜色或制作阴影和三维等效果。选择"视图"菜单中的"工具栏"命令，在弹出的菜单中选择"绘图"命令，或直接在工具栏中单击鼠标右键后，在弹出的菜单中选择"绘图"，都可以使"绘图"工具栏显示出来，如图 3－43 所示。

图 3－43　"绘图"工具栏

(一)绘制基本图形

使用"绘图"工具栏中的"直线""箭头""矩形"和"椭圆"按钮，可以绘制出这 4 种基本图形。绘制方法如下：单击按钮后，文档中会出现一块标明"在此处创建图形"的绘图画布，在其中需要绘制图形的开始位置，单击鼠标左键并拖动到结束位置，松开鼠标左键即可绘制出上述基本图形，如图 3－44 所示。

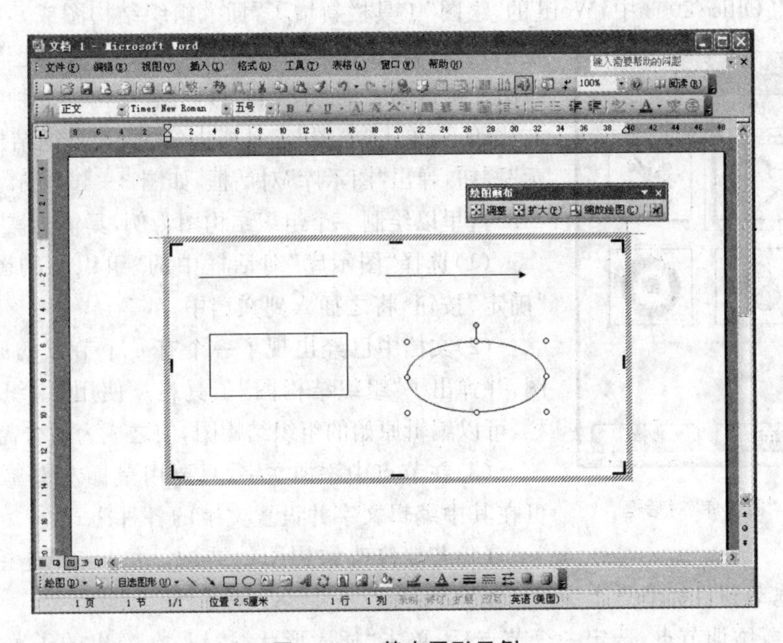

图 3－44　基本图形示例

技巧：在文档中绘制图形时，若需要绘制对称图形，可以在拖动鼠标绘制的同时，按住"Shift"键。若在绘制图形时按住"Ctrl"键拖动，则绘制的是从中心向外延伸的图形。

(二)绘制其他自选图形

单击"绘图"工具栏中的"自选图形"按钮，在弹出的菜单中可以选择包括"线条""连接符""基本形状""箭头总汇""流程图""星与旗帜"和"标注"在内的多种自选图形。绘制自选图形的方法和绘制基本图形相同。图 3－45 所示的为插入的部分自选图形效果示例。

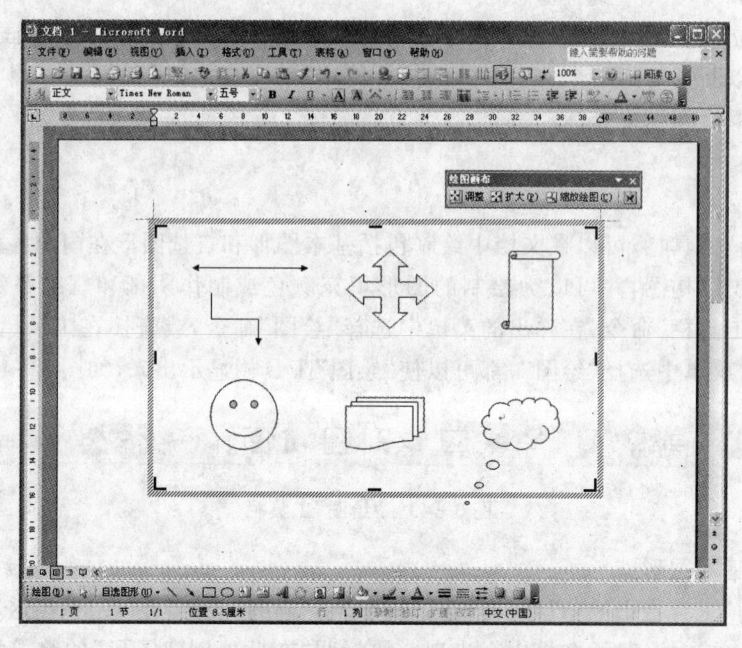

图 3-45　绘制自选图形示例

(三)绘制组织结构图

新版本的 Office 2003 中,Word 的“绘图”工具栏新增了“插入组织结构图或其他图示”按钮。使用它可以轻松地绘制常用的包括“组织结构图”“循环图”“射线图”“棱锥图”“维恩图”和“目标图”在内的 6 种结构图。绘制方法如下:单击“绘图”工具栏中的“插入组织结构图或其他图示”按钮,弹出“图示库”对话框,如图 3-46 所示。

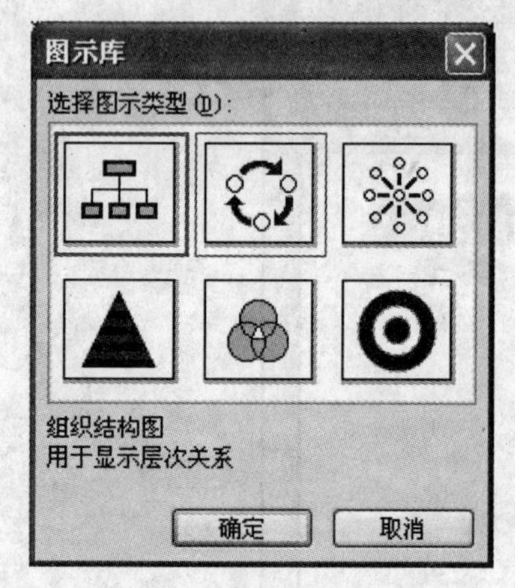

图 3-46　“图示库”对话框

这里以绘制一个组织结构图为例,具体的操作方法如下:

(1)选择“图示库”对话框中的“组织结构图”图标,单击“确定”按钮,将之插入到文档中。

(2)文档中已经出现了一个有 4 个节点的原始组织结构图,并弹出了“组织结构图”工具栏。使用“组织结构图”工具栏,可以编辑原始的组织结构图,使之成为适合需要的结构图。

(3)在节点中添加文字,只要用鼠标左键单击该节点,即可在其中编辑文字并设置文字的各种格式。

(4)若要修改结构图的结构,可以选择连接线并用鼠标将它的分支拖动到目标节点上。

(5)若需要添加节点,选定一个节点后,单击“插入形状”按钮,在弹出的子菜单中选择“同事”“下属”或“助手”。其中“同事”为该节点的兄弟节点,“下属”为该节点的子节点,“助手”为在该节点和它的子节点之间的节点。

(6)单击“版式”节点,在弹出的菜单中可以改变结构图的版式,如可以调整各节点的显示方式,包括“标准”“两边悬挂”“左悬挂”和“右悬挂”。选定某个节点后改变显示方式,则它的下属节点都会改变。

(7)单击“选择”按钮,在弹出的菜单中选择“级别”“分支”“所有助手”或“所有连接线”,可以快速选择节点或连接线。其中，“级别”命令选择所有当前选定节点的同级节点；“分支”命令选择当前选定节点和所有从它分出来的节点；“所有助手”选定结构图中所有的助手节点；“所有连接线”选择结构图中所有的连接线。

(8)单击“自动套用格式”按钮，弹出“组织结构图样式库”对话框，在其中可以选择一种定制好的格式。

(9)单击“文字环绕”按钮，可以设置图片的图文混排属性，设置方法和前面介绍的图片的图文混排类似。

其他各种图示的绘制方法类似于上述的步骤，请读者参照组织结构图的绘制方法自行操作。

第五节　制作表格

在数据表单中，表格的每一行可以看做是一条记录，可以在其中添加、删除、查找数据记录和对数据记录排序。

一、建立表格

表格中的每一项内容成为一个单元格，单元格之间被边框线分隔开。表格建立后，每个单元格类似于一个独立的文档，可以对其编辑或插入其他对象。在文档中添加表格可以有两种方式：自动插入表格和手动绘制表格。

(一)自动插入表格

使用工具栏和菜单都可以在文档中自动插入表格。

1.使用菜单插入表格

(1)选择“表格”菜单中的“插入”命令，在弹出的子菜单中选择“表格”命令，弹出“插入表格”对话框，如图 3-47 所示。

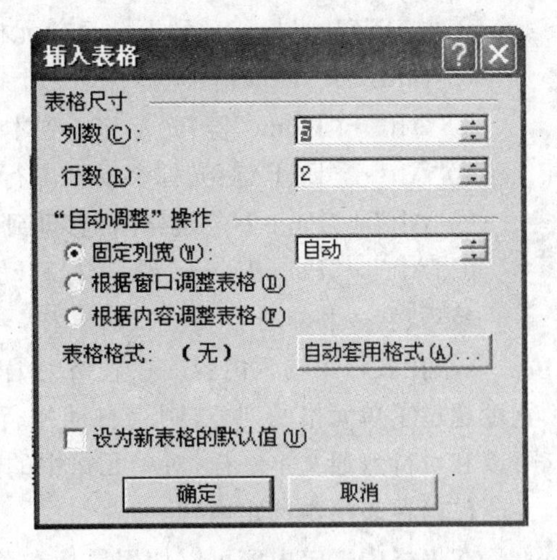

图 3-47　“插入表格”对话框

(2)在“表格”对话框中的“列数”和“行数”框中，分别输入所要插入的目标表格的列数和行数。

(3)在“‘自动调整’操作”区内选择“固定列宽”“根据窗口调整表格”或“根据内容调整表格”。若选择了“固定列宽”，则可以通过输入固定的列宽值来插入列宽相等的表格，也可以选择“自动”，则和设置“根据窗口调整表格”的效果相同；选择“根据内容调整表格”，则表格的列宽根据输入的内容变化而改变；选择“根据窗口调整表格”，则可以得到总宽度和页面宽度相等的表格。

(4)若单击“自动套用格式”按钮，则弹出对话框，可在其中选择一种固定格式的表格。

(5)单击“确定”按钮完成操作。

2.使用工具栏插入

(1)将光标置于要插入表格的位置。

(2)单击“常用”工具栏中的“插入表格”按钮。

(3)在弹出的小窗口中拖动鼠标，观察窗口中表格行和列的变化，直到出现自己要求的行、列值，单击鼠标左键，完成操作。这时窗口中已经插入了宽度和页面宽度相等的表格。

(二)手动绘制表格

使用"表格和边框"工具栏，可以绘制更灵活的表格。绘制方法如下：

(1)在工具栏中单击鼠标右键，选定"表格和边框"或选择"表格"菜单中的"绘制表格"命令，弹出"表格和边框"工具栏，如图 3-48 所示。

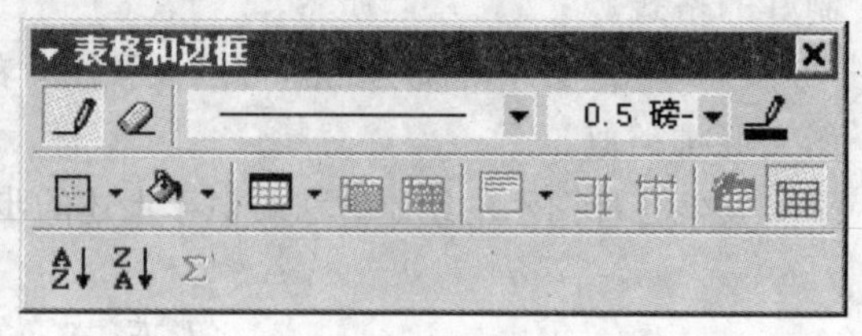

图 3-48 "表格和边框"工具栏

(2)选定"绘制表格"按钮，鼠标指针外观变为一支笔，这时就可以用它在页面中绘制表格边框线了。

(3)可以在绘制过程中使用"线型"按钮选择各种线型，使用"粗细"按钮选择边框线的宽度，使用"边框颜色"按钮选择边框线的颜色。

(4)如果绘制出现了错误，可以单击"擦除"按钮，这时鼠标指针外观变为橡皮擦，可以用它擦除刚刚绘制的表格边框线。

(5)绘制完表格后，再次单击"绘制表格"按钮，完成操作，并返回文本编辑状态。

二、编辑表格

(一)在表格中定位光标和输入内容

(1)在表格中定位光标。在表格中定位光标，可以使用鼠标和键盘。使用鼠标，只要简单地在所要定位的单元格中单击鼠标左键即可；使用键盘的上、下、左、右键，也可以在表格中移动光标。除此之外，下列快捷键可以帮助在表格中快速定位光标：

①"Tab"键：光标移动到下一个单元格并选定该单元格中的文本。

②"Shift"+"Tab"键：光标移动到上一个单元格并选定其中的文本。

③"Alt"+"Home"键：光标移动到本行第一个单元格中。

④"Alt"+"End"键：光标移动到本行最后一个单元格中。

⑤"Alt"+"Page Up"键：光标移动到表格第一个单元格中。

⑥"Alt"+"Page Down"键：光标移动到表格最后一个单元格中。

技巧：在表格中若需要插入制表符，需要按"Ctrl"+"Tab"键。

(2)在表格中输入内容。在表格中编辑内容和普通的文本编辑类似。键入时，如果内容的宽度超过了单元格的列宽，则会自动换行并增加行高。如果按"Enter"键，则新起一个段落。可以和对待普通文本一样，对单元格中的文本进行格式设置。

(二)在表格中选定内容

在表格中选定内容可以使用鼠标和菜单。

1.使用鼠标的方法

(1)将鼠标置于单元格的左边缘，当鼠标外观变为右上方向的实箭头时，单击左键可以选择该单元格，如图 3-49 所示。

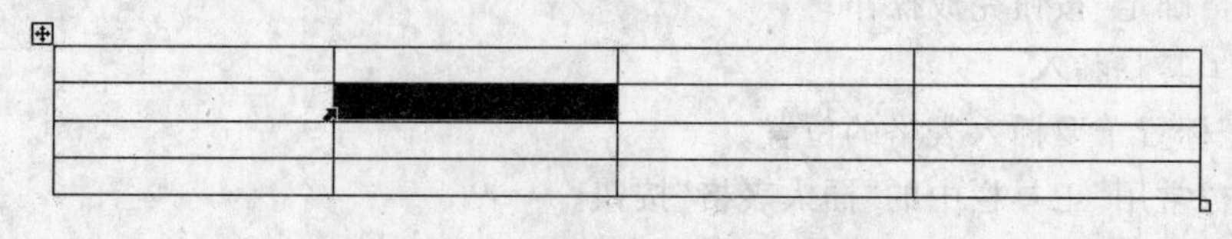

图 3-49 使用鼠标选择一个单元格

(2)将鼠标置于一行的左边缘,单击左键可以选择一行,如图 3－50 所示。

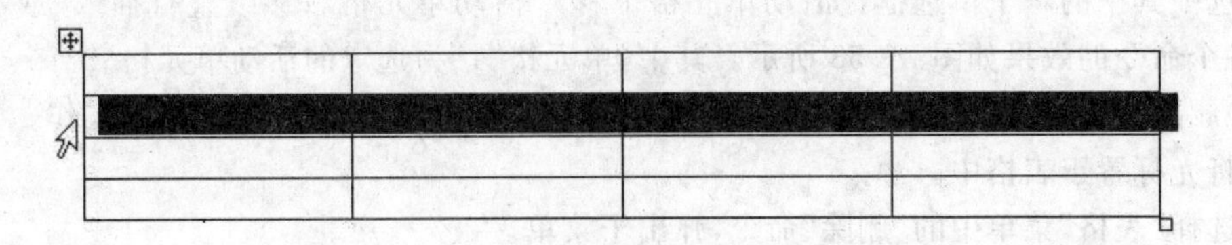

图 3－50　使用鼠标选择一行

(3)将鼠标置于一列的上边缘,当鼠标指针外观变为向下的实箭头时,单击左键可以选择该列,如图 3－51 所示。

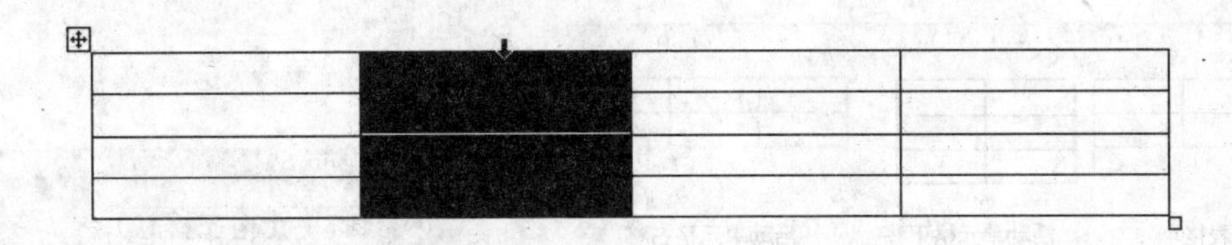

图 3－51　使用鼠标选择一列

(4)将光标置于表格中的任意位置,当表格左上角出现十字标志时,用鼠标左键单击它,可以选择整个表格,如图 3－52 所示。

图 3－52　使用鼠标选择整个表格

(5)使用鼠标三击单元格也可以选定它,或是单击左键后拖动可以选择任意多的单元格。

2.使用菜单的方法

(1)选定单元格。将光标置于要选定的单元格中,选择“表格”菜单中的“选择”命令,在弹出的子菜单中选择“单元格”命令。

(2)选定一行或一列。将光标置于要选定的行或列中,选择“表格”菜单中的“选择”命令,在弹出的子菜单中选择“行”或“列”命令。

(3)选定整个表格。将光标置于表格中的任意位置,选择“表格”菜单中的“选择”命令,在弹出的子菜单中选择“表格”命令。

(三)插入和删除行、列和单元格

(1)插入行、列和单元格。使用“表格”菜单可以在已有的表格中插入或删除行、列和单元格。

①将光标置于表格中。

②选择“表格”菜单中的“插入”命令,弹出子菜单。

③在子菜单中选择“列(在左侧)”,在光标所在列的左侧插入一列;选择“列(在右侧)”,在该列的右侧插入一列。

④在子菜单中选择“行(在上方)”,在光标所在行的上方插入一行;选择“行(在下方)”,在该行的下方插入一行。

⑤在子菜单中选择“单元格”命令，弹出“插入单元格”对话框。

⑥选中其中的一个单选框：“活动单元格下移”“活动单元格右移”“整行插入”或“整列插入”。各个命令的效果如图 3－53 所示。其中，单元格“1”为选定的活动单元格。

(2)删除行、列和单元格。使用“表格”菜单可以完成删除行、列和单元格的操作。

①将光标置于表格中。

②选择“表格”菜单中的“删除”命令，弹出子菜单。

③在子菜单中选择“表格”，则整个表格被删除。

④选择“列”命令，则光标所在列被删除。

⑤选择“行”命令，则光标所在行被删除。

⑥选择“单元格”命令，则弹出“删除单元格”对话框，如图 3－54 所示。

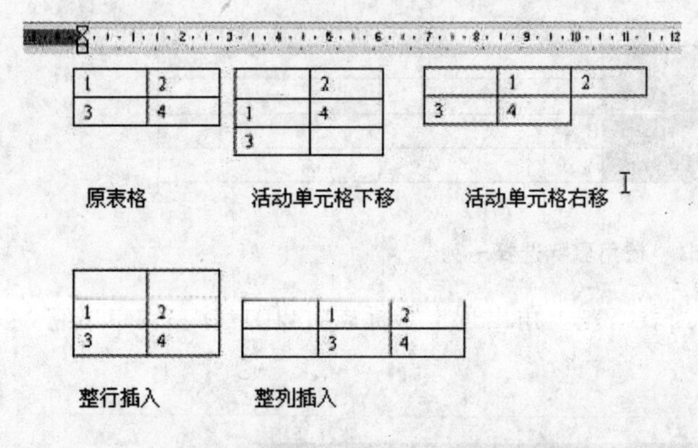

图 3－53　插入单元格效果示例

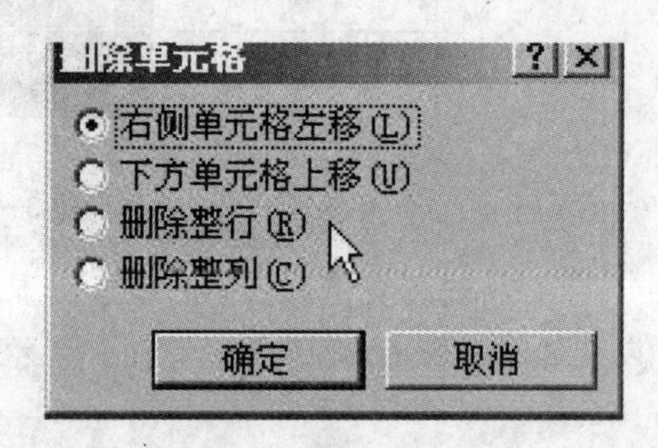

图 3－54　“删除单元格”对话框

⑦选择其中的一个单选框：“右侧单元格左移”“下方单元格上移”“删除整行”或“删除整列”。各个命令的效果如图 3－55 所示。其中，单元格“1”为选定的活动单元格。

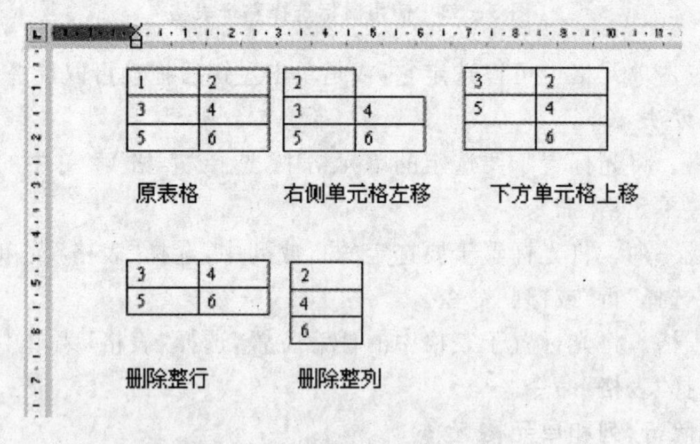

图 3－55　删除单元格效果示例

(四)单元格的拆分和合并

拆分单元格可以将一个单元格拆为几个单元格，而合并单元格则可以将几个单元格合并为一个。

1. 拆分单元格的操作方法

(1)选定要进行拆分操作的单元格。

(2)选择“表格”菜单中的“拆分单元格”命令或是单击鼠标右键，在弹出的菜单中选择“拆分单元格”命令，弹出“拆分单元格”对话框。

(3)在该对话框中指定拆分操作后的行数和列数。

(4)如果选择了多个单元格，可以选定“拆分前合并单元格”选项，则进行拆分操作前将先把选定的单元格合并。

2. 合并单元格的操作方法

(1)选定要进行合并操作的单元格。

(2)选择“表格”菜单中的“合并单元格”命令或是单击鼠标右键，在弹出的菜单中选择“合并单元格”命令。拆分和合并单元格效果如图 3-56 所示。

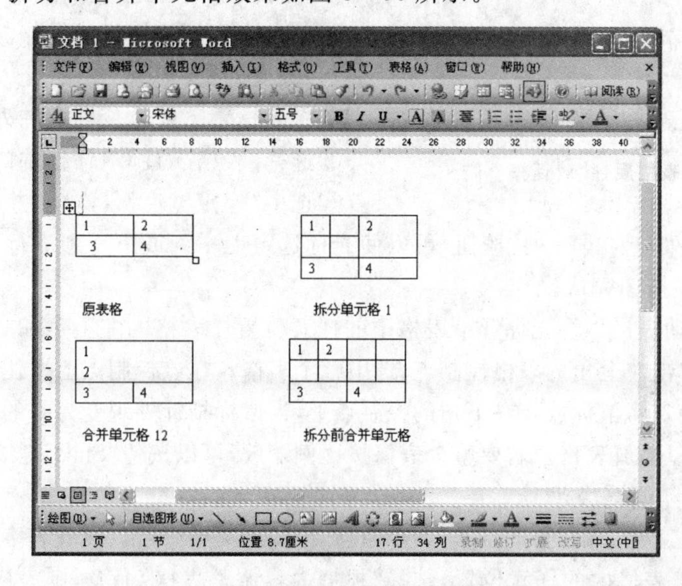

图 3-56　拆分和合并单元格效果示例

(五)调整表格的大小

有多种方法可以改变表格的行高和列宽，下面一一介绍。使用表格控制点可以缩放和移动表格，合理设置表格的自动调整功能可以简化表格大小的设置。

(1)直接拖动表格边框线。将鼠标置于要改变的行或列的边框线上。当鼠标指针外观变为双向箭头时，按住左键拖动到目标位置即可。若要精确调节，可以按住“Alt”键后拖动。

(2)使用标尺拖动。前面章节中在讲到段落缩进、段前段后距、页边距等时，已经涉及过标尺的使用，在表格中也可以方便地使用标尺改变行高和列宽。

首先进入页面视图，选择“工具”菜单中的“选项”命令。在弹出的“选项”对话框中，选择“视图”选项卡，并选定“垂直标尺”复选框，使垂直标尺可见。

将光标置于表格中的任意位置，在标尺中将出现表格的列调节标志和行调节标志。将鼠标置于要调节的行或列的调节标志上，当鼠标指针外观变为双向箭头时，拖动到目标位置即可。若要精确调节，可以按住“Alt”键后拖动。

(3)使用“表格”菜单调节。使用“表格”菜单不仅可以设定行高和列宽，也可以设定整个表格的大小。选择“表格”菜单中的“表格属性”命令，弹出“表格属性”对话框，如图 3-57 所示。

(4)改变行高。

①将鼠标置于要改变行高的行中任意位置，选择“表格属性”对话框中的“行”选项卡。

②选中“指定高度”复选框，并输入行高度。

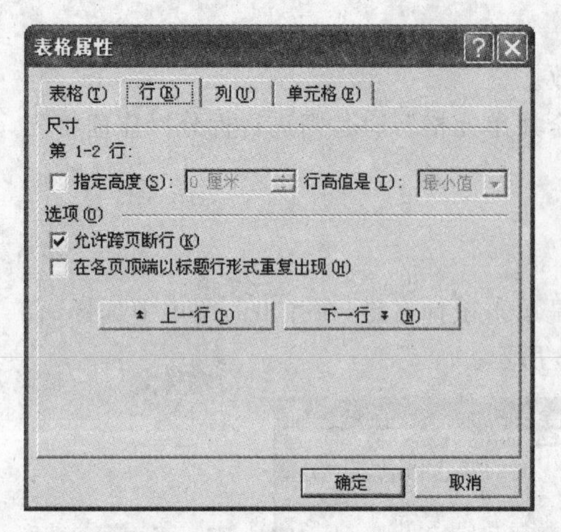

图 3-57 “表格属性”对话框

在“行高值是”下拉框中选择“最小值”或是“固定值”。如果选择“最小值”,则输入的行高度将作为该行的默认高度,如果在该行中输入的内容超过了行高,Word 会自动加大行高适应内容。如果选择了“固定值”,则输入的行高度不会改变;如果内容超过了行高,将不能完整地显示。

③单击“上一行”或“下一行”按钮,可以使光标选定上一行或下一行进行操作。

④单击“确定”按钮完成操作。

(5)改变列宽。

①将光标置于要改变列宽的列中的任意位置。

②选择“表格属性”对话框中的“列”选项卡。

③选中“指定宽度”复选框,并输入列宽度。

④单击“上一列”或“下一列”按钮,可以使光标选定上一列或下一列进行操作。

⑤单击“确定”按钮完成操作。

(6)缩放和移动表格。将光标置于表格中的任意位置。表格的左上角和右下角将出现表格控制点。用鼠标单击左上角的表格控制点,选中整个表格。在该控制点上按住鼠标左键并拖动,可以移动整个表格。将鼠标放在右下角的控制点上,当鼠标指针外观变为斜的双向箭头时,按住鼠标左键拖动,可以缩放表格。若要整个表格按比例缩放,可以按住“Shift”键以后拖动。

(7)表格的自动调整。

①选择“表格”菜单中的“自动调整”命令,在弹出的子菜单中可以设置表格的自动调整功能。

②将光标置于表格内的任意位置,选择“根据内容调整表格”命令,则表格中的列宽会根据表格中内容的宽度改变。

③将光标置于表格内的任意位置,选择“根据窗口调整表格”命令,则表格中的宽度会自动变为页面的宽度。

④将光标置于表格内的任意位置,选择“固定列宽”,则列宽不变,如果内容的宽度超过了列宽会自动换行。

⑤选择需要设置等行高的各行,选择“平均分布各行”,则所选的各行变为相等行高。

⑥选择需要设置等列宽的各列,选择“平均分布各列”,则所选的各列变为相等列宽。

(六)表格的属性和排版

(1)设置单元格边距和间距。单元格边距指的是单元格中正文距上、下、左、右边框线的距离。如果单元格边距设置为零,则正文会挨着边框线。

单元格间距则是指单元格与单元格之间的距离,默认的单元格间距为零。设置单元格边距和间距的操作步骤如下:

①将光标置于要进行设置的表格中的任何位置。

②选择“表格”菜单中的“表格属性”命令,弹出“表格属性”对话框。

③单击“选项”按钮,弹出“表格选项”对话框,如图 3-58 所示。

④在其中的“上”“下”“左”“右”框中分别输入要设置的单元格边距。

⑤选中“允许调整单元格间距”复选框后,在右边输入要设置的单元格间距。

⑥单击“确定”按钮完成操作。

(2)设置表格的分页属性。设置表格的跨页断行属性,可以允许或禁止表格断开出现在不同的页面中。若要求表格可以跨页断行,请进行如下操作:

①将光标置于表格中的任何位置,选择"表格"菜单中的"表格属性"命令。

②在弹出的"表格属性"对话框中选择"行"选项卡。

③在其中选中"允许跨页断行"复选框。标题行指表格的首行,一般为说明表格的各列内容的标题。

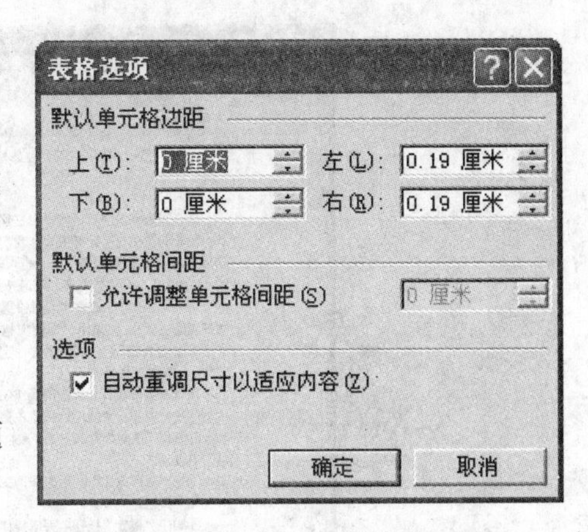

图 3-58　"表格选项"对话框

表格分页后如果希望每页的部分表格都有标题行,可以进行如下操作:

①将光标置于表格的标题行中。

②选择"表格"菜单中的"标题行重复"命令。

③也可选择"表格"菜单中的"表格属性"命令,在弹出的"表格属性"对话框中选择"行"选项卡,同时选定"在各页顶端以标题行形式重复出现"复选框。

注意:标题行重复功能只适用于 Word 自动插入的分页符,对于自己手动插入的分页符,设置这个属性不会有预期的效果。

(3)设置表格的对齐、缩进和文字环绕。关于段落的对齐和缩进操作,我们在前面的章节中已经讨论过了。对于表格中的文本对齐和缩进操作与设置段落类似,也可以使用"常用"工具栏中的对齐和缩进按钮进行设定。而对于整个表格也可以设置它的对齐和缩进属性。如果用户希望文档中的文字环绕在表格周围,可以通过设定表格的文字环绕属性来实现。

设置表格的对齐和缩进的操作步骤如下:

①将光标置于表格中的任意位置。

②选择"表格"菜单中的"表格属性"命令,在弹出的"表格属性"对话框中选择"表格"选项卡。

③在"对齐方式"区中选择"左对齐""居中"或"右对齐"。在"左缩进"框中输入左缩进距离的大小。

④单击"确定"按钮完成操作。

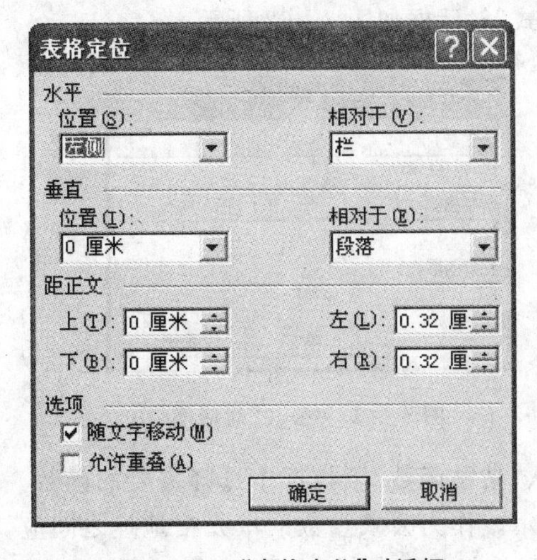

图 3-59　"表格定位"对话框

设置表格的文字环绕属性的操作步骤如下:

①将光标置于表格中的任意位置。

②选择"表格"菜单中的"表格属性"命令,在弹出的"表格属性"对话框中选择"表格"选项卡。

③在"文字环绕"区中选择"环绕",并单击"定位"按钮,弹出"表格定位"对话框,如图 3-59 所示。

④在该对话框中设置表格相对位置和距正文的距离等属性后,单击"确定"按钮,完成操作。

设置了文字环绕效果的表格如图 3-60 所示。

三、表格中的数据处理

Word 还提供了对表格内容进行公式计算的功能,但是这里的公式计算比较简单。如果用户要对表格内容进行复杂计算,请使用 Excel 电子表格(有关 Excel 的知识将在后面的章节中介绍),

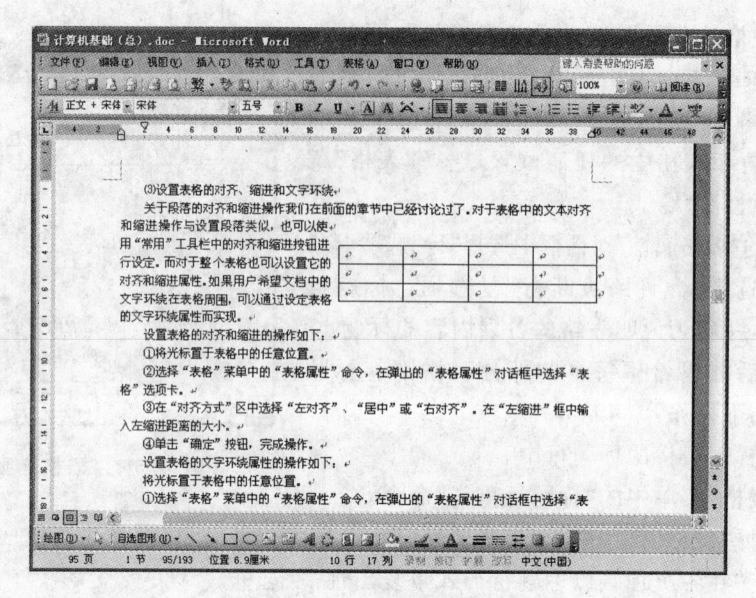

图 3-60　文字环绕效果示例

并将之插入到 Word 文档中。

(一)单元格地址

在公式计算中，Word 对于表格的引用有自己的编址方式(实际上为域代码)。列用 A、B、C、D 等标示，行用 1、2、3、4 等标示。因此，如果用户要引用的单元格位置为第 3 行、第 2 列，则单元格的地址为 B3。单元格编址如图 3-61 所示。

(二)使用公式计算

使用公式计算前应确保表格中有用来存放结果的单元格，如果没有，则结果将会存放在光标所在的单元格中。

对表格进行公式计算的步骤如下：

(1)将光标置于存放结果的单元格中。

(2)选择"表格"菜单中的"公式"命令，弹出的"公式"对话框如图 3-62 所示。

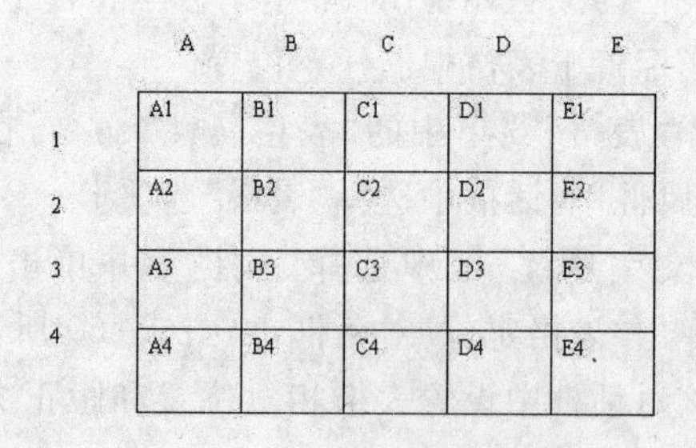

	A	B	C	D	E
1	A1	B1	C1	D1	E1
2	A2	B2	C2	D2	E2
3	A3	B3	C3	D3	E3
4	A4	B4	C4	D4	E4

图 3-61　单元格编址示例

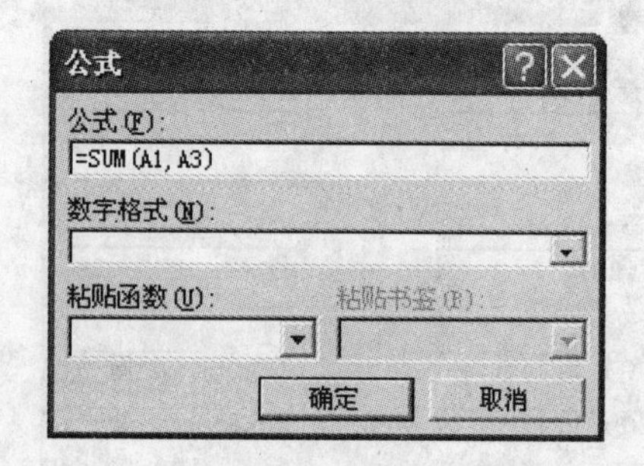

图 3-62　"公式"对话框

(3)在公式栏中输入要进行计算的公式，也可以从"粘贴函数"下拉框中选择需要的函数。对于公式中引用的单元格，使用它的地址即域代码表示。作为公式参数的单元格地址之间应该用逗号分隔开，例如"＝SUM(A2,B3)"表示 A2 单元格与 B3 单元格求和。而对于连续的单元格，则用冒号分隔开首尾的两个单元格即可，例如"＝SUM(B2:B4)"表示 B2、B3 和 B4 3 个单元格的求和。

(4)对结果的格式,可以使用“数字格式”下拉框进行设置。

(5)单击“确定”按钮完成操作。

注意:使用公式计算得到的结果实际上是“域”的方式。所以,如果表格中的数据发生了变化,不需要重新进行计算,只要更新域即可得到正确的结果。更新域的方法是:选定要更新的计算结果,按“F9”键。

Word 提供的函数及其意义如表 3-5 所示。数字格式的意义如表 3-6 所示。

表 3-5　表格计算函数

函　数	函数意义
ABS(x)	求绝对值
AND(x,y)	求“与”,如果 x,y 均为 1,则结果为 1,否则结果为 0
AVERAGE(　)	返回一组数的平均值
COUNT(　)	返回一组数的个数
DEFINED(x)	求表达式 x 是否合法,如果合法,则结果为 1,否则结果为 0
FALSE	返回结果 0
IF(x,y,z)	如果 x 为 1,则返回结果 y;否则,若为 0,返回结果为 z
INT(x)	对 x 进行取整操作
MAX(　)	返回一组数的最大值
MIN(　)	返回一组数的最小值
MOD(x,y)	求 x 被 y 整除后的余数
NOT(x)	对 x 进行取反操作,如果 x 为 1,则返回 0;若 x 为 0,则返回 1
OR(x,y)	求“或”操作,如果 x,y 均为 0,则结果为 0,否则结果为 1
PRODUCT(　)	返回一组数的乘积
ROUND(x,y)	返回对 x 进行舍入操作的结果,y 为规定的小数位
SIGN(x)	如果 x 为正,则返回 1;若 x 为负,则返回 -1
SUM(　)	返回一组数的和
TRUE	1

表 3-6　数字格式及其意义

数字格式	数字格式的意义
#,##0	每三位整数添加一逗号分隔,如:1000000 显示为 1,000,000
#,##0.00	每三位整数添加一逗号分隔,并保留两位小数,如:1000000 显示为 1,000,000.00,1000.111 显示为 1,000.11
￥#,##0.00	货币显示,如:1000000 显示为￥1,000,000.00
0	保留到整数位,如:123.45 显示为 123
0%	以百分数形式显示,如:100 显示为 100%
0.00%	以百分数显示并保留两位小数,如:100.111 显示为 100.11%
0.00	保留到小数点后两位,如:100.111 显示为 100.11

第六节　页面排版和文档打印

一、页面设置

选择“文件”菜单中的“页面设置”命令，在弹出的“页面设置”对话框(图 3－63)中进行页面设置。这些设置主要决定了文档的打印外观。也可以双击标尺弹出“页面设置”对话框。

(一)设置页边距

页边距是正文和页面边缘之间的距离。只有在页面视图中才可以看到页边距的效果，可以选择“视图”菜单中的“页面”命令切换到页面视图。设置页边距可以使用对话框和标尺两种方法。

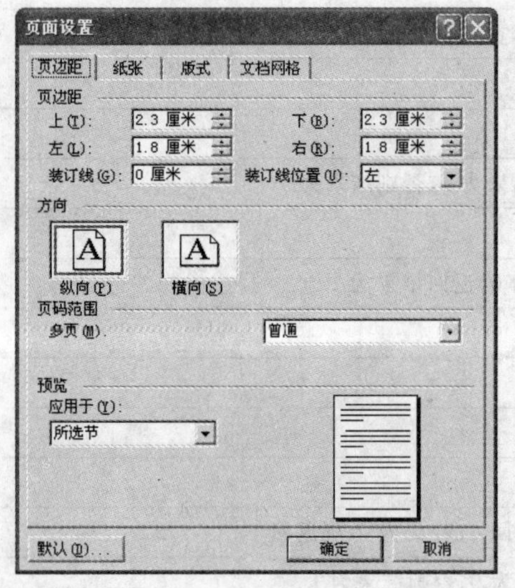

图 3－63　“页面设置”对话框

首先介绍使用对话框设置页边距的方法：

(1)选择“文件”菜单中的“页面设置”命令，弹出“页面设置”对话框。

(2)选择“页边距”选项卡，如图 3－63 所示。

(3)在“上”“下”“左”“右”栏中分别输入页边距的数值。

(4)选择“纵向”或“横向”决定文档页面的方向。

(5)如果在“页码范围”区选用了“对称页边距”“拼页”“书籍折页”或“反向书籍折页”，则上述各栏会稍有不同，请对照预览的效果设置。

(6)如果打印后需要装订，在“装订线”框中输入装订线的宽度，在“装订线位置”框中选择“左”或“上”。

(7)如果需要在同一篇文档中采用不同的页边距，请在设置前将光标置于不同页面设置的分界处，并在“应用于”框中选择“插入点后”。若选择了“整篇文档”，则所有文档的页边距都会被改变。也可以选定不同设置的文本，并在“应用于”选项中选择“所选文字”。如果要将当前设置恢复为默认的设置，单击“默认”项。

使用标尺也可以设置页边距，不过通过标尺设置的页边距会被应用于整篇文档。使用水平标尺设置左、右页边距，使用垂直标尺设定上、下页边距。如果页面上没有标尺，请选择“视图”菜单中的“标尺”命令显示标尺。如果这时看不到垂直标尺，请先切换到页面视图，再选择“工具”菜单中的“选项”命令，在弹出的“选项”对话框中选择“视图”选项卡，选中“垂直标尺”复选框。

水平和垂直标尺中的灰色区域宽度就是页边距的宽度，要改变页边距，只需将鼠标移动到标尺中页边距的边界上，当鼠标指针外观变为双向箭头后，单击左键拖动到改变的位置即可。若需要精确设定，请按住“Alt”键后拖动。

(二)选择纸张

如果文档要被打印出来，则应该使用纸张选项，设定打印纸张的大小、来源等。

(1)选择“文件”菜单中的“页面设置”命令，弹出“页面设置”对话框。

(2)选择“纸张”选项卡。

(3)在“纸型”下拉框内选择打印纸型，如 A4、A5、B4、B5、16 开、32 开等标准纸型。这时在“高度”和“宽度”栏中会显示纸张的大小。也可以在“纸型”中选择“自定义大小”，然后在“高度”和“宽度”栏中输入纸张大小。

(4)在“纸张来源”区内定制打印机的送纸方式。

(5)可能需要同一文档的各部分采用不同的纸张设置。将光标置于文档的不同纸张设置的分界处，并选择“应用于”下拉框中的“插入点后”选项，则新定制的纸张选项应用于光标后面的文档中。也可选定文字后，在“应用于”选项中选择“所选文字”项。

(三)版式

选择“文件”菜单中的“页面设置”命令，在弹出的“页面设置”对话框中，选择“版式”选项卡可以为文档设置版式。

(1)文档版式的作用单位是“节”，每一节中的文档具有相同的页边距、页码格式、页眉和页脚、列的数目等版式设置。在“版式”选项卡中的“节的起始位置”下拉框中选择当前节的起始位置。

(2)在“页眉和页脚”区内，选中“奇偶页不同”复选框，在奇数页中使用一种页眉和页脚，在偶数页中使用另一种；选中“首页不同”复选框，可以在文档或节的首页中使用一种不同的页眉和页脚。

(3)在“距边界”区中的“页眉”和“页脚”框中输入页眉和页脚分别距页边距的距离。

(4)在“垂直对齐方式”中选择一种页面的垂直对齐方式，见前文介绍的段落格式中对段落垂直对齐方式的介绍。

(5)如果需要为文档的每一行添加编号，单击“行号”按钮，弹出“行号”对话框。“行号”对话框的使用方法为：

①在其中选中“添加行号”复选框。

②在“起始编号”栏中填写起始编号。

③在“距正文”栏中填写行号距正文的距离。

④在“行号间隔”栏中选择每几行添加一个行号。

⑤在编号方式中选择“每页重新编号”“每节重新编号”或是“连续编号”。

⑥单击“确定”按钮完成操作。

(6)若要为页面添加边框，单击“边框”按钮，弹出“边框和底纹”对话框，详细的介绍请参照下一节中对边框和底纹的讨论。

(7)在“应用于”下拉框中可以设置所改变的版式应用于“整篇文档”“所选文字”“插入点后”或“本节”。

(8)单击“确定”按钮完成操作。

(四)文档网格

如果文档中需要每行固定字符数或是每页固定行数，可以利用文档网格实现。设置每页的行网格数和每行的字符网格数就可以完成上述功能。使用方法如下：

(1)选择“文件”菜单中的“页面设置”命令，在打开的“页面设置”对话框中选择“文档网格”选项卡。

(2)选择一种网格。若选用“只指定行网格”，则在“每页”栏中输入行数，或在它下方的“跨度”栏中输入跨度，可以设定每页中的行数；若选用“指定行和字符网格”，那么除了设定每页的行数外，还要在“每行”栏中输入每行的字符数(或在它下方的“跨度”栏中输入跨度值)；若选用“文字对齐字符网格”，则输入每页的行数和每行的字符数后，Word 严格按照输入的大小设定页面。

(3)在“文字排列”中选择“方向”为水平或垂直,在“栏数”中设定页面的基本分栏。

(4)单击“字体设置”按钮,设定文档的基本字体。

(5)若要查看网格的设置效果,单击“绘图网格”按钮,在弹出的“绘图网格”对话框(图3-64)中设定显示的效果。“绘图网格”对话框的使用方法如下:

①在“对齐”方式区中选择一种对齐方式。

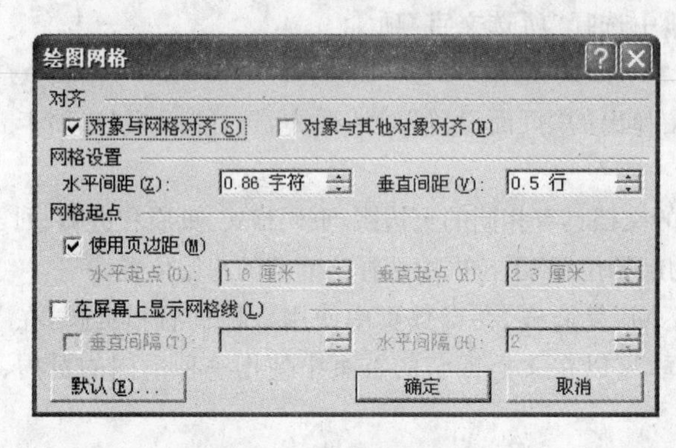

图3-64 “绘图网格”对话框

②在“网格设置”区中输入显示的网格的水平间距和垂直间距。

③在“网格起点”区中选择“使用页边距”复选框,则网格线只从正文文档区开始显示,否则从设定的“水平起点”和“垂直起点”开始显示。

④选择“在屏幕上显示网格线”复选框后,如果要显示垂直网格线,则设置“垂直间隔”;如果要显示水平网格线,则设置“水平间隔”。

⑤单击“确定”按钮完成操作。

(6)使用“应用于”下拉框设置更改的设定作用范围为“整篇文档”“所选文字”“插入点后”或“本节”。单击“确定”按钮完成操作。

注意:使用“绘图网格”对话框设置的网格,只是在页面中显示,并不会被打印出来。这些网格可以用于页面字数设置和图形绘制等。

二、页面修饰

使用Word的自动功能可以更快捷地设定文档风格。下面将介绍主题功能和自动套用格式功能。

(一)使用主题

主题是Office提供的一系列配色方案,可以使文档的所有元素保持风格一致的外观效果。使用主题时,从“格式”菜单中选择“主题”命令,然后在“主题”对话框中选择想要的主题和属性,如图3-65所示。应用主题后会受到影响的页面元素如下:

(1)文档中文字的字体、字号、颜色和其他属性。

(2)页面背景。主题可使文档有背景图像的效果。

(3)使用的项目符号的图形。

(4)超级链接文本的颜色。

(5)表格边框的颜色。

(二)自动套用格式

当完成了文档的输入后,可以采用自动套用格式功能自动分析文档的每个段落,Word会给这些段落分别指定一个段落样式。例如:如果第一段文本只有一行,大写字母开头且没有句号结尾,那么Word会给它指定为“标题1”样式。这种样式比较符合标题的格式属性。如果一段文本是多行的,Word可能会指定它为“正文”样式。这种样式比较符合普通正文段落的格式属性。使用“自动套用格式”前,应先设置。选择“格式”菜单中的“自动套用格式”命令,在

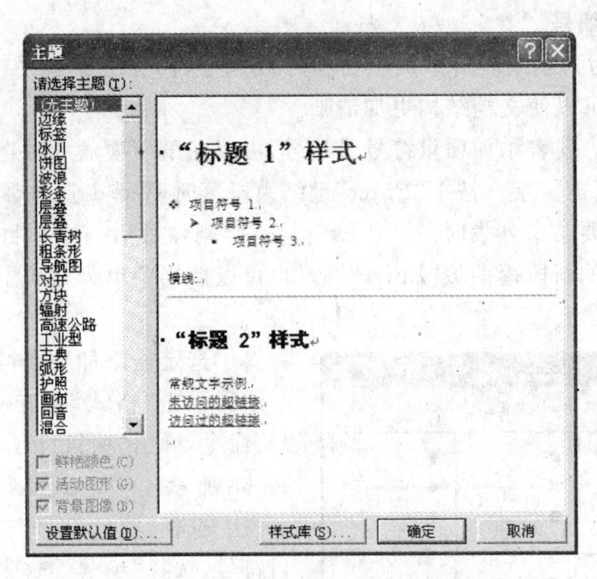

图 3-65　"主题"对话框

弹出的"自动套用格式"对话框中设定是否逐项审阅自动套用格式造成的修改和自动套用格式应用的文档类型。然后单击"选项"按钮，弹出"自动更正"对话框，如图 3-66 所示。或是直接选择"工具"菜单中的"自动更正"命令，弹出"自动更正"对话框，并在其中选择"自动套用格式"选项卡。然后选择所需要的特定选项，选定后，Word 将按照设定在自动套用格式时进行修改。

如果在操作前选择了"自动套用格式并逐项审阅修订"（单击"格式"菜单的"自动套用格式"，在弹出的对话框中选择），操作后会弹出如图 3-67 所示的对话框。"全部接受"按钮表示对 Word 所做的修改被全部接受；反之，"全部拒绝"则表示全部不被接受。单击"审阅修订"按钮后，将在页面中列出所有的修改，可以逐项审阅并决定接受与否（用鼠标右键单击修改标注处，在弹出的菜单中选择是否接受）。

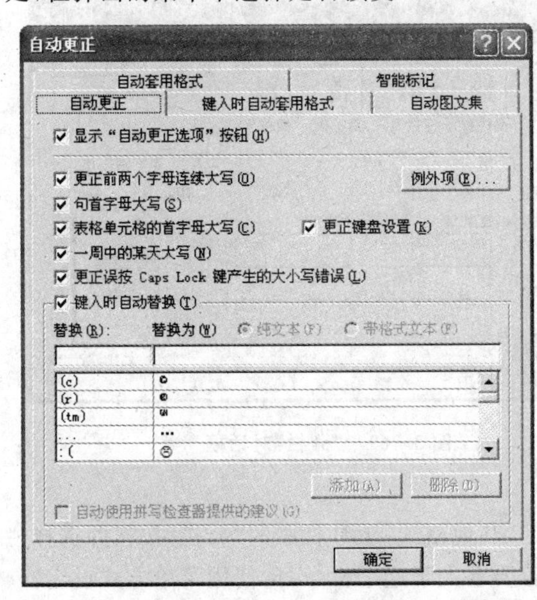

图 3-66　"自动更正"对话框

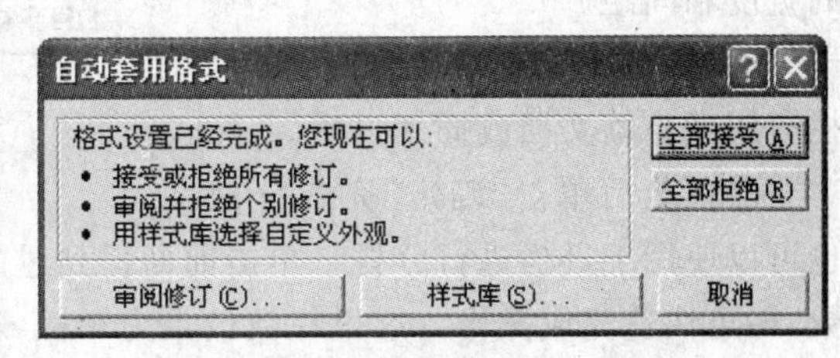

图 3-67　"自动套用格式"对话框

(三)项目符号和编号

Word 可以自动为列表或段落添加项目符号或编号,而免去了一一输入的繁杂工作。使用 Word 的多级符号可以使文档结构更加清晰。

要使 Word 自动为列表添加项目符号或编号,可以在第一项输入时直接键入“1”或“*”之后键入空格,再输入所需文字。按下“Enter”键结束段落时,Word 会自动在下一段落加入一个项目符号或编号。若要结束列表时,按“BackSpace”键删除最后一个项目符号或编号即可,或是在不需要项目符号的新段落前按“Enter”键。也可以使用菜单为列表添加项目符号或编号,具体方法如下:

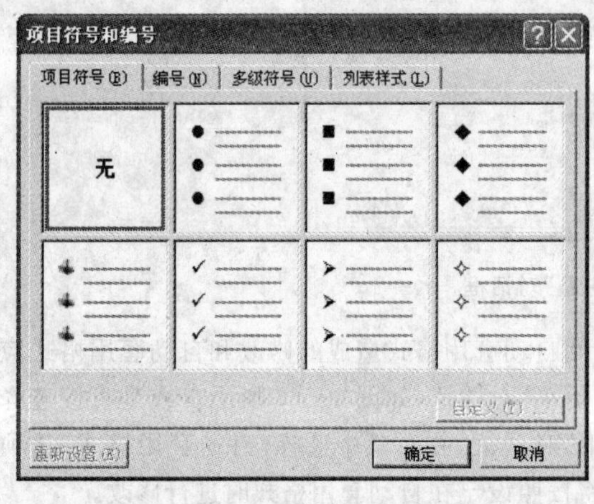

图 3-68 “项目符号和编号”对话框

①选定需添加项目符号或编号的文档。

②单击“格式”菜单中的“项目符号和编号”命令,弹出“项目符号和编号”对话框,如图 3-68 所示。

③选择“项目符号”选项卡为列表添加项目符号,选择“编号”选项卡为列表添加编号。另外,还有一种更方便的方式为列表加入项目符号或编号,使用前面讲过的“格式”工具栏中的“编号”按钮和“项目符号”按钮。使用时将光标置于要加入项目符号或编号的段落前,单击按钮完成加入,加入的为默认的即最近使用过的项目符号或编号。

(四)使用分栏

报纸中多采用分栏排版的版式,Word 的分栏功能可以很容易地达到这种效果。

(1)创建分栏。可以使用菜单或工具栏进行分栏操作,使用菜单的方法如下:

①选择“格式”菜单中的“分栏”命令,弹出“分栏”对话框,如图 3-69 所示。

②在“预设”区选择分栏的样式。选择“分隔线”复选框,决定栏之间是否需要分隔线。

③如果需要更多的栏,可以在“栏数”框内输入。

④在“宽度和间距”区设置每栏的宽度和间距。

⑤在“应用于”下拉框内选择分栏应用于整篇文档或插入点后。

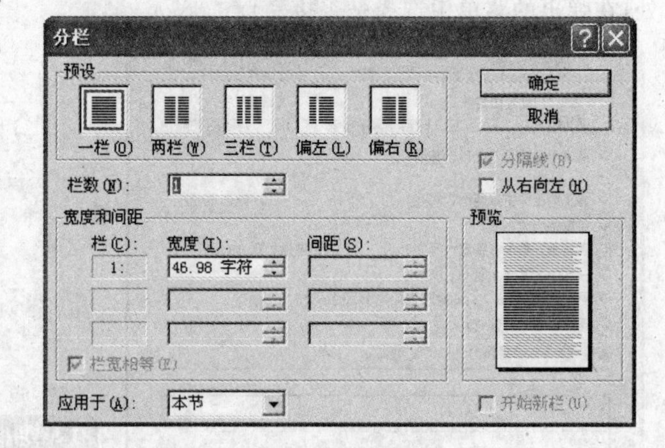

图 3-69 “分栏”对话框

⑥预览后单击“确定”完成分栏,

也可以使用工具栏进行分栏。单击前面提到过的“其他格式”工具栏中的“分栏”按钮并选择栏数,即可快速完成操作。这里栏数最大为 4 栏,若要求大于这个栏数,请使用菜单方式设定。

注意:分栏操作只能在页面视图中可见,在普通视图下只能见到一栏。若要使用页面视图,选择“视图”菜单下的“页面”命令。

(2)调整栏宽。分栏后若需调整栏的宽度,可以采用如下两种方法:

①如前文所述,在“分栏”对话框中直接设置。

②使用标尺。标尺的使用在前面讲到缩进时已介绍过,这里也可以使用标尺设置栏宽。在页面视图下使用鼠标左键拖动标尺即可,若要精确设置栏宽,按住“Alt”键后拖动。

(3)单栏与多栏的混排。若要在文档中混排单栏与多栏,只需选定需要分栏的文本后进行分栏即可。例如:一篇文章的标题通常是单栏的。如果正文需要分栏,选定所有正文后再进行分栏操作。

(4)建立等长栏。文档最后一页的分栏经常会出现最后一栏和其他栏之间的不平衡,有时这是我们所不希望看到的。可以使用建立等长栏操作,使最后一页中的各栏长度相等。具体方法如下:

①将光标置于分栏文档的末尾处。

②选择“插入”菜单中的“分隔符”命令,在弹出的“分隔符”对话框中选择“连续”项。

③单击“确定”按钮完成操作。

(5)手动分栏。如果希望某段文字处于一栏的开始处,这时使用 Word 自动分栏的方式很难做到,可以采用在文档中插入分栏符的方法实现手动分栏。具体方法如下:

①将光标置于需要另起一栏的文本位置。

②选择“插入”菜单中的“分隔符”命令,在弹出的“分隔符”对话框中选择“分栏符”项。

③单击“确定”按钮完成操作。

(五)边框和底纹

用户可以通过给文本、图形或表格中的单元格添加边框和底纹达到强调、分离等目的。边框和底纹的效果如图 3－70 所示。

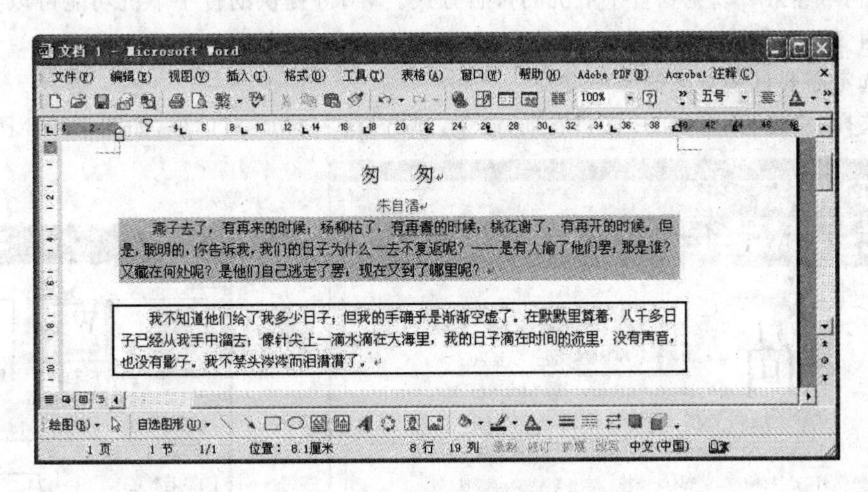

图 3－70　边框和底纹的效果

(1)如果为文本或图形添加边框,直接选定文本;如果为段落添加边框,置光标于段落中的任意位置;若为表格中的单元格添加边框,则选定所有目标单元格,包括单元格结束标记。

(2)选择“格式”对话框中的“边框和底纹”命令,弹出的“边框和底纹”对话框如图 3－71 所示。

(3)在“设置”区内选择所需的边框格式,在“线型”中选择一种线型,在“颜色”框中选择线的颜色,在“宽度”下拉框中选择线条的宽度。

(4)在“应用于”框中选择正确的应用范围,包括“文字”“段落”“表格”或“图片”等。

(5)单击“确定”后完成添加。

(6)若单击“横线”按钮,可以选择更多的线型。

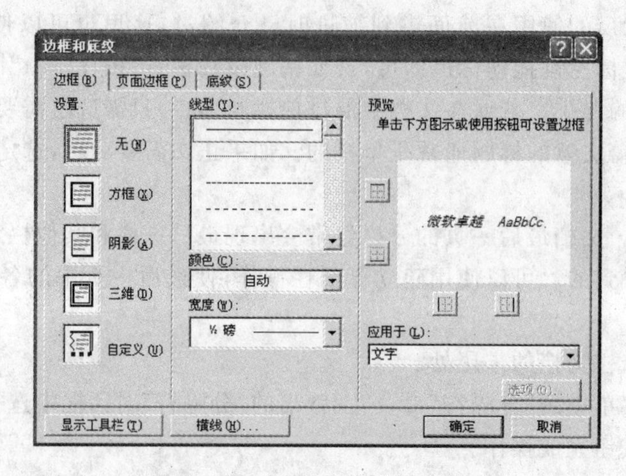

图 3-71 “边框和底纹”对话框

为文本、段落、表格或图片添加底纹的方法与添加边框的基本相似,使用“边框和底纹”对话框中的“底纹”选项卡设定;可以给整个文档页面设置页边框,方法与添加边框和底纹的基本相似,使用“边框和底纹”对话框中的“页面边框”选项卡设定。

注意:在为表格或图片添加边框和底纹时,对话框会与为文字添加时有少许的不同,请读者自己尝试一下。

(六)首字下沉

在报刊中经常可以见到首字下沉的排版方式。Word 提供的首字下沉功能可以实现这种效果,如图 3-72 所示。具体方法如下:

(1)选定需要首字下沉的文字。

(2)选择“格式”菜单中的“首字下沉”命令,弹出“首字下沉”对话框,如图 3-73 所示。

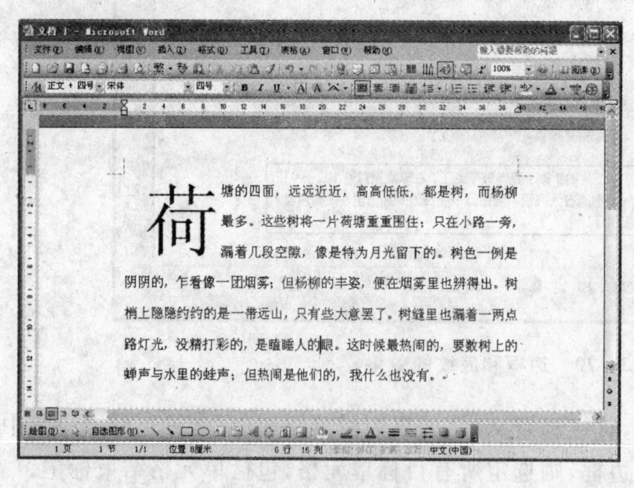

图 3-72 首字下沉

图 3-73 “首字下沉”对话框

(3)在“位置”区内设置“下沉”或“悬挂”,在“选项”区内设置下沉字体、下沉行数和与正文的距离。

(4)单击“确定”按钮完成设置。

(七)文字方向

使用更改文字方向的功能可以实现竖排版或横竖混排,竖排版效果如图 3-74 所示。

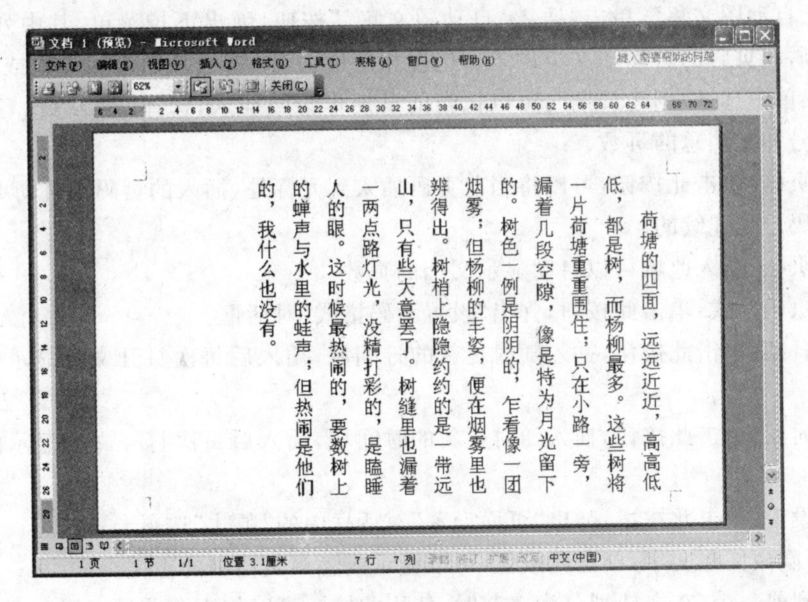

图 3-74　竖排版效果

改变文字方向的方法如下:

(1)选择“格式”菜单中的“文字方向”命令,弹出“文字方向”对话框。

(2)在“方向”区内选择需要的方向,并在“应用于”区内选择应用范围。

(3)预览后,单击“确定”按钮,完成操作。

注意:改变文字视图的效果只能在页面视图中看到。设置页面视图的方法是:选择“视图”菜单下的“页面”命令。

(八)页眉和页脚

文档中每页中都相同的内容,如文章标题、作者、页码、日期等,都可以放在页眉和页脚区域中。

(1)进入页眉和页脚的方式。编辑页眉和页脚时,要首先切换到页眉和页脚编辑窗口。选择“视图”菜单中的“页眉和页脚”命令,即进入了页眉和页脚方式,并弹出“页眉和页脚”工具栏,如图 3-75 所示。

图 3-75　“页眉和页脚”工具栏

这时可以在页眉或页脚区内编辑,编辑方法和编辑正文文档类似。可以通过“页眉和页脚”工具栏中的“在页眉和页脚间切换”按钮,改变当前编辑的对象为页眉或页脚,也可以直接在页眉或页脚区内单击鼠标左键切换。

技巧:如果页眉或页脚区已经编辑过了,在页面视图下,直接双击页眉或页脚的文本内容,也可以直接进入页眉或页脚方式。

(2)制作页眉和页脚。编辑页眉和页脚时,与编辑正文文档的方式类似。可以使用菜单或工具栏等编辑，也可以使用“页眉和页脚”工具栏快速地插入所需的内容。“页眉和页脚”工具栏的各个按钮的功能如下：

①插入“自动图文集”：单击“插入‘自动图文集’”按钮，弹出下拉菜单，其中列出了 Word 中常用于页眉和页脚的自动图文集词条。选择相应的命令，将词条加入到页眉或页脚中。例如：在下拉菜单中选择“创建日期”，可以把当前日期作为域插入，选择“第 X 页　共 Y 页”，则插入当前页号和文档总的页数。

②插入页码：单击此按钮，可以将当前页码插入到光标处，插入的页码为自动更新的，即文档改变后页码总是连续的。

③插入页数：插入此域可以自动显示文档的页数。

④设置页码格式：单击此按钮，弹出“设置页码格式”对话框。

⑤插入日期：单击此按钮，插入随时更新的日期域，插入后每次打开文档显示的都是当前的日期。

⑥插入时间：单击此按钮，插入随时更新的时间域，插入后每次打开文档显示的都是当前的时间。

⑦页面设置：单击此按钮，弹出“页面设置”对话框中的“版式”选项卡。

⑧显示/隐藏文档文字：单击此按钮，可以显示或隐藏文档中的正文。

⑨链接到前一个：在文档划分为多节时，使用此按钮可以使当前节的页眉和页脚设置同前一节的页眉和页脚内容一致。

⑩在页眉和页脚间切换：使用此按钮可以使光标从页眉编辑区切换到页脚编辑区或从页脚编辑区切换到页眉编辑区。

⑪显示前一项：如果文档划分为多节，或设置了首页与其他页使用不同页眉或页脚，或是奇偶页使用不同的页眉或页脚，使用此按钮可以进入到前一节的页眉或页脚。

⑫显示下一项：使用此按钮可以进入到后一节的页眉或页脚，使用时机同“显示前一项”按钮。

在页眉和页脚编辑窗口中，直接用标尺也可以设置页边距和页眉或页脚距页面边缘的距离。方法和在文档编辑状态下设置页边距类似，将鼠标置于标尺颜色变化的地方，当鼠标指针外观变为双向箭头时，单击左键并拖动到适合位置。

(3)修改和删除页眉和页脚。修改和删除页眉和页脚的操作很简单。首先，进入页眉和页脚方式。若要修改页眉和页脚，只要在页眉和页脚区内修改后，单击“页眉和页脚”工具栏中的“关闭”按钮或双击正文文档编辑区即可退出。若要删除页眉和页脚，则在页眉和页脚区内删除所有的内容后退出即可。

技巧：若要更改整篇文档中的页眉和页脚的格式，可以直接修改 Word 内置样式中的“页眉”和“页脚”样式。

(九)插入页码

(1)设置页码。前面介绍了在“页眉和页脚”工具栏中可以使用“插入页码”和“设置页码格式”按钮打开对话框设置页码。不进入页眉和页脚区，也可以通过打开相应的对话框插入页码。具体方法如下：

①选择“插入”菜单中的“页码”命令。

②在弹出的“页码”对话框(图 3-76)的“位置”下拉框中设置页码位置；在“对齐方式”下拉框中设置对齐方式后，单击“确定”按钮插入页码。

③若需要进一步设置页码，单击“页码”对话框中的“格式”按钮，弹出“页码格式”对话框。

在其中的“数字格式”下拉框中选择不同的页码数字格式；若需要在页码中包含章节号，选择“包含章节号”复选框，然后在“章节起始样式”下拉框中选择包含的章节号的级别，最后在“使用分隔符”下拉框中选择分隔符；在“页码编排”区内设置页码的起始值，可以为分节的文档设置连续的页码，也可以重新设置起始值；最后，单击“确定”按钮完成操作。

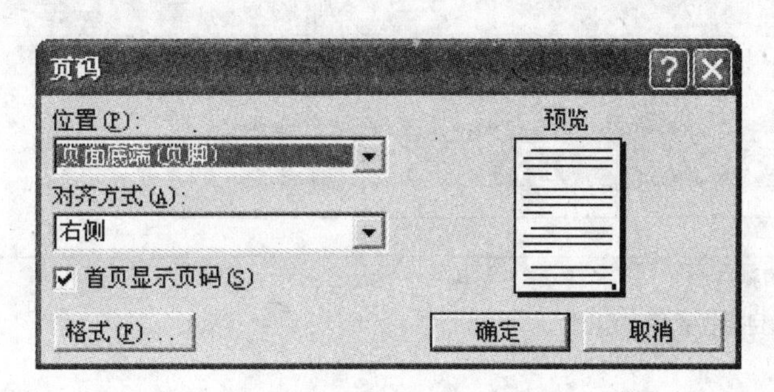

图 3－76 “页码”对话框

(2)修改和删除页码。若需要对页码进行修改，可以使用上述的对话框。也可以进入页眉和页脚区，在页脚编辑区中找到设置的页码，页码实际上是一个图文框，对它可以使用鼠标拖动设定它的位置，若要精确设定位置，则按住“Alt”键后拖动。若要删除页码，只要在页眉和页脚区内删除页码的图文框即可。

(十)脚注和尾注

脚注和尾注是对文档的补充说明。一般脚注多用于对文档中难以理解部分的详细说明，而尾注多用于说明引用文献的出处等。脚注一般出现在每一页的末尾，而尾注一般出现在整篇文档的结尾处。

脚注和尾注都包含两个部分：注释标记和注释文本。注释标记就是标注需要注释的文字右上角的标号，注释文本是详细地注释正文部分。

(1)添加脚注和尾注。在 Word 中可以很方便地为文档添加脚注和尾注。

添加脚注或尾注的方法如下：

①将光标置于需要插入脚注或尾注的位置。

②选择“插入”菜单中的“引用”命令，在打开的子菜单中选择“脚注和尾注”命令，弹出“脚注和尾注”对话框，如图 3－77 所示。

③在“脚注和尾注”对话框中选择“脚注”单选框添加一个脚注，并选择添加脚注的位置为“页面底端”或“文字下方”。

④在“格式”区中的“编号格式”下拉框中选择一种编号格式，并在“起始编号”栏中输入起始的编号，在“编号方式”栏中选择“连续”“每节重新编号”或“每页重新编号”。也可以使用特殊符号，选择“自定义标记”，在其中输入一种符号；或单击“符号”按钮，在弹出的对话框中选择一种特殊符号。

⑤单击“插入”按钮完成操作。

⑥添加尾注的操作和脚注类似。

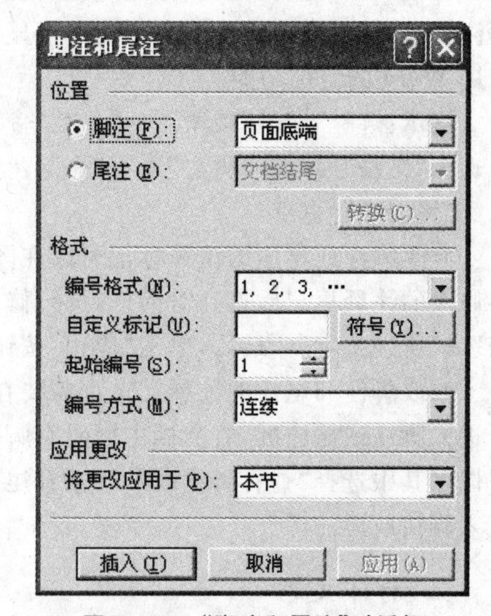

图 3－77 “脚注和尾注”对话框

添加了脚注的文本示例如图 3－78 所示。

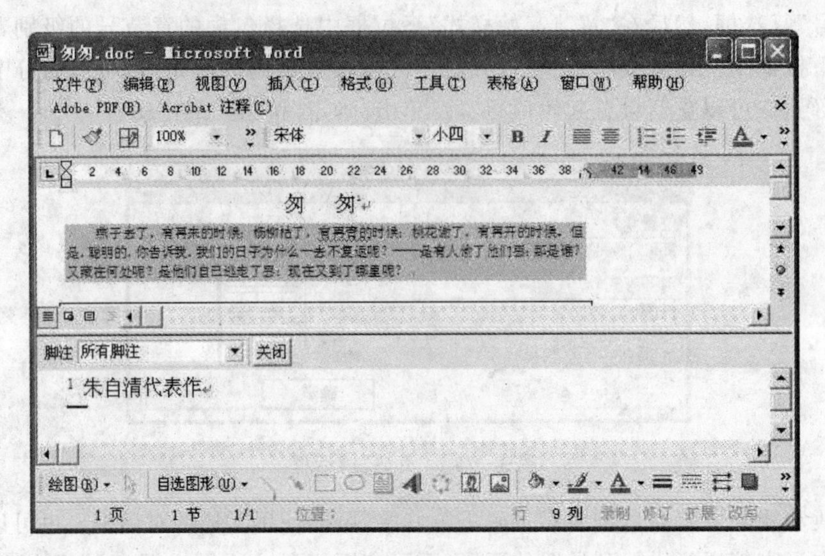

图 3－78　脚注示例

注意：添加了脚注或尾注后，可以在文档编辑区下方的脚注或尾注区对脚注或尾注进行编辑。由于使用视图的不同，脚注或尾注编辑区的位置也会有所不同。

(2)移动、复制和删除脚注或尾注。移动、复制和删除脚注或尾注的操作很简单。

移动脚注或尾注时，只需用鼠标选定要移动的脚注或尾注的注释标记，并将它拖动到所需的位置即可。

复制脚注或尾注时，只要选定需要复制的脚注或尾注的注释标记，然后和复制文本一样操作。

删除脚注或尾注时，只要选定需要删除的脚注或尾注的注释标记，然后按“Delete”键即可。进行移动、复制或删除操作后，Word 都会自动重新调整脚注或尾注的编号。例如：删除了编号为“3”的脚注，无需手动调整编号，Word 会自动将“3”以后的所有脚注的编号前移一位。

(3)查看和修改脚注或尾注。若要查看脚注或尾注，只要把鼠标指向要查看的脚注或尾注的注释标记，页面中将出现一个文本框显示注释文本的内容。若要快速查找脚注和尾注，可以使用 Word 的定位功能。

提示：选择“编辑”菜单中的“定位”命令，在弹出的“查找和替换”对话框中的“定位”选项卡中选择“定位目标”为“脚注”或“尾注”，然后输入脚注或尾注的编号，或是使用“前一处”和“下一处”按钮进行定位。

修改脚注或尾注的注释标记可以在图 3－77 所示的“脚注和尾注”对话框中进行。选择需要修改的注释标记后打开对话框，进行修改后，选择“将更改应用于”右侧下拉框中的“整篇文档”或“所选文字”。最后，单击“应用”按钮完成操作。

修改脚注和尾注的注释文本都需要在脚注或尾注区进行。选择“视图”菜单中的“脚注”命令进入脚注或尾注区，若文档中同时有脚注和尾注，选择这个命令的时候会弹出一个对话框，可以在其中选择“查看脚注区”或“查看尾注区”。也可以在脚注或尾注的注释标记上双击鼠标进入脚注或尾注区。

三、打印文档

编辑完一篇文档后，可以通过打印机将之输出。使用打印预览功能，可以在文档发送到打印机前观看打印效果。

(一)打印预览

选择“文件”菜单中的“打印预览”命令或是单击“常用”工具栏中的“打印预览”按钮，都可以进入到打印预览视图。进入到“打印预览”视图中会自动弹出“打印预览”工具栏，如图 3-79 所示。使用其上的按钮可以调整预览方式。

图 3-79 “打印预览”工具栏

在“打印预览”中的各个按钮的功能为：

(1)单击“打印”按钮，则开始打印。

(2)单击“放大镜”按钮后，鼠标指针外观变为放大镜状，使用它在正在预览的文档上单击可以调整显示比例。

(3)单击“单页”按钮，可以在窗口中只预览一页文档。

(4)使用“多页”按钮，将把文档中所有页放入预览窗口中。

(5)在“显示比例”下拉框中，可以调整预览中文档的显示比例。

(6)单击“查看标尺”按钮，可以使标尺显示或隐藏。

(7)如果文档只超出一页少许，可以使用“缩小字体填充”按钮，使系统自动压缩超出的部分，使之显示在一页中。

(8)单击“全屏显示”按钮，将使预览窗口成全屏显示。

(9)单击“关闭”按钮，则关闭预览视图返回到文档编辑状态。

(二)打印输出

在打印之前一般还要进行打印的设置，选择“文件”菜单中的“打印”命令，弹出“打印”对话框，如图 3-80 所示。在其中可以进行打印机类型、打印的页面范围、打印的份数等设置，最后单击“确定”按钮，即可开始打印。如果无需进行设置，也可以直接使用“常用”工具栏中的“打印”按钮或是“打印预览”工具栏中的“打印”按钮直接开始打印。

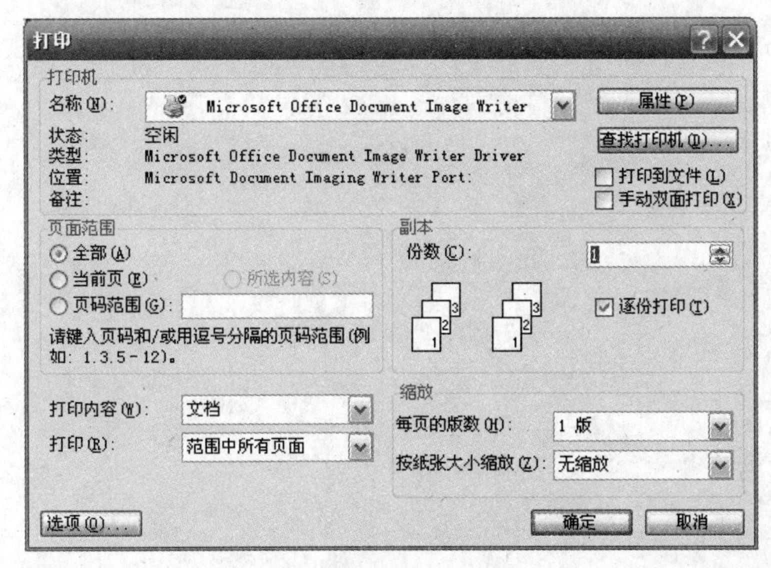

图 3-80 “打印”对话框

习　题

1. Word 2003 新增了哪些功能?
2. Word 2003 的主窗口包括哪些内容?
3. 在 Word 2003 中,从“文件”菜单选择“新建”命令,或者在“常用”工具栏上单击“新建”按钮,都可以创建一个新的文档。这两种方法有何区别?
4. 在 Word 2003 中,段落首行缩进和左缩进如何实现?
5. 在 Word 2003 中如何为文档的不同部分设置不同的页眉或页脚?

第四章　电子表格软件Excel 2003 的使用

Excel 是 Microsoft 公司推出的一个功能强大的电子表格软件，它可以帮助用户组织、计算和分析各种类型的数据，也可以生成各种统计图表，从而被广泛用于统计、财务、会计、金融和审计等众多领域。Excel 2003 是这一软件的最新版本，本章以 Excel 2003 版本来讲解电子表格软件的概念和基本使用方法。

第一节　Excel 2003 的概述

一、Excel 2003 的功能特点

Excel 2003 具有电子表格软件的一般特征。

(一)电子数据表格功能

能够方便地建立工作表，输入数据，并可对工作表和单元格的格式进行多种设置。Excel 2003 提供了数百个函数，能够有效地完成各种运算。运用模拟运算表、方案管理器和分析工具库可以很容易地完成假设分析求解和数据统计分析。

(二)图表功能

能够方便地建立图表和图形，编辑数据，设置格式，插入图形、图片，使用艺术字体。Excel 2003 除了提供根据工作表数据绘制的图表以外，还提供了数据地图功能。通过创建数据地图，使人们可以根据地理区域的情况，进行市场分析和趋势预测等工作。

(三)数据清单管理

在 Excel 2003 中，将数据库管理称为数据清单管理，这是因为数据库有更严格的定义。数据清单管理使用和数据库管理相同的方法，完成数据清单(即工作表)的筛选、排序、查询、分类汇总等功能。特别是 Excel 2003 提供的可视化控件，可以将工作表制成具有自动输入和信息分析功能的小型数据库应用程序。

与以往的 Excel 版本相比，Excel 2003 增加了许多新的功能，能更加方便用户的使用。新增的主要功能如下：

(1)Excel 2003 的界面更加简洁。在菜单栏中有一个“提出问题”文本框，一旦用户在工作中遇到操作上的难题时，可以随时在这个文本框中输入要提问的关键字，Excel 会列出相关的解决方案。

(2)Excel 2003 将最常用的任务组织在与工作簿一起显示的任务窗格中，可以更方便地进行新建工作簿、剪贴板和基本搜索的操作，任务窗格显示在工作簿窗口的右边，用户也可以随时关闭它。

(3)Excel 中的“查找”和“替换”功能包括了大量新增选项来匹配格式和搜索整个工作簿或工作表。

(4)在 Office XP 的语音功能支持下，语音播放功能可以使计算机在完成了某个单元格或

多个单元格输入之后朗读这些数据，以便验证输入的数据。

(5)通过给工作表选项卡设置颜色，可以更容易地分辨不同的工作表，便于操作。

(6)新增的粘贴选择按钮可以控制所选择对象的粘贴方式。

(7)改进后的“页眉和页脚”功能，可添加包括图片和文件存储路径在内的更多信息。

(8)改进后的边框设置，允许用户自己绘制边框的外形，使工作表更加个性化。

(9)Excel 2003 具有函数参数的屏幕提示功能，在单元格中键入子函数后，将出现一条屏幕提示，用于显示该函数的所有参数以及指向该函数的“帮助”主题的链接。

(10)工作表的安全性大大提高，可以为同一工作表的不同列制定不同的访问密码，也可以让特定的使用者不用密码直接访问特定的列。被保护的工作表仍可以进行数据筛选等以前无法进行的操作，既维护数据的安全，又最大限度地发挥数据的效用。

(11)加强了 Web 的服务功能。全新的网页搜索页面，可以快速、准确地找到所需的数据；网页自动刷新的功能能够在修改本地数据的同时，自动更新网页上的数据；在本地机器和网页之间进行剪贴操作时，网页剪贴功能可以自动建立两者之间的链接，保证数据的同步。

(12)通过新增的查询 Web 页中的数据功能，能更加方便地将 Web 页上可刷新的数据导入 Excel 中进行查看和分析。

当然，Excel 2003 的强大功能绝不仅仅如此，通过对本章节的学习，用户会全面、系统地了解 Excel 2003 的基本功能和新增功能。

二、Excel 2003 的启动与退出

(一)启动 Excel 2003

Excel 2003 的启动与上一章中介绍的 Word 2003 的启动相似，在此不再重复。

(二)中文 Excel 2003 的工作界面

进入 Excel 2003 中文版后，窗口界面如图 4－1 所示。

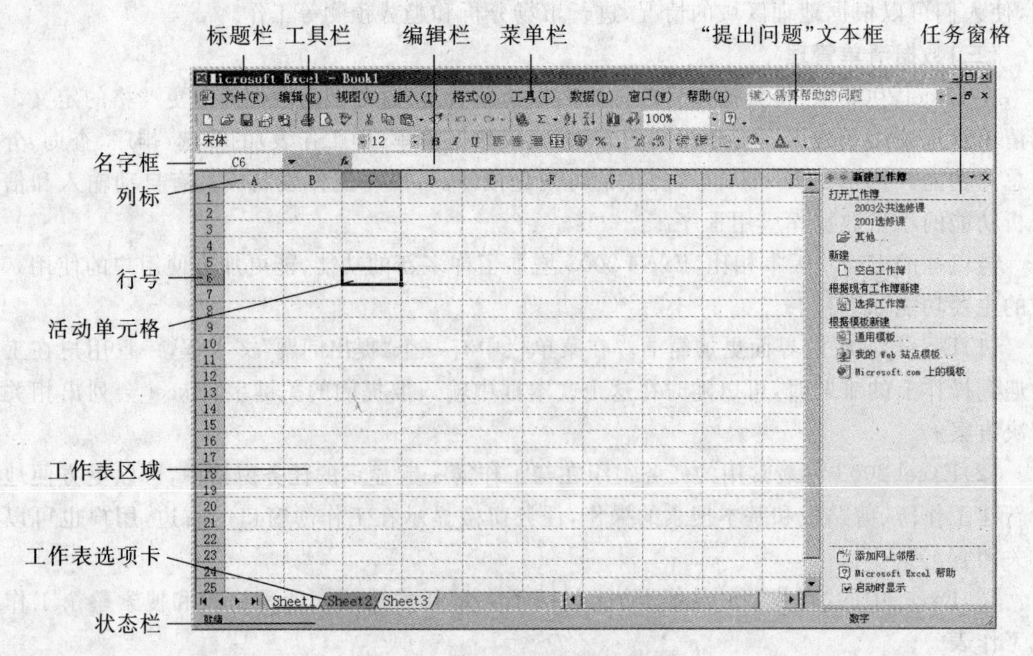

图 4－1　Excel 2003 的窗口界面

每次进入 Excel 之后，它都会自动地创建一个新的空白工作簿，称为 Book1 工作簿。工作簿是 Excel 的普通文档或文件类型。一个工作簿可由多个工作表组成，每一个工作表的名称在工作簿的底部以选项卡形式出现。例如，图 4 - 1 中的 Book1 工作簿由 3 个工作表组成，它们分别是 Sheet1、Sheet2 和 Sheet3。在使用过程中，可根据需要增加或删除工作表。每个工作表由 256 列、65 535 行组成。每个行、列相交的小方格即为单元格，它是工作表的基本单元。每个单元格以其在工作表中的列标和行号作为地址，又称单元格引用。在工作表的所有单元格中，只有一个活动单元格，其边框为粗黑线。用鼠标单击某个单元格，该单元格即为活动单元格，或称为当前单元格。Excel 2003 只允许在当前工作表的活动单元格中输入或编辑数据。整个窗口环境除了包括常见的标题栏、菜单栏、工具栏和状态栏以外，其特色部分主要由以下几部分组成：

1. 名字框

用来显示当前活动单元格的位置，如 C6 单元格。利用名字框可以对单元格进行重新命名，使得操作更加简便。

2. 编辑栏

用来显示活动单元格中的数据和公式。选中某个单元格后，就可在编辑栏中对该单元输入或编辑数据，当然也可以直接用鼠标双击单元格在其中进行编辑。当选中某个单元格时，只要查看编辑栏就可以知道其内容是公式还是常量。

3. 列标

各列上方的字母为列标，表示列的位置。当某个单元格或多个单元格被选定后，相应的列标颜色变深。

4. 行号

各行左侧的编号为行号，表示行的位置。当某个单元格或多个单元格被选定后，相应行号颜色变深。

5. 工作表区域

工作表区域是占据屏幕最大、用以记录存放数据的表格区域。

6. 工作表选项卡

用来标记工作簿中不同的工作表，如果单击工作表选项卡，可迅速切换到其他的工作表。工作表选项卡栏左端有 4 个选项卡箭头“|◀ ◀ ▶ ▶|”按钮，用来移动工作表选项卡，以便在工作表过多时显示当前看不见的工作表选项卡。

7.“提出问题”文本框

操作过程中遇到疑难问题时，可以随时在此文本框中输入问题的关键字，Excel 会列出相关的解决方案。

8. 任务窗格

在此窗格中，用户可以方便地进行“新建工作簿”“剪贴板”“搜索”“插入剪贴画”的操作。用户可通过“视图”菜单中的“任务窗格”命令关闭此窗格。

9. 滚动条

垂直滚动条和水平滚动条分别位于窗口的右侧和工作表选项卡的右端。移动滚动条可以显示工作表中的其他区域。当工作表很大时，用滚动条移动工作表有时显得不很方便，这时可使用“编辑”菜单中的“定位”命令或按下 F5 键，在弹出的对话框中输入相应区域单元格的引用地址，就可直接移动到相应位置。

（三）退出 Excel 2003

若要退出 Excel 2003，可以选择以下方法之一：

（1）单击“文件”菜单中的“退出”命令。

（2）单击应用程序窗口右上角的“关闭”按钮。

（3）按“Alt”+“F4”组合键。

第二节 Excel 2003 的基本操作

一、工作簿的新建、打开和保存

（一）创建新的工作簿

在启动时，Excel 2003 会自动打开一个名为 Book1 的空工作簿供使用，如果还需要打开另一个新建工作簿，有以下几种方法：

（1）点击“任务窗格”中的“根据模板新建”栏下的“通用模板”命令，出现如图 4-2 所示的对话框。其中：

①“常用”选项卡：用于创建新的基于默认工作簿模板的空白工作簿。

②“电子方案表格”选项卡：用于创建基于某个模板的工作簿。Excel 2003 已建立一些具有特殊用处的模板，如工业企业财务报表、商品流通企业财务报表等。当需要使用这类工作簿时，可直接选用。

图 4-2 “模板”对话框

单击所需的选项卡，选择相应的工作簿图标，再单击对话框中的“确定”按钮，即打开一个新建的工作簿。Excel 2003 会按顺序自动给出文件名。如果前一个被打开的新工作簿名为“Book1”，则接着打开的新工作簿名为“Book2”，后缀为.XLS。当然，在保存工作簿时，一般都另行起名存盘。

（2）选择“文件”菜单中的“新建”命令或单击“常用”工具栏中“🗋”按钮或按“Ctrl”+“N”键，都可以直接创建一个基于默认工作簿模板的新工作簿。

（3）点击 Windows 的“开始”菜单，选择“新建 Office 文档”，在弹出的“新建 Office 文档”对话框中选择“空工作簿”，再单击“确定”按钮，同样可以创建一个新工作簿。

（二）打开已有的工作簿

选择“文件”菜单中的“打开”命令或单击“常用”工具栏中的“打开”按钮或按“Ctrl”+“O”

键，将弹出一个“打开”对话框，如图 4－3 所示，通过对话框左侧文件夹图标或其上端的“查找范围”列表框，确定要打开的工作簿所在位置。再选择需要的文件名，单击“打开”按钮，或双击该文件名，此文件即被按照正常方式打开。若需要以其他方式打开文件，可单击“打开”按钮右端的下拉菜单箭头按钮，在展开的下拉菜单中，有“打开”“以只读方式打开”“以副本方式打开”“用浏览器打开”和“打开并修复”5 种方式可供选择。

图 4－3　“打开”对话框

另外，使用 Windows 的“开始”菜单，选择“文档”命令，也可以打开一个最近使用过的工作簿。

(三)保存新建工作簿

保存一个新建工作簿的操作步骤如下：

(1)选择“文件”菜单中的“保存”命令或单击“常用”工具栏中的“保存”按钮或按“Ctrl”＋“S”键，将弹出一个“另存为”对话框。

(2)在对话框中可根据需要选择保存文件的位置(默认情况下的文件夹为“My Documents”)。

(3)在“文件名”编辑框中自动出现创建工作簿时默认的文件名。如另行起名，可在编辑框中直接输入；如使用已有文件名，则单击上方列表框中的文件名。

(4)单击“保存”按钮，文件被保存。如使用的是列表框中的文件名，则原文件的内容将被覆盖。

(四)保存现有的工作簿

对现有的工作簿进行原名保存，选择“文件”菜单中的“保存”命令或单击“常用”工具栏中的“保存”按钮或按“Ctrl”＋“S”键后，即可直接完成。如果希望换名保存现有的工作簿，可以选择“文件”菜单中的“另存为”命令，系统将弹出“另存为”对话框，其余操作同“保存新建工作簿”中的(2)(3)(4)完全一样。

(五)自动保存工作簿

为了防止断电、死机等意外事故造成输入数据的丢失，Excel 2003 和 Office 的其他办公软件一样，也提供了自动保存工作簿的功能。选择“工具”菜单中的“选项”命令，在弹出的“选项”对话框中选定“保存”选项卡，可在其上设置“保存自动恢复信息的时间间隔”。

二、数据的输入

在工作表中，有一个带有黑色边框的单元格，称为活动单元格。活动单元格是正在使用的单元格，只有在活动单元格中才能输入和编辑数据。

为了把数据输入到单元格中或者对单元格中的数据进行修改等操作，必须知道如何在工作表中移动。利用鼠标或键盘在工作表中的移动，使所需的单元格成为活动单元格。

在 Excel 中，对于不同的操作，鼠标指针的形状会随着操作的不同而发生相应的变化。表 4－1 中所示的是常见的鼠标指针形状及功能。

表 4－1　Excel 中常见的鼠标指针形状及功能

鼠标指针形状	功　能
	一般情况下，在工作表使用区域内，鼠标指针形状是一个“胖”加号，此时单击鼠标可以进行选取某个单元格或区域的操作
	将鼠标指向选定单元格或区域的边框线上，鼠标指针形状变成指向左上方的箭头。如果要移动选定的单元格的内容，请用鼠标将选定区域拖动到目标区域，然后释放鼠标
	操作同上。如果要复制选定单元格，则需要按住“Ctrl”键（此时鼠标箭头旁边有一个小加号，如左图所示），再拖动鼠标到目标区域，然后释放鼠标
	位于选中的单元格或区域右下角的小黑方块被称为填充柄。将鼠标指向填充柄时，鼠标指针的形状变为小黑十字块。拖动填充柄可以将内容复制到相邻单元格中，或按一定规则填充数据，如数字序列、日期等
	双击选中的单元格，进入 Excel“输入”状态，如果此时鼠标移到此单元格中，刀柄形状变为一个“Ⅰ”形，此时可以往单元格中输入具体内容，或单击其他单元格以取消输入操作

Excel 中使用的数据有不同的类型，只有相同类型的数据才能在一起运算，否则就会出现语法错误。一般来说，数据类型可分为数值型数据和非数值型数据两大类。

在工作表中输入数据是一个最基本的操作，Excel 的数据不仅可以从键盘直接输入，还可以自动输入，输入时还可以检查其正确性。

（一）三种类型的数据的输入

Excel 中每个单元格最多可输入 32 000 个字符。输入结束后，按回车键、“Tab”键或用鼠标点击编辑栏的“√”按钮均可确认输入；按“Esc”键或用鼠标单击编辑栏的“×”按钮可取消输入。输入的数据分为文本型、数值型和日期型。

1. 文本输入

可以输入汉字、英文字母、空格、数字及其他键盘能键入的符号。输入文本时，Excel 自动将内容沿单元格左边界对齐。当输入的文本超过单元格宽度时，如右边相邻的单元格无内容，则超出的文本会延伸到右边的单元格。否则，Excel 将不显示超过列宽的文本。当然，这些文本仍然存在，只要加大列宽就可以看到全部内容。若要在一个单元格分段落输入，可按“Alt”＋“Enter”键。

在“格式”菜单中的“单元格”命令中，单击“对齐”选项卡，选中“自动换行”复选框，则输入文本时，内容超过单元格的宽度将自动换行。

2. 数字的输入

在 Excel 中，数字仅包括下列字符："0" "1" "2" "3" "4" "5" "6" "7" "8" "9" "＋" "－" "( )" "%" "$" "￥" "E" "e"。

一般情况下，输入的数字默认为正数，将单一的"."视为小数点。当输入负数时，以负号"－"开始，也可以用括号"( )"表示。如输入"－12"或"(12)"，都可以在单元格中获得－12。输入分数时，以"0"加空格开始，然后输入分数值。如输入分数为 1/2，则应依次输入"0 1/2"，则单元格内显示为 1/2。

在"工具"菜单中，单击"选项"命令，再单击"编辑"选项卡，选中"自动设置小数点"复选框，在"位数"框中输入小数点位数，可以自动设置小数点位数，在输入数字时不必输入小数点。

在"格式"菜单的单元格命令中，单击"数字"选项卡，在选择框中，有常规、数值、货币、会计专用等不同类型的数字表示格式供不同的报表选用。

3. 日期和时间的输入

输入日期时，年、月、日可以用"/"符号分隔。如输入"1/2"，单元格内显示为"1 月 2 日"。输入时间时，小时、分钟、秒可以用"："分隔。如输入"10：30：00"，单元格内显示为"10：30：00"。

输入当前日期用"Ctrl"＋"："键，输入当前时间用"Ctrl"＋"Shift"＋"；"键。若要在单元格中同时输入日期和时间，中间要用空格分开。

日期和时间的显示也有多种格式，选择格式的方法是在"格式"菜单的"单元格"命令中，单击"数字"选项卡，在分类框中选中日期或时间，在类型框中则显示多种格式。这些格式既可用于显示，也可用于输入。

(二)有效数据的输入

用户可以预先设置某一单元格允许输入的数据类型、范围，并可设置数据输入提示信息和输入错误提示信息。设置有效数据的步骤如下：

选取要定义的有效数据的单元格，选择"数据"菜单的"有效性"命令，在"数据有效性"对话框(图 4－4)中点击"设置"选项卡。在"允许"下拉列表框中选择允许输入的数据类型，如"整数""时间"等；在"数据"下拉列表框中选择所需的操作符，如"介于""不等于"等；然后在数值栏中根据需要填入上、下限的数值。

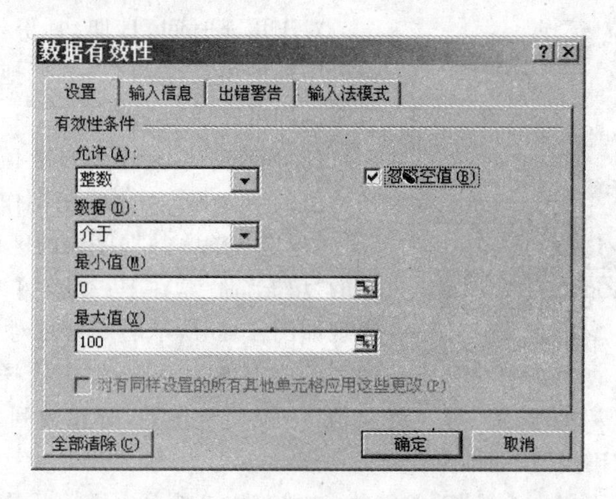

图 4－4　"数据有效性"对话框

注意：如果在有效数据单元格中允许出现空值，应选中"忽略空值"复选框。

“输入信息”选项卡中设置的是有关数据输入的提示信息，在用户选定该单元格时，就会出现在其旁边。“出错警告”选项卡中设置的信息是用于当用户在选定的单元格中输入的数据超出设置范围时，屏幕上将出现一个“出错警告”提示信息，以提醒用户更正。

有效数据设置以后，当数据输入时，可以监督数据的正确输入。已输入的数据可进行审核，选择“工具”菜单的“审核”命令，在级联子菜单中选择“显示审核工具栏”，出现审核工具栏，单击“圈释无效数据”按钮可审核工作表中的错误输入并标记出来。

(三)自动填充数据

当工作表中的一些行、列或单元格的内容是有规律的数据时，可以使用 Excel 提供的自动填充数据功能，加速数据的输入。

1.相同数据的填充

在输入过程中，如有大量重复的数据需输入在分散的单元格中，可先选定欲输入相同数据的单元格(可用“Ctrl”键配合选中多个单元格)，在活动单元格中输入数据，再按“Ctrl”+“Enter”键，即可在选定的单元格中填充相同的数据。

当某行、某列有相同的文本、数据输入时，可将含有此数据的单元格选定为活动单元格，用鼠标指向该格右下角的填充柄，这时鼠标指针变为“＋”，拖动填充柄向下或向右到所需要的单元格，所经过的单元格均被填充相同的内容。

对于填充时间、日期、月份等类型的数据，在鼠标拖动时，应同时按住“Ctrl”键。

若拖动填充柄向上或向左移动，将删除相应单元格的内容。

当选定的区域是一个单元格时，可填充一行或一列；当选定的区域是一行或一列时，可填充一个矩形区域。

2.序列数据的填充

有规律变化的数据称为序列数据，如日期、数列、星期等。这些数据的输入，可以利用Excel提供的“自动填充功能”，具体方法如下：

(1)填充柄自动填充。对于序列数据，与相同数据的填充不同的是，首先要在相邻的两个单元格内输入序列的第一个及第二个数据，然后将这两个单元格选定为区域。用鼠标指向该区域的填充柄，拖曳填充柄，即可完成序列数据的填充。

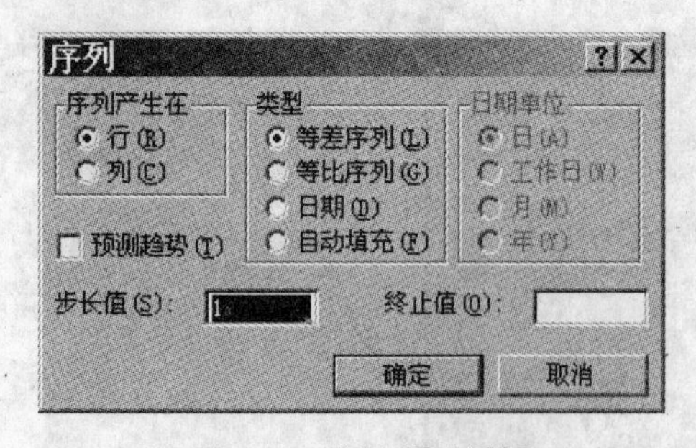

图 4-5 “序列”对话框

对于填充时间、日期、月份等类型的数据，无需输入序列的第二个数值，直接拖曳第一个单元格的填充柄即可完成数据的填充。

(2)用菜单填充序列自动填充。选定含有数据初始值的单元格，将此单元格作为区域的第一个单元格，选定欲输入数据序列的区域，选择“编辑”菜单中的“填充”命令，在下一级菜单中选择“序列”命令，出现如图 4-5 所示的“序列”对话框，根据需产生的序列的要求，在此对话框中选择相应的序列产生的“行(列)”、序列的“类型”“步长值”等，“终止值”一般用于等差、等比数列，此时可以不选定区域，设定完成后，单击“确定”按钮即可。

注意：在某些情况下，“终止值”可能无效；如没有在产生序列前就已选定序列产生区域，则必须输入“终止值”。

Excel 除本身提供的预定义的序列外，还允许用户自定义序列并储存起来，供以后填充时使用。操作方法如下：

(1)选择“工具”菜单中的“选项”命令，进入“选项”对话框。

(2)点击“自定义序列”选项卡，出现如图 4－6 所示的“自定义序列”对话框。

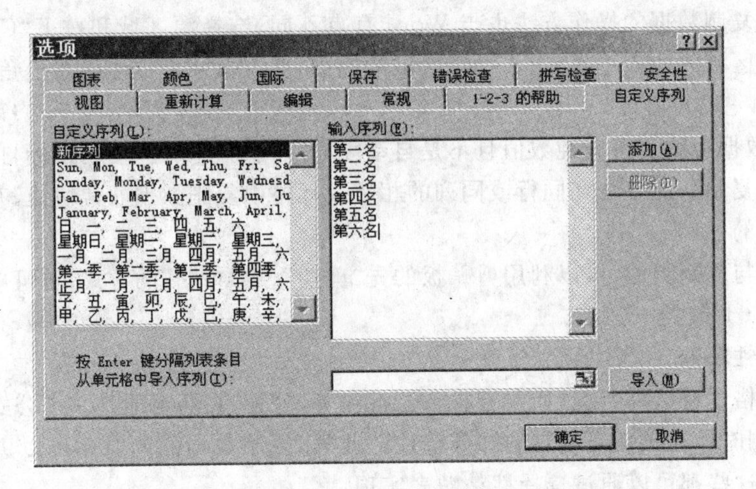

图 4－6　“选项”对话框中的“自定义序列”选项卡

(3)在“自定义序列”的列表框中选择“新序列”，在“输入序列”文本框中每输入一个序列成员，按一次回车键，如“第一名”“第二名”“第三名”“第四名”“第五名”“第六名”等。

(4)单击“确定”按钮，返回工作界面。

三、数据修改与删除

(一)数据修改

在 Excel 中，修改数据有两种方法：

1. 在编辑栏中修改

只需先选中要修改的单元格，然后在编辑栏中进行相应的修改，按“√”按钮保存修改，按“×”按钮或“Esc”键放弃修改，此方法适合内容较多者和公式的修改。

2. 直接在单元格中修改

此时须双击单元格，然后进入单元格修改，保存或放弃的方法同前，此方法适合内容较少者的修改。

(二)数据删除

数据删除针对的对象是数据，单元格本身并不受影响。在选取单元格或一个区域后选择“编辑”菜单的“清除”命令，弹出一个级联子菜单，选择子菜单中的“格式”“内容”或“批注”命令，将分别清除单元格的格式、内容或批注；选择“全部”命令，将单元格的格式、内容和批注统统取消，数据清除后，单元格本身仍留在原位置不变。

选定单元格或区域后，按“Delete”键，相当于选择编辑菜单中的“清除”→“内容”的命令。

四、数据的复制与移动及选择性粘贴

(一)数据的复制与移动

Excel 数据的复制方法多种多样，可以利用剪贴板，也可以用鼠标拖曳操作。

1. 剪贴板复制

用剪贴板复制数据与前一章 Word 中的操作相似，稍有不同的是，在源区域执行复制命令后，区域周围会出现闪烁的虚线。只要闪烁虚线不消失，粘贴就可以进行多次，一旦虚线消失，粘贴就无法进行。如果只粘贴一次，则可在虚线闪烁的同时，选择目标区域直接按回车键。

2. 鼠标拖曳

鼠标拖曳复制数据的操作方法也与 Word 有点不同，选择源区域和按下“Ctrl”键后，鼠标指针应指向源区域的四周边界，而不是源区域的内部，此时鼠标指针变成右上角有小加号的空心箭头(见表 4-1)。

此外，当数据为纯字符或纯数值且不是自动填充序列的一员时，使用鼠标自动填充的方法也可实现数据复制。此方法在同行或同列的相邻单元格内复制数据非常快捷、有效，且可达到多次复制的目的。

数据移动与复制类似，可以利用剪贴板的先“剪切”、再“粘贴”的方式，也可以用鼠标拖曳，但不同时按“Ctrl”键。

(二)选择性粘贴

一个单元格含有多种特性，如内容、格式、批注等，另外，它还可能是一个公式，含有有效规则等，数据复制时往往只需复制它的部分特性。此外，复制数据的同时还可以进行算术运算、行列转置等。这些都可以通过选择性粘贴来实现。

选择性粘贴的操作步骤为：先将数据复制到剪贴板，再选择待粘贴目标区域中的第一个单元格，选择“编辑”菜单的“选择性粘贴”命令，出现如图 4-7 所示的对话框。选择相应选择项后，单击“确定”按钮，完成选择性粘贴。

选择性粘贴的用途非常广泛，实际运用中只粘贴公式、格式或有效数据的例子非常多，例如，在员工的工资报表中，想在“实发工资”中给每位员工都加上 100 元的误餐补贴，操作的方法是：在工作表中的某一空白单元格中输入 100；将该单元格数据复制到剪贴板；选择员工的实发工资数据区域；选择“编辑”菜单的“选择性粘贴”命令，在图 4-7 的对话框中选中“加”选项，单击“确定”按钮，即可发现所有员工的实发工资都增加了 100 元。

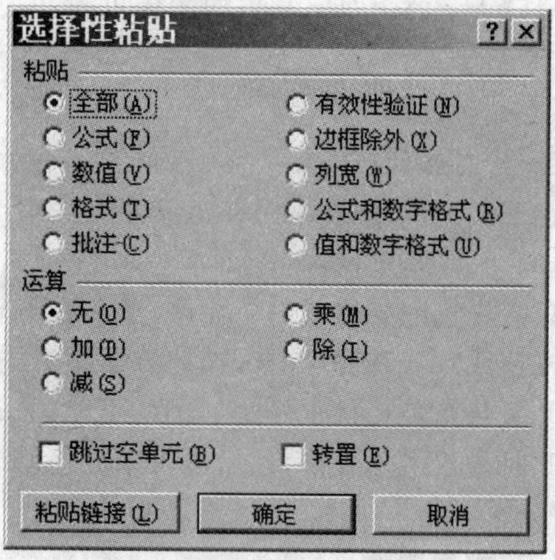

选择性粘贴
粘贴
全部(A) 有效性验证(N)
公式(F) 边框除外(X)
数值(V) 列宽(W)
格式(T) 公式和数字格式(R)
批注(C) 值和数字格式(U)
运算
无(O) 乘(M)
加(D) 除(I)
减(S)
跳过空单元(B) 转置(E)
粘贴链接(L) 确定 取消

图 4-7 “选择性粘贴”对话框

“选择性粘贴”选项的说明表见表 4-2。

五、行、列、单元格的插入和删除

数据输入时难免会出现遗漏，有时是漏输一个数据，有时可能漏掉一行或一列，这些可通过 Excel 的“插入”操作来弥补。

(一)插入行、列

插入一行或一列的操作方法如下：

(1)单击要插入新行或新列的单元格。

(2)选择“插入”菜单中的“行”(或“列”)命令，选中单元格所在行向下移动一行或者所在列向右移动一列，以空出位置插入一空行(或空列)。

表 4-2　“选择性粘贴”选项的说明表

项目	选　项	含　　义
粘贴	全　部	默认设置，将源单元格所有属性都粘贴到目标区域中
	公　式	只粘贴单元格公式，而不粘贴格式、批注等
	数　值	只粘贴单元格中显示的内容，而不粘贴其他属性
	格　式	只粘贴单元格的格式，而不粘贴单元格内的实际内容
	批　注	只粘贴单元格的批注，而不粘贴单元格内的实际内容
	有效数据	只粘贴源区域中的有效数据规则
	边框除外	只粘贴单元格的值和格式等，但不粘贴边框
运算	无	默认设置，不进行运算，用源单元格数据完全取代目标区域中的数据
	加	源单元格中数据加上目标单元格数据，再存入目标单元格
	减	源单元格中数据减去目标单元格数据，再存入目标单元格
	乘	源单元格中数据乘以目标单元格数据，再存入目标单元格
	除	源单元格中数据除以目标单元格数据，再存入目标单元格
其他	跳过空单元	避免源区域的空白单元格取代目标区域的数值，即源区域中空白单元格不被粘贴
	转置	将源区域的数据行、列交换后再粘贴到目标区域

(3)在“插入”单元格对话框(图 4-8)中选择“整行”或“整列”，也可插入一空行(或空列)，如需插入多行或多列，则需选择多个单元格进行操作。

(4)单击“确定”按钮完成操作。

(二)插入单元格

插入单元格的操作方法如下：

(1)单击要插入单元格的位置。

(2)选择“插入”菜单中的“单元格”命令，出现如图 4-8 所示的对话框，选择“活动单元格右移”将选中单元格向右移，新单元格出现在选中原单元格左边；选择“活动单元格下移”将选中单元格向下移动，新单元格出现在原单元格的上方。

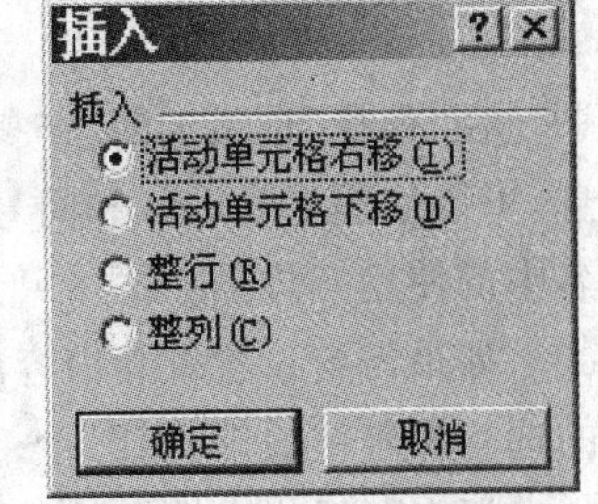

图 4-8　“插入”对话框

(3)单击“确定”按钮，插入一个空白单元格。

(三)删除行、列

删除一行(或一列)的操作方法如下：

(1)选中要删除的行或列(可用鼠标点击需删除的行号或列号)。

(2)单击“编辑”菜单中的“删除”命令，即可将所选中的行(列)删除。

此外，在图 4-9 所示的“删除”对话框中选择“整行”或“整列”，也可删除一行(或一列)；如要删除多行(或多列)，则须选中多个行(列)，再进行操作。

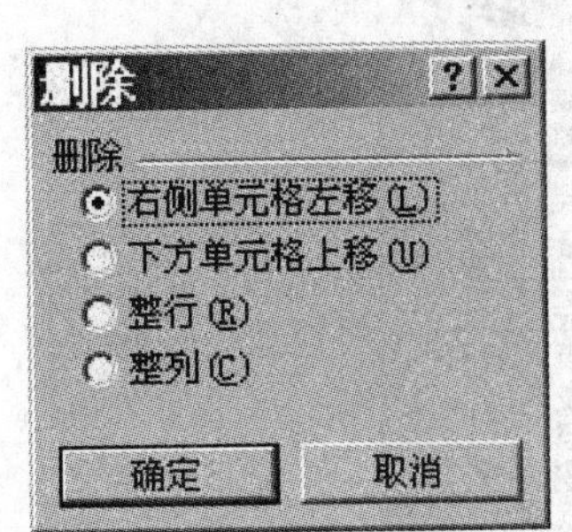

图 4-9

(四)删除单元格、区域

删除单元格、区域的操作方法如下：

(1)选取单元格或一个区域。

(2)选择“编辑”菜单中的“删除”命令，出现如图 4－9 所示的“删除”对话框，用户可选择“右侧单元格左移”或“下方单元格上移”来填充被删掉单元格后留下的空缺。

(3)选择“整行”或“整列”，将删除选取区域所在的行或列，其下方行或右侧列自动填充空缺。

六、查找与替换数据

Excel 不仅可以查找特定的文本或数字，而且可以替换查找到的内容。Excel 2003 中的查找和替换功能包括了大量新增选项来匹配格式和搜索整个工作簿或工作表。

(一)查找数据

如果要查找工作表的某一区域，则先选定要查找的数据区域。否则，可直接单击“编辑”菜单中的“查找”命令，系统会弹出“查找和替换”对话框，如图 4－10 所示。

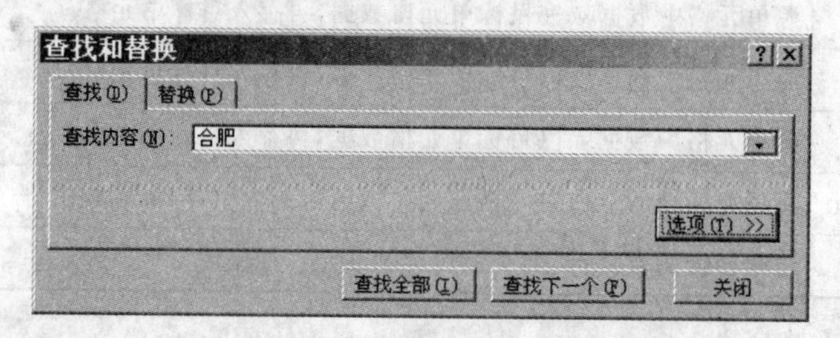

图 4－10　“查找和替换”对话框一

在“查找”选项卡的“查找内容”栏中输入要查找的内容。用户如果不能确定完整的搜索信息，可以使用星号(＊)和问号(?)通配符来代替那部分不能确定的信息，使用规则与其在文件名中的使用一样。

如果需要设置查找内容的格式、范围等条件，可单击“选项”按钮，“查找和替换”对话框中的选项设置被展开，如图 4－11 所示。通过“格式”按钮可以设置需查询数据的格式，在“范围”列表框中可以指定搜索的范围，在“搜索”列表框中可以设定按“行”或“列”进行查找，在“查找

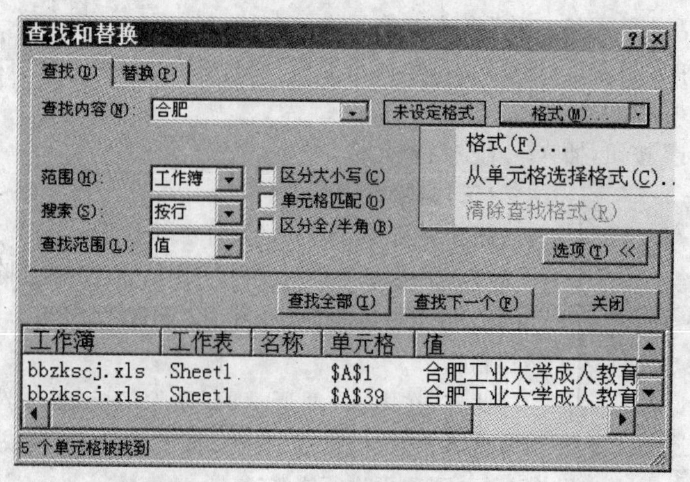

图 4－11　“查找和替换”对话框二

范围"列表框中指定是否需要搜索单元格的值或其基础公式的值。设置完后，单击"查找全部"按钮，就会在对话框的底部列出查找的结果。

(二)替换数据

替换功能与查找功能的使用方法类似，但它可以在查找某个数据的基础上用新的数据进行替换。对于需查找的内容和用以替换的内容也都可以按设置数据的格式，具体操作可参考"查找数据"。

第三节　使用公式与函数

电子表格中涉及的数据不只是一些简单的数字和文本，在大型数据报表中，计算、统计工作是不可避免的。Excel 的强大功能正是体现在计算上，通过在单元格中输入公式和函数，可以对表中数据进行总计、平均、汇总以及其他更为复杂的运算，从而避免用户手工计算的繁杂和降低出错的概率。数据修改后，公式计算结果的自动更新功能则更是手工计算无法比拟的。

一、使用公式

公式是利用单元格的引用地址对存放在其中的数值数据进行计算的等式。Excel 中最常用的是数学运算公式，此外，它也可以进行一些比较运算、文字连接运算。它的特征是以"＝"开头，由常量、单元格引用、函数和运算符组成。

(一)公式运算符

公式中可使用的运算符包括数学运算符、比较运算符、文字运算符和引用运算符。

1. 数学运算符

数学运算符包括加(＋)、减(－)、乘(＊)、除(/)、百分号(%)和乘方(∧)等。

2. 比较运算符

比较运算符包括等于(＝)、大于(＞)、小于(＜)、大于等于(＞＝)、小于等于(＜＝)、不等于(＜＞)。比较运算符公式返回的计算结果为 True 或 False。

3. 文字运算符

文字运算符 &(连接符)可将两个文本连接起来，其操作数可以是带引号的文字，也可以是单元格地址。例如：A2 单元格内容为"李新"，B2 单元格的内容为 98，要使 C2 单元格中得到"李新的成绩为 98"，则公式为：＝A2&"的成绩为"&B2。

4. 引用运算符

引用运算符包括冒号(:)、逗号(,)和空格("　")3 种。用于指明包含的区域。

(1)":"区域运算符。对两个引用之间，包括两个引用在内的所有单元格进行引用。例如，SUM(E2:E5)表示求 E2 至 E5 矩形区域各单元格数值之和。

(2)","联合运算符。将多个引用合并为一个引用。例如，SUM(E2:E7,F3:G8)表示求 E2:E7 和 F3:G8 两个矩形区域中各单元格数值之和。

(3)"　"交叉运算符。产生对同时隶属于两个引用单元格区域的引用。例如，SUM(E2:F7 F4:G8)表示求 E2:F7 和 F4:G8 两个矩形区域中共有单元格数值之和。

当多个运算符同时出现在公式中时，Excel 运算的优先级与算术四则运算规则相同，依次为( )、乘方、乘除、加减，优先级相同时，在左边的先参与运算。

(二)公式的输入

如何在一个单元格中输入公式呢？公式与普通常数之间的区别就在于公式首先是由“＝”来引导的，而普通文本和数字则不需要由“＝”来引导。

输入方法为：先选取要输入公式的单元格，再输入诸如“＝A2＋A3”的公式。最后，按回车键，也可用鼠标单击编辑栏中的“√”按钮。

为了能使汇总计算的结果始终准确反映单元格的当前数据，在Excel工作表的公式中，一般都采用单元格的引用地址，而不用单元格中的数字本身，这样，只要改变了数据单元格中的内容，公式单元格中的结果立刻自动刷新。如果在公式中直接写数字，那么一旦单元格中的数据有变化，汇总的信息就不会自动更新。

二、使用函数

四则运算完成的计算比较简单，Excel还为我们提供了一些内置的公式，即函数。函数处理数据的方式与直接创建的公式处理数据的方式是相同的。例如，使用公式“＝(B2＋B3＋B4＋B5＋B6＋B7＋B8＋B9＋B10)/9”与使用函数的公式“＝Average(B2:B10)”的作用是相同的。使用函数不仅可以减少输入的工作量，而且可以降低输入时出错的概率。

函数的语法形式为“函数名称(参数1、参数2…)”，其中的参数可以是常量、单元格、区域、区域名或其他函数。区域是连续的单元格，用“区域左上角单元格:区域右下角单元格”表示，如A3:B6。

函数名代表了该函数具有的功能，不同类型的函数要求给定不同类型的参数，它们可以是数字、文本、逻辑值(真或假)、数组或单元格地址等，给定的参数必须能产生有效数值。例如：Sum(A1:A8)，要求区域A1:A8存放的是数值数据。

Round(8.676,2)要求指定两位数值型参数，并且第二位参数被当做整数处理。该函数根据指定小数位数，将前一位数字进行四舍五入，其结果值为8.68。

Len(“这句话由几个字组成”)要求判断的参数必须是一个文本数据，其结果为9。

函数的输入有插入函数法和直接输入法两种方法。

(一)插入函数法

Excel有几百个函数，记住函数的所有参数难度很大，为此，Excel提供了粘贴函数的方法，引导用户正确输入函数。现我们以公式“＝SUM(B4:D10)”为例来说明粘贴函数输入法。

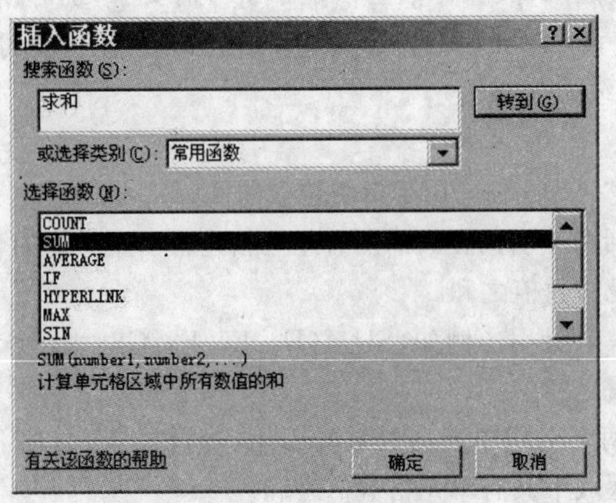

图4-12 “插入函数”对话框

(1)选择要输入函数的单元格(如E12)。

(2)用鼠标单击“常用”工具栏的fx(粘贴函数)按钮，或选择“插入”菜单中的“函数”命令，出现如图4-12所示的“插入函数”对话框。

(3)在“函数分类”列表框中选择函数(如“常用函数”)，在“函数名”列表框中选择函数名称(如“SUM”)，单击“确定”按钮，出现如图4-13所示的“函数参数”对话框。

(4)在参数框中输入常量、单元格或区域。

如果对单元格或区域无把握时，可单击参数框右侧的“折叠对话框”按钮，以暂时折叠起对话框，显露出工作表，用户可选择单元格区域(如 B4 到 D10 的 21 个单元格)，最后单击折叠后的输入框右侧按钮，恢复参数输入对话框。

(5)输入函数所需的所有参数后，单击“确定”按钮。

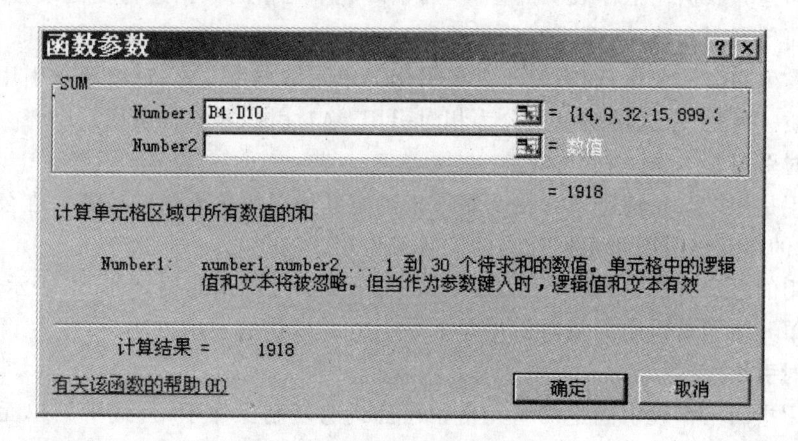

图 4-13　“函数参数”对话框

(二)直接输入法

如果用户对函数名称和参数意义都非常清楚，也可以直接在单元格或编辑栏中输入该函数，如“＝SUM(B4:D10)”，按回车键得出函数的结果。

输入函数后，如果需要修改，可以在编辑栏中直接修改，也可用粘贴函数按钮或编辑栏的“＝”按钮进入参数输入框进行修改。如果要换成其他函数，应先选中要换掉的函数，再去选择其他函数，否则会将原函数嵌套在新函数中。

当输入的公式或函数发生错误时，Excel 2003 不能有效地运算，这时在相应单元格中会出现表示错误的信息。常见的错误信息见表 4-3。

表 4-3　公式和函数使用中常见的错误信息

错误信息	含　义
# NIV/0!	除数为零。在公式或函数中出现除数为零的运算，可能是由于使用了包含零值的单元格或空白单元格
# N/A	无可用数值。在公式或函数中没有可用的数值
# NAME?	未知的区域名称。在公式或函数中出现没有定义的名称；删除了在公式或函数中使用的名称；在公式及函数输入时发生错误，使 Excel 误以为使用了新的名称等情况均会出现本提示
# NULL!	没有可用的单元格。在公式或函数中使用了不正确的区域运算或不正确的单元格引用。当公式拟对两个区域的相交部分进行运算，而指定的两个区域并不相交时出现本提示
# NUM!	不能接受的参数或不能表示的数值。在需要数值参数的函数中用了不能接受的参数或公式产生的数字过大或过小，以致 Excel 无法表示
# REF!	引用的单元格被删除。当删除了由其他公式引用的单元格或者将移动单元格粘贴到由其他公式引用的单元格中出现本提示。另外，如果引用了某个程序，而该程序尚未执行，也会出现本提示
# VALUE!	输入值错误
#####	单元格宽度过小

三、单元格的引用

如果某个单元格中的数据是通过公式计算得到的，而在公式的使用中，往往需要引用其他单元格来指明运算数据在工作表中的位置，那么对此单元格的数据进行复制或移动时，就不是一般数据的简单复制和移动，而是对公式的复制和移动。在公式被复制和移动时，有时需要引用的单元格发生相应的变化，而有时不需要引用的单元格发生变化，这就要求引用的单元格具有不同的性质。因此，单元格的引用分为相对引用、绝对引用和混合引用。

（一）相对引用

相对引用是指以某一特定单元格为基准来确定其他引用单元格的位置。在公式的复制操作中，公式中的单元格引用将根据移动的位置发生相应的变化。

相对引用的表示方法为列标行号，表示该列、行交叉点的单元格。如 B2 表示第 B 列、第 2 行位置处的单元格相对引用。相对引用是 Excel 2003 默认的表示方法。

（二）绝对引用

绝对引用指向工作表中固定的单元格。在公式的复制操作中，公式中的单元格引用不发生变化。绝对引用的表示方法为＄列标＄行号。如＄B＄2 表示第 B 列、第 2 行位置处的单元格绝对引用。

（三）混合引用

将相对引用、绝对引用同时使用称为混合引用。公式中的单元格引用或者列是相对引用、行是绝对引用，或者列是绝对引用、行是相对引用（如＄B2 或 B＄2）。

在图 4－14 中，我们在 4 个单元格中给出不同引用的公式。在 A4 中，公式为“＝A1＋B1”，采用相对引用。在 C4 中，公式为“＝＄A＄1＋＄B＄1”，采用绝对引用。在 A8 中，公式为“＝＄A1＋＄B1”，在 C8 中，公式为“＝A＄1＋B＄1”，均为混合引用。然后在其右侧和下方用同样的方法分别复制 4 个单元格中的公式。复制结果为：B4 中公式为“＝B1＋C1”，A5 中公式为“＝A2＋B2”，D4、C5 中公式同 C4，B8 中公式为“＝＄A1＋＄B1”，A9 中公式为“＝＄A2＋＄B2”，D8 中公式为“＝B＄1＋C＄1”，C9 中公式为“＝A＄1＋B＄1”。从工作表单元格显示的公式运算结果中可以看出，不同的引用在公式复制中会产生不同的引用区域。

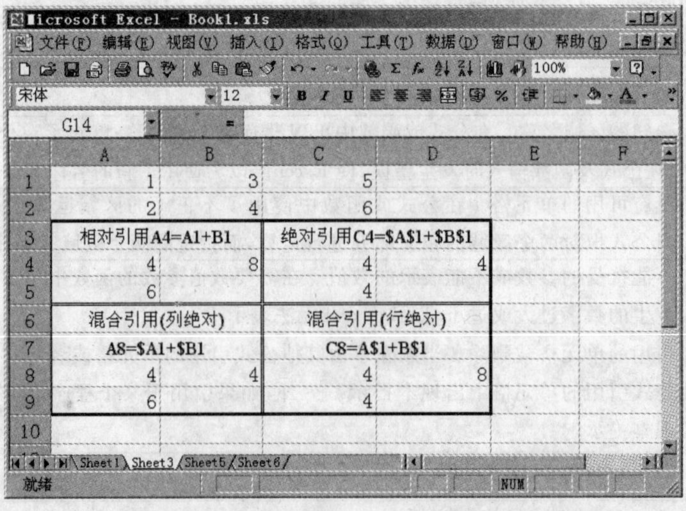

图 4－14　不同引用方式的公式复制结果

四、区域的引用

在公式的使用中，大多是对单元格区域的引用。在 Excel 2003 中使用如表 4－4 所示的方式表示单元格区域的引用。

表 4－4　单元格区域的引用

引用表达式	含　义
A2:A8	A 列第 2 行至第 8 行所属单元格
A2:E2	第 2 行 A 列至 E 列所属单元格
A2:E8	第 2 行至第 8 行与 A 列至 E 列共有的单元格
2:2	第 2 行所有单元格
2:4	第 2 行至第 4 行所有单元格
A:A	A 列所有单元格
A:E	A 列至 E 列所有单元格

在上述表格中，引用表达式采用相对引用方式。在实际使用中，引用表达式也可以是绝对引用或混合引用。

如果引用同一工作簿的其他工作表中的单元格区域，需要在引用单元格区域前加工作表名和“!”字符，如引用 Sheet2 中的 A2:E2 单元格区域，则表示为 Sheet2!A2:E2。

如果引用的是不同工作簿中某一工作表的单元格区域，则需在引用名称前再加上用方括号括上的工作簿的名称。如引用 Book2.xls 工作簿 Sheet3 工作表中的 B2:C3 单元格区域，则应表示为[Book2.xls]Sheet 3!B2:C3。

如果引用同一工作簿的多张连续工作表中相同位置的单元格区域，需要在引用单元格区域前加工作表名区域和“!”字符。如引用 Sheet2、Sheet3、Sheet4 中的 A2:D3 单元格区域，则表示为 Sheet2:Sheet4!A2:D3。

第四节　美化工作表

一个好的工作表首先要保证的是它的正确性，在正确的基础上，外观的修饰也是必不可少的。本节将介绍如何设置单元格格式、改变工作表的行高和列宽，为工作表设置对齐方式，为工作表加上必要的边框和底纹以及使用自动套用格式等修饰功能。

一、格式化数据

当向单元格输入一个数字时，这个数字可能不会以输入时的数值形式出现在工作表中。比如，输入 9/10，结果显示为 9 月 10 日。这是因为 Excel 把所有的数字和日期都以数字形式保存，而在屏幕上显示的数字或日期都被包上一层“数字格式包装”，这层“包装”包裹的仍是输入的原数字或日期。

Excel 2003 提供了大量的数字格式，并将它们分成常规、数值、货币、特殊、自定义等。如果不做设置，输入时使用的是“常规”单元格格式。

(一)设置数字格式

如果需要设置数字格式，首先选择要进行设置的单元格或区域，选择“格式”菜单中的“单元格”命令，在弹出的“单元格格式”对话框中选择“数字”选项卡，如图 4－15 所示。从中选择需要的数字格式，即可把相应格式反映到工作表的相应区域。常见的各种数字格式如图 4－16 所示。

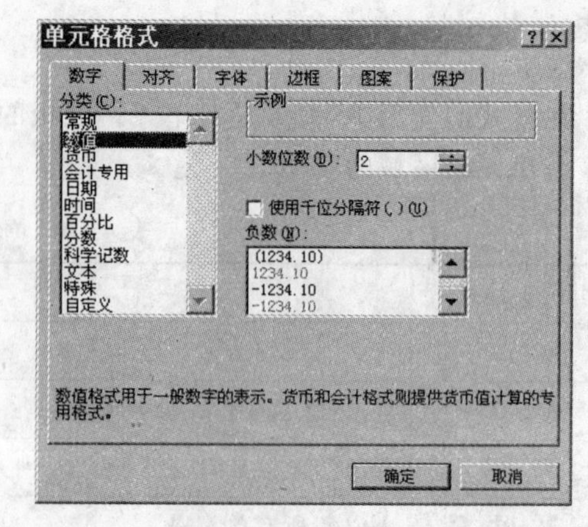

图 4－15 “单元格格式”对话框中的“数字”选项卡

(二)自定义数字格式

在 Excel 2003 中还可以以现有的格式为基础，根据需要自己生成自定义数字格式。当 Excel 自带的数字格式无法描述实际的数据

百分比
科学记数
数值 123.45 12345.00% 3/5 分数
货币 ￥123.45 1.23E+02 123.45 文本
日期 2002年3月5日 10:48 5-3-00 自定义日期
时间

图 4－16 常见的各种数字格式

时，通过自定义数字格式来设计如何显示数字、文本、日期等代码。

创建自定义数字格式时，最多可指定 4 种格式，其书写形式是：正数格式；负数格式；零值格式；文本格式。

不同的部分之间用分号(;)分隔。例如，要创建一个不定义负数格式的自定义格式，其余 3 部分的书写顺序为：正数格式；零值格式；文本格式。

创建自定义数字格式的过程也不复杂，关键在于如何使用数字格式符号定义所需格式，有关数字格式符号及其功能见表 4－5，一旦创建了自定义的数字格式，该格式将一直被保存在工作簿中，并且能像其他 Excel 自带格式一样被使用，直到该格式被删除。

表 4－5 数字格式符号及其功能

数字格式符号	功 能
G(通用格式)	对未格式化的单元格使用默认的格式。在列宽允许的情况下，尽可能地显示数字的精度；对于大的数值或很小的数值使用科学记数法格式
#	数字位置标志符。只显示有意义的数字而不显示无意义的零，当数字的小数点两边的数字个数比格式中指定的“#”数少时，并不显示增加的零。例如，定义格式代码为###.##，则 1234.529 显示为 1234.53，而 234.5 显示为 234.5
0	数字位置标志符。用以指定小数点两边的位数。例如，定义格式代码为 0.00，则 0.567显示为 0.57，0.3 显示为 0.30
?	数字位置标志符。规则与 0 相同，格式化的数据以小数点对齐

续表

数字格式符号	功　能
_	下划线。用来使跟在下划线后面的字符跳过一个字符的宽度。例如,在一个正数格式的末尾输入"_)",将留出等于右括号的宽度。这个特性可使正数和括号的负数对齐
.	小数点。用以标出小数点的位置
,	逗号用作千位分隔符。只需要在第一个千位的位置做出标示
%	将单元格的值乘以 100,并以百分数形式显示
E-,e-,E+,e+	科学记数格式符。如果指数代码的右侧含有 0(零)或 #(数字符号),Excel 将按科学记数法显示数字,并插入 E 或 e。右侧 0 或 # 的代码个数决定了指数的位数,E-或e-将在指数中添加负号,E+或 e+在指数中添加正号
:,$,¥,£¢,-,+,(,),空格	可以输入到格式中并按其通常的意义使用
/	在分数里作为分隔符使用
"文本"	显示双引号中指定的文本
* 字符	用跟随在星号后面的字符填充剩余的列宽
@	作为一个格式代码,用来指示出用户输入的文字将出现在这个格式里
[颜色]	用指定的颜色格式化单元格内容。颜色代码必须是格式定义代码部分的第一项
[条件值]	当使用一个格式时,在数字格式里使用条件语句。条件由比较运算符和数值两部分组成。例如,[Red][<=100],[Blue][>100]格式以红色字体显示了小于等于 100 的数字,而以蓝色字体显示了大于 100 的数字

二、调整行高和列宽

在工作表中,可根据需要重新设置每行的高度和每列的宽度,这是改善工作表外观经常用到的方法。如输入太长的文字,内容将被延伸到相邻的单元格中,如果相邻单元格中已有内容,那么该文字内容就被截断。对于数值数据,则以一串"#"提示用户该单元格此时无法显示这个数值数据。读者可以通过调整该列列宽来修正这类显示错误。

用户可以用不同的方法对工作表的行高和列宽进行调整,下面以调整列宽为例介绍这些方法。调整行高与之类似。

(一)利用鼠标调整列宽

将鼠标移到列号区所选列的右边框,鼠标指针的形状发生变化(一条黑竖线和两个水平方向的反向箭头),如图 4-17 所示。按住鼠标左键,鼠标指针的黑竖线下方会产生一条标志着该列边界的虚线,向右拖曳鼠标至适当位置,黑虚线也随之向右移动,且在改变列宽的同时,鼠标的旁边会显示该字母所在列的列宽。如果将鼠标移到列号区所选列的右边框后不拖曳鼠标,而是双击鼠标左键,则 Excel 将自动调整所选列的列宽至此列中最宽项的宽度。

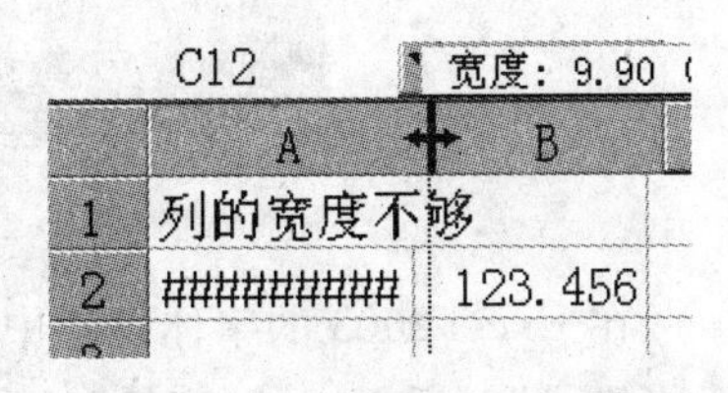

图 4-17　利用鼠标调整列宽

(二)利用"列宽"对话框设定列宽值

选择"格式"菜单中"列"子菜单里的"列宽"命令,在弹出的对话框中设置新的列宽值,如图4-18所示。

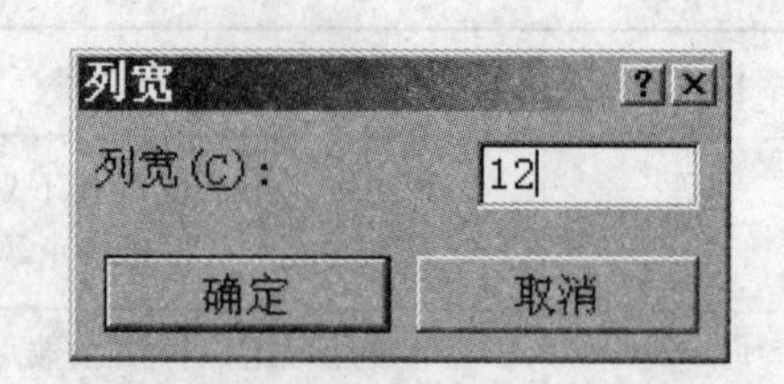

图4-18 利用"列宽"对话框设定列宽值

三、设置对齐方式

输入单元格中的数据通常具有不同的数据类型,在Excel中,不同类型的数据在单元格中以某种默认的方式对齐,如文字左对齐、数字右对齐、逻辑值和错误值居中对齐等。如果对默认的对齐方式不甚满意,可以利用"单元格格式"对话框中的"对齐"选项卡重新设置。

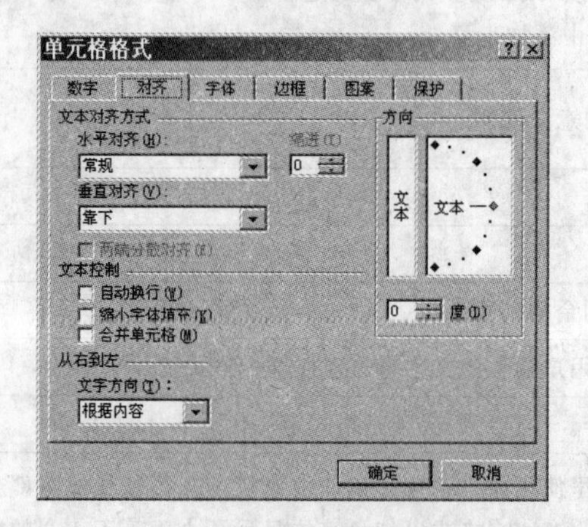

图4-19 "单元格格式"对话框中的"对齐"选项卡

首先选中要改变对齐方式的单元格,如果只是简单地把选中的单元格设置成"两端对齐""居中对齐""右对齐"或"分散对齐",可以直接通过"格式"工具栏的相应工具按钮来完成。如果还有更高的要求,则选择"格式"菜单中"单元格"命令,打开"单元格格式"对话框,利用其中的"对齐"选项卡中相应项进行设置,如图4-19所示。

在此选项卡中,可对选定单元格在水平方向和垂直方向的对齐方式进行设置。图4-20列举了多种不同的对齐方式,以便读者从中了解各种对齐方式的实际效果。

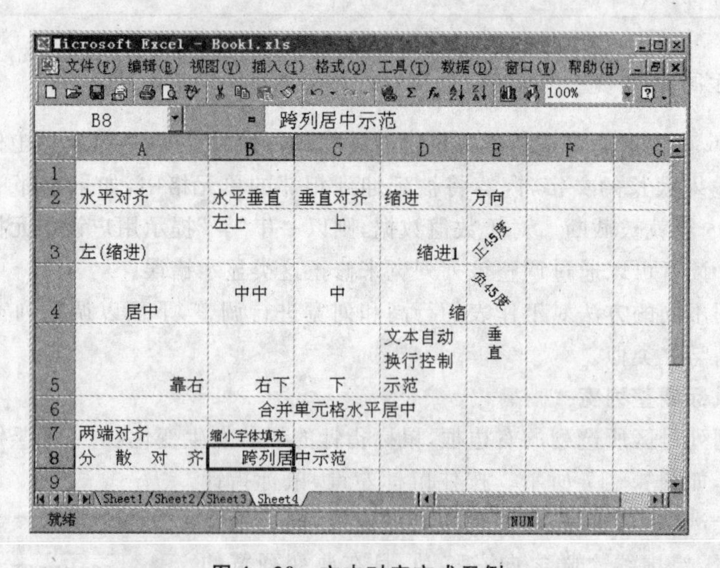

图4-20 文本对齐方式示例

在Excel 2003的字体设置中,字体类型、字体形状及字体尺寸是最主要的3个方面。"单元格格式"对话框中的"字体"选项卡上的设置与Word中的相似,此处不做详细介绍。

四、添加边框和底纹

在默认情况下，Excel 的表格线都是统一的淡虚线，这样的边线不适合于突出重点数据，为工作表添加各种类型的边框和底纹，可以美化工作表，使相关的重点数据更加清晰明了。

如果要给某一单元格或某一区域增加边框，首先需要选择相应的区域，然后选择“格式”菜单中“单元格”命令，在弹出的“单元格格式”对话框中选择“边框”选项卡，如图 4－21 所示。通过线条“样式”列表框为欲加的边框选择一种线形，通过“颜色”下拉列表框为边框选择一种颜色，再利用左边的“预置”或“边框”下的各种按钮来为选定区域设置不同位置的边框。另外，边框线也可以通过“格式”工具栏的“边框”按钮右侧下拉列表按钮来设置，这个列表中含有 12 种不同的边框线设置及一个“绘图边框(D)...”选项，单击该选项，即可调出“边框”工具栏，通过“边框”工具栏也可对边框线进行设置。

除了为工作表加上边框外，还可以为它加上背景颜色或图案。在选定好区域的基础上，在“单元格格式”对话框中选择“图案”选项卡，如图 4－22 所示。在该选项卡中，可以通过选择来设置单元格的底色、单元格底纹的类型和底纹的颜色。在设置的同时，还可以通过“示例”框预览设置效果。

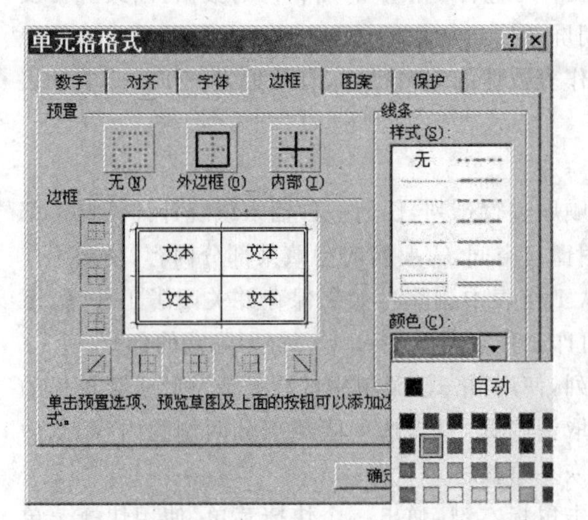

图 4－21　“单元格格式”对话框中的“边框”选项卡

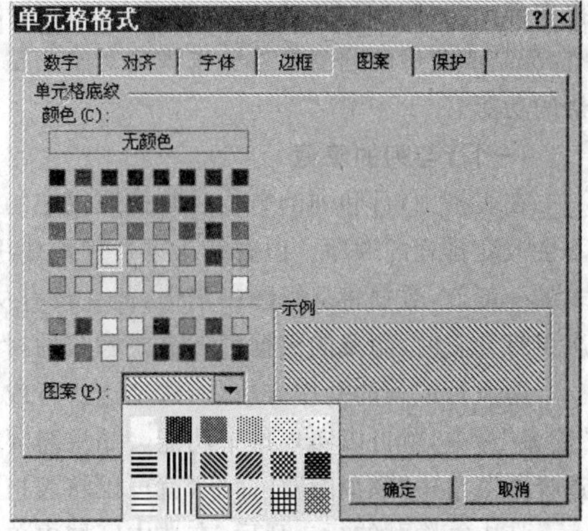

图 4－22　“单元格格式”对话框中的“图案”选项卡

如果仅为选定的区域添加简单的背景颜色，可以用“格式”工具栏中的“填充色”按钮来改变单元格的背景颜色。

五、使用自动套用格式

利用“格式”菜单或“格式”工具栏按钮对工作表中的单元格逐一格式化实在烦琐，如果对所建工作表没有特殊的格式要求，可以套用 Excel 中现成的表格格式。Excel 提供了自动套用格式的功能，预定义十多种制表格式供用户使用。这样做既可以美化工作表，又可以节省时间，提高效率。

使用自动套用格式的方法是：选定要格式化的工作表区域，选择“格式”菜单中的“自动套用格式”命令，显示其对话框，如图 4－23 所示。选择合适的格式后，单击“确定”按钮，所选格式会马上应用到所选区域中。

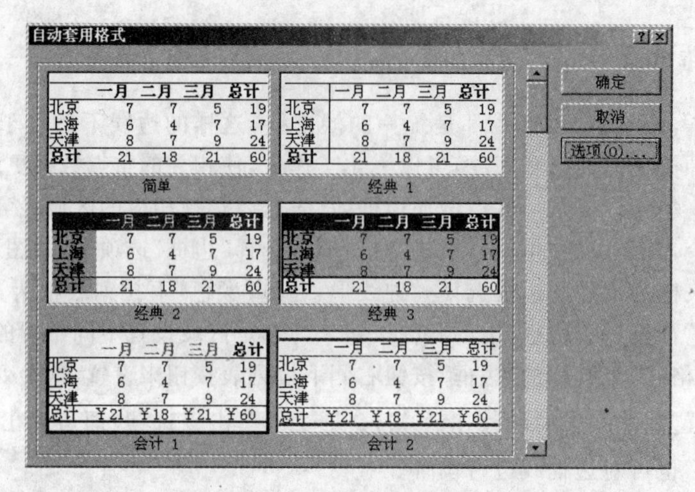

图 4-23 “自动套用格式”对话框

六、数据的显示与保护

在使用 Excel 对数据的编辑过程中，工作表有时包含了很多的列和行的数据，以致屏幕及报表都不能将它们全部显示。为了合理地使用屏幕窗口的空间，可以通过对数据行或列的隐藏、冻结或窗口的分割等方法来满足对整个工作表数据的编辑操作，有效地发挥 Excel 电子表格的功能。

（一）行与列的隐藏

在表格中，行和列的名称总是按照规定的顺序进行排列，任何一种输入或统计计算操作都不会改变排列的顺序。但有时为了合理地使用窗口空间，需要暂时隐藏某部分内容，隐藏工作表的一部分，数据将从视图中消失，但并没有从工作表中删除。如果保存并关闭了工作簿，下次再打开它时，隐藏的数据仍然会是隐藏的，打印工作表时，Excel 不会打印隐藏的部分。

隐藏行或列的操作方法是：选定这些行或列，使用“格式”菜单中的“行”或“列”子菜单里的“隐藏”命令，就可以实现这个功能。如果需要取消隐藏，只需选中隐藏部分两侧的内容，然后选择子菜单中“取消隐藏”命令，就可以将表格恢复原状。

选中需隐藏的行或列后，在选中区域内单击鼠标右键，弹出一个快捷菜单，使用快捷菜单中的“隐藏”和“取消隐藏”命令同样可以完成操作。

注意：最好不要选择整个工作表所有行或列的隐藏，也不要进行某行与某列同时隐藏的操作，这样会造成不可取消隐藏的后果。

如果要对工作表进行隐藏，可以使用“格式”菜单中“工作表”子菜单里的“隐藏”命令，用子菜单中的“取消隐藏”命令可以恢复。如果在 Excel 中打开了多个工作簿窗口，也可以使用“窗口”菜单中的“隐藏”命令将工作簿窗口隐藏。“取消隐藏”命令用于恢复被隐藏的工作簿。

（二）窗口的拆分和表头的冻结

在对工作表进行操作时，经常希望作为表头的行或列在窗口改变时具有相对固定的位置，可以采用“拆分”和“冻结”来完成。

1. 工作表窗口的拆分

工作表窗口的拆分是指将工作表窗口分为几个窗口，每个窗口都可显示工作表，在不同的窗口均可用滚动条显示工作表的不同部分。拆分分为水平拆分、垂直拆分和水平、垂直同时拆分 3 种。

现以水平拆分为例来说明操作步骤：

(1)单击水平拆分线的下一行的行号或下一行最左列的单元格。

(2)选择“窗口”菜单的“拆分”命令，在所选行号的上方出现水平拆分线，利用垂直滚动条可使上、下两个窗口分别显示工作表中相距甚远的数据。

垂直拆分须先单击垂直拆分线右一列的列号或右一列最上方的单元格，水平、垂直同时拆分则须单击某一单元格，拆分时在该单元格的上方出现水平拆分线，在其左侧出现垂直拆分线。拆分线为一水平或垂直粗杠，如图 4－24 所示。

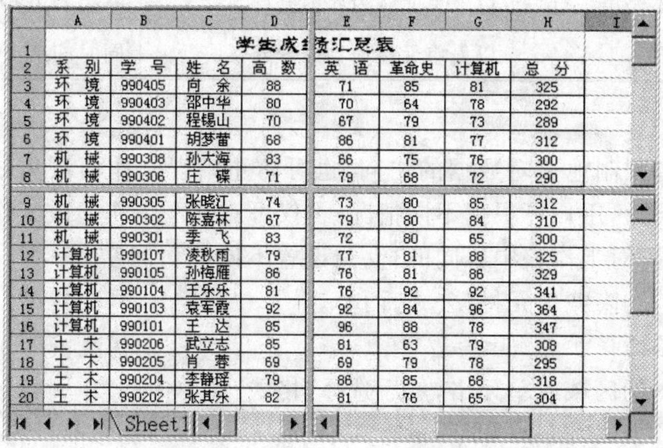

	A	B	C	D	E	F	G	H
1			学生成绩汇总表					
2	系 别	学 号	姓 名	高 数	英 语	革命史	计算机	总 分
3	环 境	990405	向 余	88	71	85	81	325
4	环 境	990403	邵中华	80	70	64	78	292
5	环 境	990402	程锡山	70	67	79	73	289
6	环 境	990401	胡梦蕾	68	86	81	77	312
7	机 械	990308	孙大海	83	66	75	76	300
8	机 械	990306	庄 碟	71	79	68	72	290
9	机 械	990305	张晓江	74	73	80	85	312
10	机 械	990302	陈嘉林	67	79	80	84	310
11	机 械	990301	季 飞	83	72	80	65	300
12	计算机	990107	凌秋雨	79	77	81	88	325
13	计算机	990105	孙梅雁	86	76	81	86	329
14	计算机	990104	王乐乐	81	76	92	92	341
15	计算机	990103	袁军霞	92	92	84	96	364
16	计算机	990101	王 达	85	96	88	78	347
17	土 木	990206	武立志	85	81	63	79	308
18	土 木	990205	肖 蓉	69	69	79	78	295
19	土 木	990204	李静瑶	79	86	85	68	318
20	土 木	990202	张其乐	82	81	76	65	304

Sheet1

图 4－24　水平垂直窗口拆分示意图

此外，鼠标拖曳水平拆分框或垂直拆分框也可实现水平拆分或垂直拆分。

撤销拆分可以选择“窗口”菜单的“撤销拆分窗口”命令，或者直接双击窗口拆分线。

2. 工作表窗口的冻结

工作表窗口的冻结是指将工作表窗口的上部或左部固定住，不随滚动条而移动。窗口冻结分为水平冻结、垂直冻结和水平、垂直同时冻结。其操作与窗口拆分相似，选择的菜单命令是“窗口”菜单中的“冻结窗口”。冻结线为一黑色细线，如图 4－25 所示。

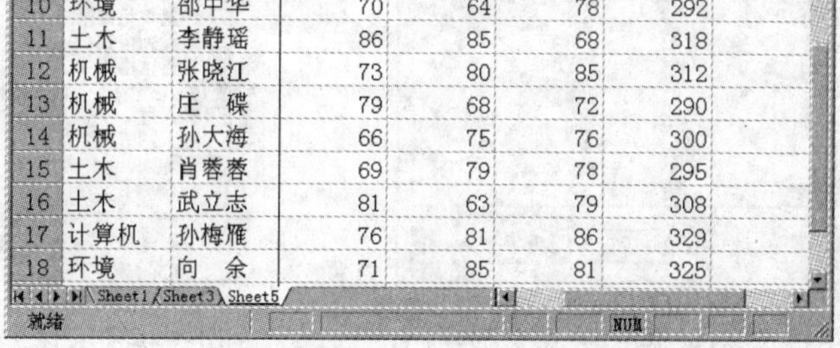

Microsoft Excel - Book1.xls

文件(F) 编辑(E) 视图(V) 插入(I) 格式(O) 工具(T) 数据(D) 窗口(W) 帮助(H)

C2　=　85

	A	B	D	E	F	G	H
1	系别	姓名	英语	革命史	计算机	总分	
9	环境	程锡山	67	79	73	289	
10	环境	邵中华	70	64	78	292	
11	土木	李静瑶	86	85	68	318	
12	机械	张晓江	73	80	85	312	
13	机械	庄 碟	79	68	72	290	
14	机械	孙大海	66	75	76	300	
15	土木	肖蓉蓉	69	79	78	295	
16	土木	武立志	81	63	79	308	
17	计算机	孙梅雁	76	81	86	329	
18	环境	向 余	71	85	81	325	

Sheet1 / Sheet3 / Sheet5

就绪　NUM

图 4－25　水平、垂直窗口冻结示意图

注意：水平和垂直滚动条移动后，部分行和列消失了，但第 1 行和 A、B 两列却固定在上部和左部。撤销窗口冻结时，选择“窗口”菜单中的“撤销冻结窗口”命令。

拆分和冻结的分界点可以是任意一个单元格，具体规则见表 4-6。

表 4-6 拆分和冻结规则

选中的单元格	拆分结果	冻结结果
位于窗口的左上角	以窗口中心点为界拆分成 4 块	以窗口中心点为界冻结以上各行及左边各列
不在窗口范围之内		
位于可见的第一行但不是第一列	以该单元格为界拆分列	冻结左边各列
位于可见的第一列但不是第一行	以该单元格为界拆分行	冻结上边各行
位于窗口中的其他位置	以该单元格为界拆分成 4 块	同时冻结上边各行及左边各列

(三)数据的保护

数据的保护是指限制他人对数据的访问，也可防止因误操作而丢失数据。Excel 2003 在保护数据方面十分灵活，用户可根据不同情况，不仅可对整个工作簿或工作表的数据设置不同的保护方式，而且还可对工作表中不同的行、列设置不同的访问密码。Excel 提供的保护措施有锁定单元格(输入)和隐藏单元格(公式)两类。

1. 区域或单元格的保护

首先选择要保护的区域或单元格，然后选择"格式"菜单中的"单元格"命令，在弹出的对话框中选择"保护"选项卡，如图 4-26 所示。其中"锁定"表示不能修改其内容(只读)，"隐藏"表示隐藏公式，使其不显示在编辑栏中，用户只能在单元格中看到公式的计算结果，两者可分别设置。

注意：只有工作表处在已保护的情况下，锁定单元格或隐藏公式功能才能生效。

2. 工作表的保护

区域和单元格的保护是否起作用，工作表所有单元的格式能否改变等各种保护功能，都依赖于是否执行"工具"菜单中"保护"子菜单里的"保护工作表"命令。选择该命令将弹出如图 4-27所示的对话框。

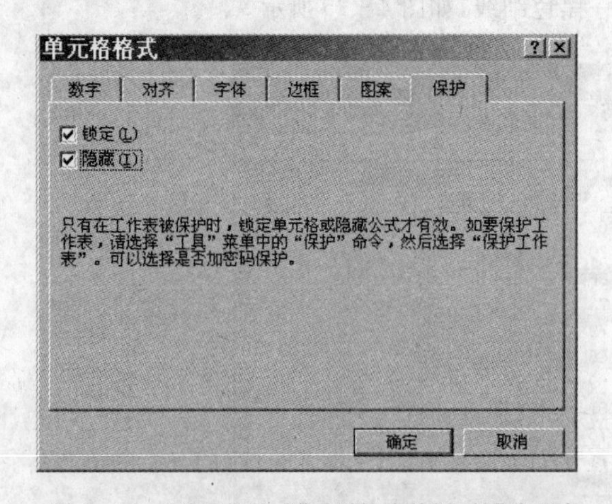

图 4-26 "单元格格式"对话框中的"保护"选项卡

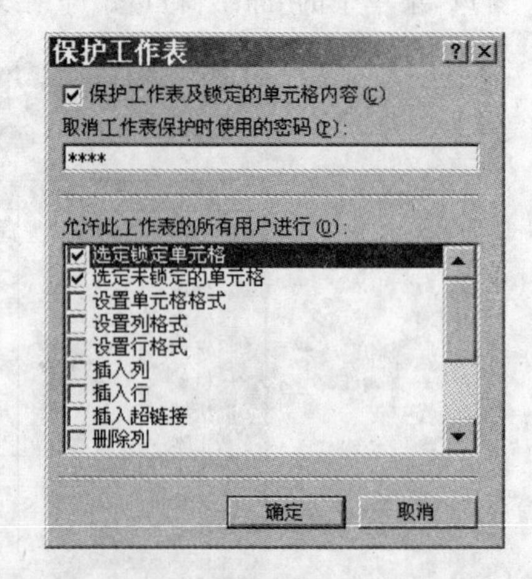

图 4-27 "保护工作表"对话框

选中"保护工作表及锁定的单元格内容"复选框，并在"取消工作表保护时使用的密码"编辑框中输入密码(注意：此处必须输入密码，否则保护工作表及锁定单元格内容的功能将不发生作用)，然后在"允许此工作表的所有用户进行"列表框中选择可以进行的操作，或者清除禁止操作的复选框。最后,单击“确定”按钮,保存以上设置,这样就完成了“保护工作表”的操作。此后,“格式”菜单中的大多数操作命令都呈灰色,不能执行,从而禁止修改工作表中所有单元的格式。此外,被保护的单元格内容将不能被修改,公式不能被显示,工作表中已插入的对象也不能被修改、增加、删除和移动。

3. 工作簿的保护

通过对整个工作簿的改动进行限制,可以防止他人添加、删除工作簿中的工作表或者查看其中的隐藏工作表,还可以防止他人改变工作簿窗口的大小和位置。

选择“工具”菜单中“保护”子菜单里的“保护工作簿”命令,在弹出的“保护工作簿”对话框中可以设置保护工作簿的结构和窗口。选择“结构”复选框,将保护工作簿的结构,可以禁止对工作表插入、删除、移动、隐藏/取消隐藏和重命名的操作。选择“窗口”复选框,将保护工作簿的窗口不被移动、缩放、隐藏/取消隐藏或关闭。

保护工作簿的操作也必须设置密码,方法同上文,这里不再赘述。操作完成后,菜单中的某些菜单项将呈灰色,被禁止使用。

4. 允许特定用户访问受保护的区域

如果是在 Windows 2000 这样的 NTFS 磁盘管理模式的操作系统下运行 Excel 2003,可以授予特定用户访问受保护区域的权限。具体设置方法如下:

(1)选择“工具”菜单中“保护”子菜单里的“允许用户编辑区域”命令,弹出“允许用户编辑区域”对话框,如图 4-28 所示。点击“新建”按钮,出现“新范围”对话框,如图 4-29 所示。

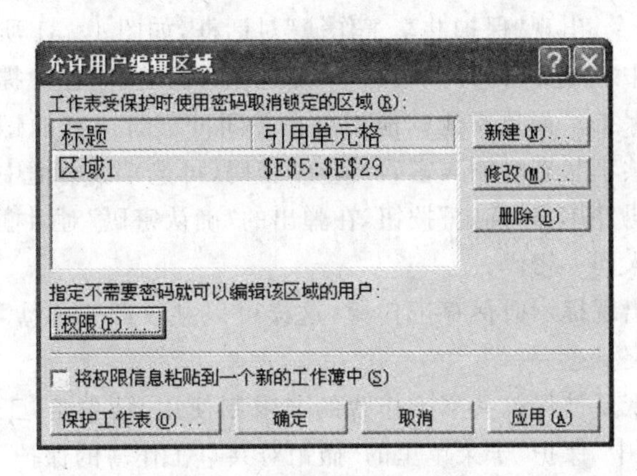

图 4-28　“允许用户编辑区域”对话框

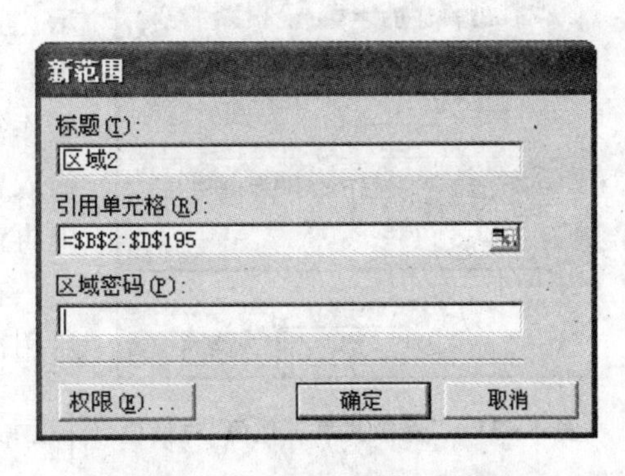

图 4-29　“新范围”对话框

(2)在“标题”框中输入要授权访问的区域标题,在“引用单元格”框中输入区域引用地址或直接在工作表中选定区域,此时可以不必在“区域密码”编辑框中设置密码。然后单击“权限”按钮,弹出“区域 2 的权限”对话框,如图 4-30 所示。

(3)点击“添加”按钮,在打开的“选择用户和组”对话框中输入要被授予权限的用户。点击“确定”按钮,关闭“选择用户和组”对话框。再单击图 4-30 对话框上的“确定”按钮,完成设置。

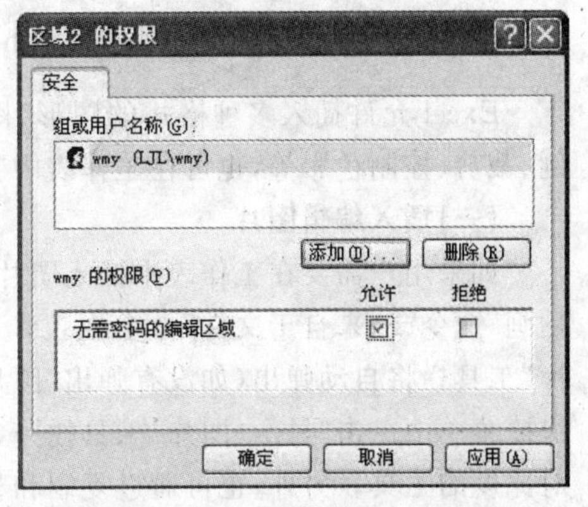

图 4-30　“区域 2 的权限”对话框

通过以上设置操作,特定用户访问特定受保护区域时，系统可以根据用户的身份授予相应的操作权限，而不须用户再输入操作密码。

如果是在 Win 9.X/Me 系统中安装了 Excel 2003，可以通过对不同区域设置不同的区域密码来控制不同用户的访问。即在以上的操作中，图 4－28 和图4－29的对话框中均设有“权限”按钮的操作功能，用户可以通过“区域密码”编辑框设置操作密码，设置完成后，在“保护工作表”有效的情况下，就可以实现对不同的区域必须使用不同的区域密码方能访问的管理。

5.保护共享工作簿

如果用户的计算机已经联网，那么该用户就可以打开保存在网络上的共享文件夹中的工作簿文件。当用户想打开的工作簿正被另一个用户访问时，会出现提示说明该文件正在被使用的对话框。该对话框中有 3 个命令按钮，分别是“只读”“通知”和“取消”。

(1)“只读”按钮。允许用户以只读方式打开该文件，如果对只读工作簿做了修改，将出现对话框询问是放弃所做的更改并打开该工作簿的最新版本，还是将工作簿保存为另一个名称，然后与最新版的原工作簿进行比较。

(2)“通知”按钮。在使用该文件的用户退出使用时，将得到可以对这个文件进行操作的“通知”对话框，点击该对话框中的“读-写”按钮，即可对当前文件进行读写操作。

(3)“取消”按钮。结束对此文件打开的操作。

任何能够访问保存有共享工作簿网络资源的用户，都可以访问共享工作簿，并且具有相同的权限。因此，需要对共享的工作簿进行保护。

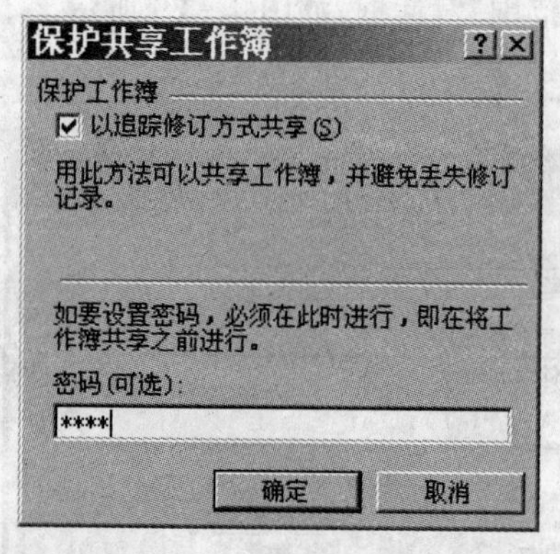

图 4－31 “保护共享工作簿”对话框

选择“工具”菜单中“保护”子菜单里的“保护并共享工作簿”命令，出现“保护共享工作簿”对话框，如图 4－31 所示。选中“以追踪修订方式共享”复选框，可以为工作簿提供共享保护。如果要让其他用户在关闭冲突日志或撤销工作簿共享状态时输入密码，请在“密码(可选)”编辑框中输入密码并单击“确定”按钮，在弹出的“确认密码”对话框中再键入同一密码。

在出现提示时保存工作簿，这样可以共享此工作簿，启用冲突日志。

要恢复被保护共享工作簿的非限制使用，请单击“工具”菜单中“保护”子菜单里的“撤销对共享工作簿的保护”命令，在出现的“取消共享保护”对话框中输入共享工作簿的保护密码，单击“确定”按钮即可。

七、在工作表中添加图片、艺术字

Excel 允许插入多种格式的图形、图片和艺术字，并且可以将其放大、缩小，改变纵横比例、裁剪、控制色彩等，也可在工作表中直接绘图。

(一)插入编辑图片

如果用户需要在工作表中插入图片，可以单击“插入”菜单中的“图片”选项，用其中的“剪贴画”命令或“来自于文件”命令在工作表中插入所需的图片，在选定了待处理的图片后，“图片”工具栏将自动弹出(如没有弹出“图片”工具栏，可在选定的图片上单击鼠标右键，在弹出的快捷菜单中点击“显示‘图片’工具栏”)，并显示可用于裁剪图片、添加边框和调整图片亮度及对比度的工具。另外，也可通过复制和粘贴的操作，将其他应用程序中的图片、图形粘贴在当前的工作表中。

对于插入在工作表中的图片、图形，可以直接编辑。单击需编辑的图片，图片四周出现 8 个白色小圆圈和一个绿色小圆圈，表明图片已被选定。通过“图片”工具栏中的相关工具按钮，就可以完成对图片的编辑。

(二)绘图

Excel 2003 提供了功能强大的“绘图”工具栏，“绘图”工具栏的“自选图形”菜单中提供了许多能够任意改变形状的自选图形，用户可以利用它们绘制各种几何图形、星形、箭头等较复杂的图形。另外，还可以利用“绘图”工具栏中提供的工具按钮对绘制的图形进行旋转、翻转或添加颜色等，并与其他图形组合成更为复杂的图形。具体操作方法与 Word 中的相似，此处不做详细介绍。

(三)插入艺术字

在 Excel 2003 中，用户可以使用艺术字作为工作表的标题，使工作表更加美观。由于艺术字是图形对象，因此也可以使用“绘图”工具栏中的工具来改变其效果。例如，可以给艺术字设置填充颜色、旋转角度、阴影效果或三维效果等。具体操作方法与 Word 中的相似，此处不做详细介绍。

(四)编排文字和图形

在工作表中插入的图片、图形、艺术字等对象，都是以一种浮于工作表单元格上方的叠加方式而存在，这些对象相互之间可以改变上下层次，但不能改变和工作表单元格之间的层次关系。因此，这些对象和工作表单元格之间也不存在像 Word 中“对象环绕方式”的情况。

当需要移动这些对象时，必须先选中对象。单击需要移动的一个对象或者在按住“Shift”键的同时单击每一个需要移动的对象以选定多个对象或组合，将对象拖曳到新的位置。若要限制对象只能横向或纵向移动，则需按住“Shift”键的同时拖曳对象。对选定的对象，用键盘上的箭头键也可移动对象。

若要微移插入的对象，可先选定对象，再单击“绘图”工具栏上的“绘图”按钮，指向“微移”子菜单，再单击微移的方向。

多个对象相互之间上下层次的关系可以通过“绘图”工具栏上的“绘图”按钮菜单中的“叠放次序”进行调整，而通过“绘图”工具栏上的“绘图”按钮菜单中“对齐或分布”的子菜单中的各项操作，可以调整各对象视图平面上的相互位置关系。

由于工作表中插入的对象是浮于工作表单元格的上方，因此，工作表中的行、列及单元格的位置发生变化时，也会影响到所插入对象在工作表中的位置关系。影响方式取决于对象在工作表中的位置属性。设置插入对象在工作表中位置属性的方法如下：

(1)选定要操作的对象。

(2)单击“格式”菜单中“自选图形”(“图片”)命令，打开“设置自选图形格式”(“设置图片格式”)对话框，单击“属性”选项卡，如图 4－32 所示。

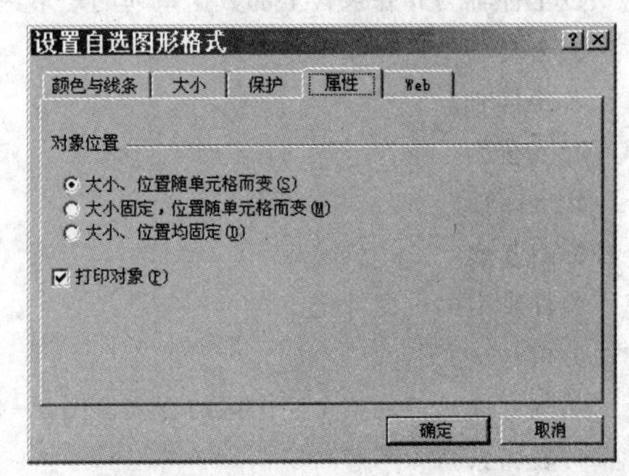

图 4－32　“设置自选图形格式”对话框

(3)在“属性”选项卡中的“对象位置”有 3 种可能的设置。

①选中“大小、位置随单元格而变”，则当前单元格的大小发生改变时，图形对象的大

小也随之改变。适用于在特定单元格中绘制一些起强调作用的矩形或椭圆形。

②选中“大小固定,位置随单元格而变”,则图形对象随着单元格的位置而变化,但不改变其大小。

③选中“大小、位置均固定”,则图形对象将不受单元格的影响。

(4)单击“确定”按钮完成设置。

第五节 数据的图表化

一、图表的组成

数据的图表化就是将单元格中的数据以各种统计图表的形式显示,使得数据更加直观、易懂。当工作表中的数据改变时,对应的图表也随之改变。图表的组成如图 4-33 所示。

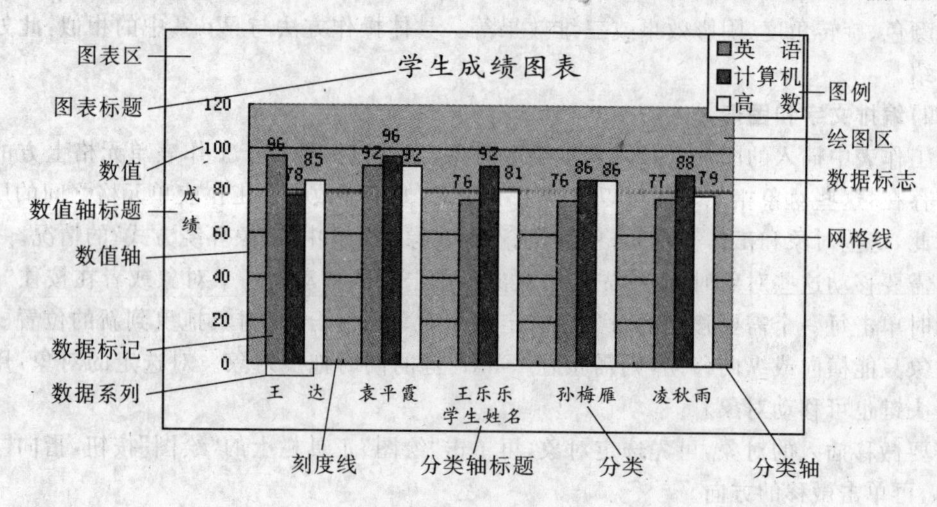

图 4-33 图表的组成

1. 图表区

整个图表。

2. 绘图区

以坐标轴为界并包含全部数据系列的矩形区域。

3. 分类轴

X 坐标轴。

4. 数值轴

Y 坐标轴。

5. 刻度线

坐标轴上的刻度标记。

6. 网格线

从刻度线延伸到整个绘图区的直线。图 4-33 中未显示垂直网格线。

7. 数据系列

图表中代表数据的条形、扇形、柱形、圆点、面积等几何图形。它来自工作表中的单元格数据。

8. 数据标志

为数据标记提供附加信息的标志。数据标志可以显示数值、数据系列、分类的名称、百分比及其他。

9. 分类系列

图表中水平坐标表现的内容，或者说是一组相关的数据标记。它来自工作表的一行或一列。

10. 图例

标示代表数据系列或分类的图案和颜色。

用图表来描述电子表格中的数据是 Excel 的主要功能之一。在 Excel 2003 中有两种类型的图表：一种是创建的图表位于一个单独的工作表中，即与源数据不在同一个工作表内，这种工作表称为图表工作表；另外一种是图表与源数据在同一工作表内，作为该工作表的一个对象，称为嵌入式图表。

无论是哪一种类型的图表，只要工作表中源数据发生变化，图表都会随之发生变化。

二、创建图表

Excel 2003 中的图表类型有几十种，有二维图表和三维立体图表，每一类又有若干种子类型。创建图表有两种途径：一是利用图表向导分 4 个步骤创建图表，二是利用“图表”工具栏或直接按“F11”键快速创建图表。

不管用哪种途径创建，首先应选定创建图表的数据区域。正确地选定数据区域是能否创建图表的关键。选定的数据区域可以连续，也可以不连续。若选定的区域不连续，不同区域所包含的行数应一样；若选定的区域有文字，则文字应在区域的最左列或最上行，作为说明图表中数据的含义。以学生成绩为例，创建如图 4－33 所示的图表，选定的数据区域如图 4－34 所示。

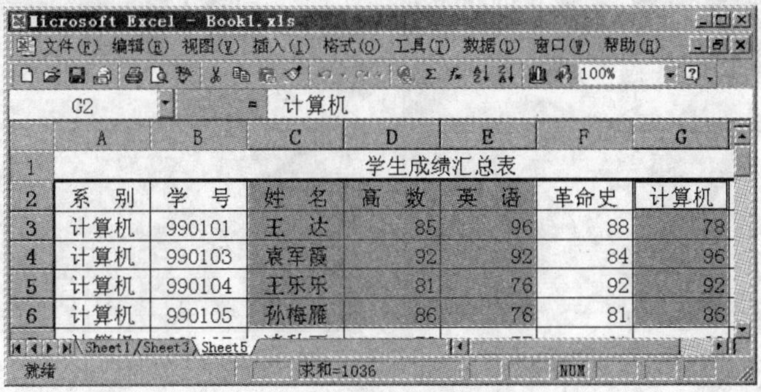
Microsoft Excel - Book1.xls
文件(F) 编辑(E) 视图(V) 插入(I) 格式(O) 工具(T) 数据(D) 窗口(W) 帮助(H)
100%
G2
= 计算机
A B C D E F G
1 学生成绩汇总表
2 系 别 学 号 姓 名 高 数 英 语 革命史 计算机
3 计算机 990101 王 达 85 96 88 78
4 计算机 990103 袁军霞 92 92 84 96
5 计算机 990104 王乐乐 81 76 92 92
6 计算机 990105 孙梅雁 86 76 81 86
Sheet1 Sheet3 Sheet5
就绪
求和=1036
NUM

图 4－34　选定的数据区域

(一) 利用图表向导创建图表

对于初学者，用户可在图表向导的指导下，按以下 4 个步骤建立图表：

1. 选择图表的类型和子类型

在如图 4－34 选定创建图表的数据区域后，单击“常用”工具栏的“图表向导”按钮或者选择“插入”菜单中的“图表”命令，显示“图表向导”的“图表类型”对话框，如图 4－35 所示，用户可以在该对话框中选择图表的类型和子图表类型。

2. 修改选择的数据区域和显示方式

单击“下一步”按钮，显示“图表向导”的“图表源数据”对话框，如图 4－36 所示。其中，“数据区域”选项卡用于修改创建图表的数据区域，在“数据区域”框中可输入正确的区域；“列”单选按钮则表示数据系列在列，如图 4－36(a)所示。“行”单选按钮表示数据系列在行，如图 4－36(b)所示。本例数据系列在列，则数据系列是高数、英语和计算机；否则数据系列是各个学生。

图 4－35 “图表类型”对话框

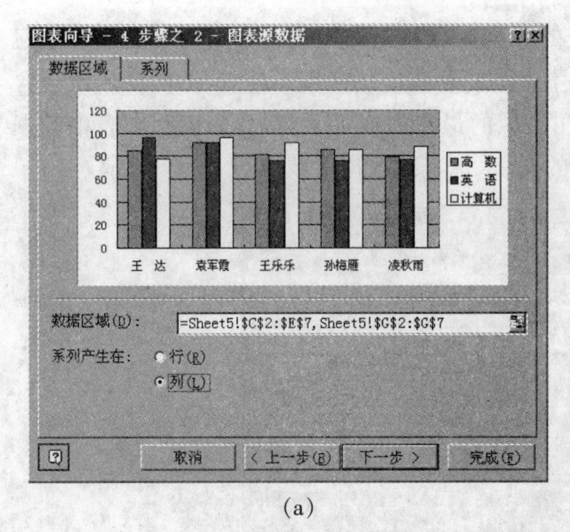

(a)

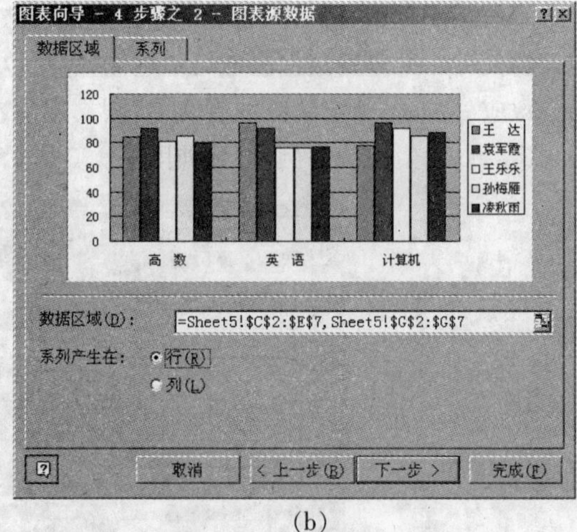

(b)

图 4－36 “图表源数据”对话框

“系列”选项卡用于修改数据系列的名称和分类轴标志。若在数据区域不选中文字，默认的数据系列名称为“系列 1、系列 2……”，分类轴标志为“1、2……”。用户也可在“系列”选项中添加所需的名称和标志。

3. 图表上添加说明性文字

单击“下一步”按钮，显示“图表向导”的“图表选项”对话框，如图 4－37 所示。

在该对话框中可以对图表添加说明性的文字或线条。用户可以根据需要分别在“标题”“坐标轴”“网格线”“图例”“数据标志”和“数据表”选项卡中进行相应的设置。本例中，在“标题”选项卡中的“图表标题”“分类(X)轴”和“数值(Y)轴”的文本框中分别输入“学生成绩图表”“姓名”和“成绩”。

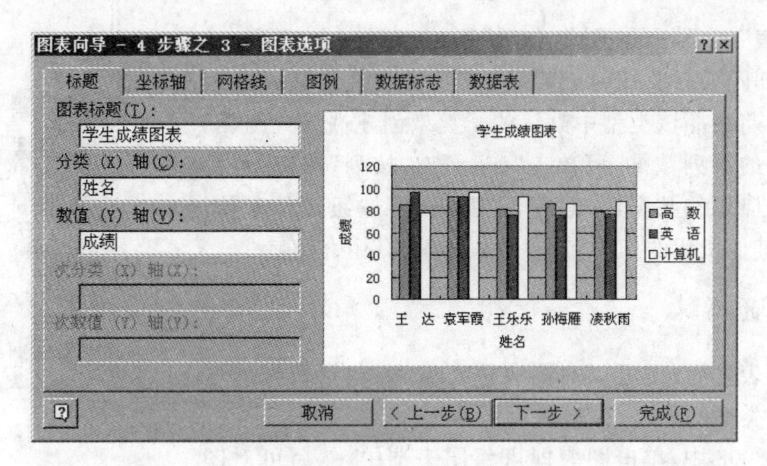

图 4 - 37　"图表选项"对话框

4. 确定图表的位置

单击"下一步"按钮,显示"图表向导"的"图表位置"对话框,如图 4 - 38 所示。

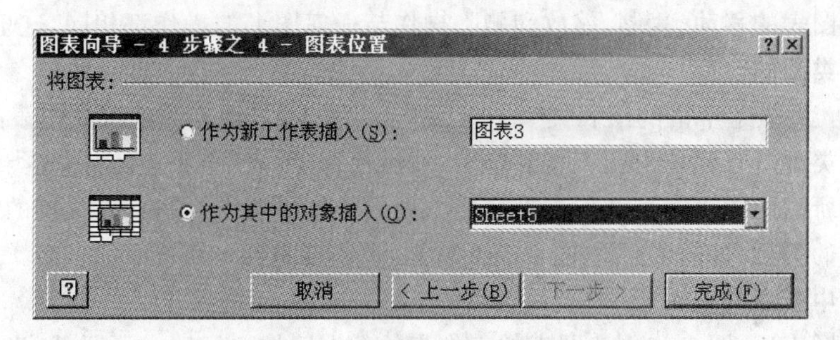

图 4 - 38　"图表位置"对话框

此对话框确定的位置,即建立的图表是嵌入式图表还是独立的图表工作表。其中,"新工作表"单选按钮选中表示建立独立的图表工作表,否则为嵌入式图表。单击"完成"按钮后,就可以创建如图 4 - 33 的图表。

注意:如要将创建好的嵌入式图表转换成独立的图表工作表,或者将独立的图表工作表转换成嵌入式图表,只要单击图表,再选择"图表"菜单或快捷菜单中的"位置",按图 4 - 37 所示的对话框进行选择即可。

(二)快速建立图表

利用"图表"工具栏中的"图表类型"按钮或直接按"F11"键,可以对选定的数据区域快速地建立图表。其中,按"F11"键创建的图表类型为"柱形图"的独立图表,"图表"工具栏如图 4 - 39 所示。

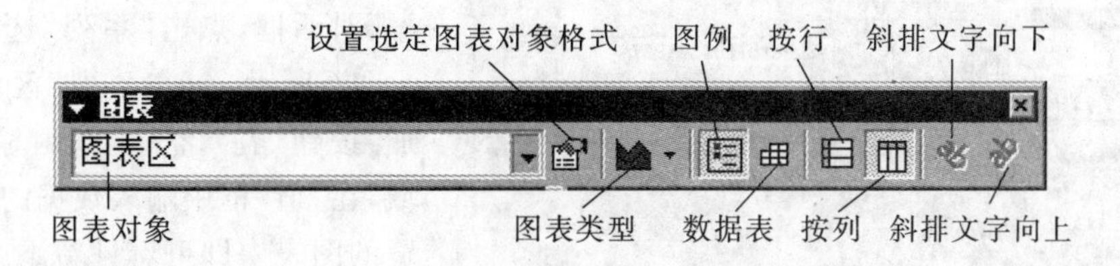

图 4 - 39　"图表"工具栏

单击“图表”工具栏的“图表类型”下拉式列表框，显示 18 种图表类型，如图 4－40 所示，供用户选择。当选定某一图表类型后，Excel 将按照该类型中默认的子类型创建嵌入式图表。若要改变作图的系列数据，可单击“按行”或“按列”按钮；若要显示当前图表应用的数据区域，单击“数据表”按钮。对于“图表”工具栏的其他按钮的作用将在“图表的编辑”中介绍。

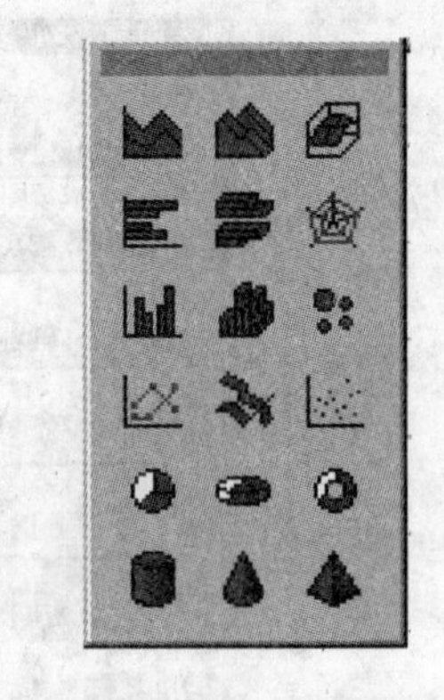

图 4－40　“图表类型”列表框

三、图表的编辑

在创建图表之后，还可以对图表进行编辑，包括数据的增加、删除、图表类型的更改、数据格式化等。

在 Excel 2003 中，单击图表即可将图表选中，然后可对图表进行编辑。这时菜单栏中的“数据”菜单自动改为“图表”菜单，并且“插入”菜单、“格式”菜单的命令也自动做相应的变化。

(一)图表的移动、复制、缩放和删除

对选定的图表的移动、复制、缩放和删除操作与任何图形的操作都相同，这里不再赘述。

(二)图表类型的改变

Excel 2003 提供了丰富的图表类型，对已创建的图表，可根据需要改变图表的类型。

改变图表类型时首先单击图表将其选中，然后选择“图表”菜单中的“图表类型”命令，在其对话框中选择所需的图表类型和子类型。更方便的方法可单击“图表”工具栏的“图表类型”按钮来改变图表的类型，如图 4－39、图 4－40 所示，但不能选择子类型。

(三)图表中数据的编辑

当创建了图表后，图表和创建图表的工作表的数据区域之间建立了联系，当工作表中的数据发生变化时，图表中的对应数据也自动更新。

(1)删除数据系列。当要删除图表中的数据系列时，只要选定所需删除的数据系列，按“Delete”键即可把整个数据系列从图表中删除，也不会影响工作表中的源数据。

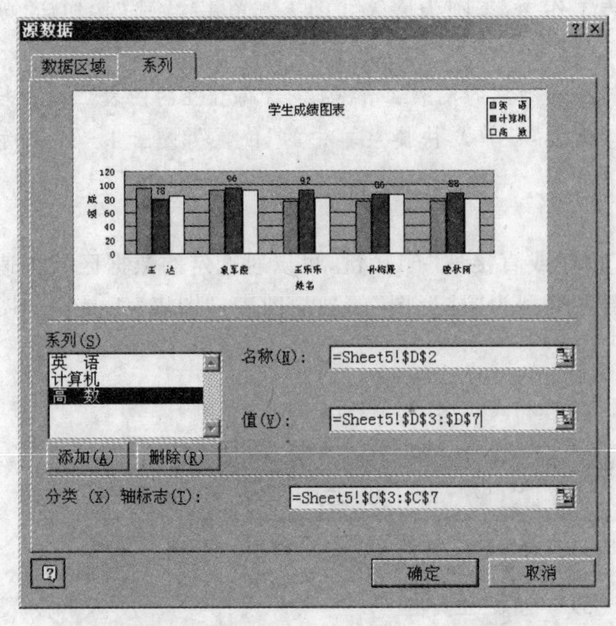

图 4－41　“源数据”对话框中的“系列”选项卡

若删除工作表中的源数据，则图表中对应的数据系列也自然随之被删除。

(2)在图表中添加数据系列。当要在图表中添加数据系列时，首先选中图表，然后选择“图表”菜单中“源数据”对话框，点击“系列”选项卡，如图 4－41 所示。在“系列”区域点击“添加”按钮，在“名称”框内输入名称区域，在“值”框中输入数据的区域，在预览的图表中即可看见新添加的数据系列，点击“确定”按钮，就可完成数据系列的添加。

当然，在此选项卡中也可删除图表中的数据系列。

此外，使用"图表"菜单中"添加数据"的命令也可添加数据系列，其方法与之类似，此处不再赘述。

(3)图表中系列次序的调整。有时为了便于数据之间的对比和分析，可以对图表中的数据系列进行重新排列。

操作方法是：先选中图表中要改变系列次序的某数据系列，选择"格式"菜单中的"数据系列"命令，在弹出的对话框中点击"系列"选项卡，在"系列"列表框里，选中要改变次序的系列名称，通过"上移"或"下移"按钮，实现数据系列次序的改变。

(四)图表中文字的编辑

文字的编辑是指对图表增加说明性的文字，以便更好地说明图表的有关内容；也可删除或修改文字的内容。

(1)编辑图表标题和坐标轴标题。先选中图表，再选择"图表"菜单中"图表选项"命令的"标题"选项卡，在其对话框(图 4 - 37)中，根据需要对各类标题进行编辑，最后点击"确定"按钮，完成编辑。

(2)编辑图表的数据标志。数据标志是为图表中的数据系列增加数据的标记，标志形式与创建的图表类型有关。编辑方法是：先选中图表，再选择"图表"菜单中"图表选项"命令的"数据标志"选项卡，根据图表的类型，选择相应的数据标志。

四、图表的格式化

当图表编辑完成后，图表上的对象都是按照缺省的外观显示的，为了获得更理想的显示效果，就需要对图表中的各个对象重新进行格式化，以改变它们的外观。

要对图表进行格式化，首先要选中需要进行格式化的对象，如"图例""数据系列""坐标轴"乃至整个"图表区"等，然后选择"格式"菜单中的第一项命令，便可进入相应的格式对话框。也可以对选中的图表，在"图表"工具栏的"图表对象"下拉列表中，选择需进行格式化的对象，再单击"对象格式"按钮，亦可进入相应的格式对话框进行设置。

由于不同的对象格式化的内容不同，所以对话框的组成也不相同。有些对话框中可能有多个选项卡，单击某选项卡便可选择有关项目。通过改变各对话框中的设定值，便可改变图表的外观。下面我们介绍其中的几项设置操作。

(一)字体格式化

如果希望改变整个图表区域内的文字外观，可以用鼠标指向图表区域的空白处，然后双击鼠标左键，就可以看到"图表区格式"对话框。

选中"字体"选项卡，在"字体"选项下可以重新设定整个图表区域的字体、大小、颜色等方面的信息，最后单击"确定"即可。

如果希望改变某对象的字体，应该先用鼠标指向该对象，再双击鼠标左键，然后在对话框中改变有关设置即可。

(二)填充色与图案

如果要为某区域加边框，或者改变该区域的颜色，就需要在相应的格式对话框中选择"图案"选项卡进行设置。

在"图案"选项卡中，左边"边框线"选项组用于选择边框线的样式、颜色和粗细。可以为该区域设定一个特殊的加阴影的效果。在右边"区域"选项组的调色板中选定一个填充颜色。完成设定之后，单击“确定”按钮，关闭该对话框。

（三）对齐方式

对于包含文字内容的对象，其格式对话框中（如“坐标轴格式”对话框）通常会包含“字体”和“对齐”设置。在“对齐”选项卡中可以控制文字的对齐方式，以实现坐标轴上标注文字的各种样式。

（四）数字格式

我们也可以对图表中的数字进行格式化。例如，用鼠标指向Y轴上的数字，双击鼠标，这时会显示“坐标轴格式”对话框，选中“数字”选项卡，然后在左边的“分类”列表中选择希望的格式类别（如“货币”），在右边的列表中选择所需要的格式（如“负数”），最后单击“确定”按钮即可。

（五）图案

在Excel 2003环境下生成的图表，其中的数据系列对比默认是以不同颜色区分的，用户也可以根据图表输出的实际环境，对图表区域的背景、数据系列的色彩对比度、采用不同的填充图案进行重新设置，以提高图表的表现力。

以设置数据序列为例，首先用鼠标双击某一数据序列，显示出“数据系列格式”对话框，选中“图案”选项卡，在“区域”框内，可以从调色板中重新设置该数据序列的颜色。在“区域”框的最下方，还有一个“图案”栏，在其中选择一种填充图案，单击“确定”按钮之后，原来的图案就会改变。同样，可以分别改变各个数据序列的填充图案。

对图表的格式化处理工作还有许多，大多数可以根据前面的介绍进行举一反三。例如，在缺省的方式下，绘图区域的颜色是灰色的，用户可以把它的颜色变为无色。

第六节　数据管理和分析

Excel 2003除了上面介绍的若干功能外，在数据管理方面也有强大的功能。在Excel中不仅可以使用多种格式的数据，还可以对不同类型的数据进行各种处理，包括筛选、排序、分类汇总等操作。

一、数据清单

数据清单，又称数据列表，也有人称之为工作表数据库，与一张二维数据表非常相似，由若干列数据组成。每列有一个列标题，相当于数据库的字段名称，列也就相当于字段，数据清单中的行相当于数据库的记录。借助于数据清单，Excel就能把应用于数据库中的数据管理功能——筛选、排序以及一些分析操作，应用到数据清单中的数据上。

如果要使用Excel的数据管理功能，首先必须将表格创建为数据清单。数据清单是一种特殊的表格，其特殊性在于此类表格至少包含两个必备部分——表结构和纯数据，如图4-42所示。

表结构为数据清单中的第一行列标题，Excel将利用这些标题名对数据进行查找、排序以及筛选等。纯数据部分则是Excel实施管理功能的对象，该部分不允许有非法数据内容出现。因此，要正确创建数据清单，必须遵循下列准则：

(1)避免在一张工作表中建立多个数据清单，如果在工作表中还有其他数据，必须要与数据清单之间留有空行、空列。

(2)在数据清单的第一行里创建列标题，列标题使用的各种格式应与列表中其他数据有所区别。

(3)列标题名唯一,且同列数据的数据类型和格式应完全相同。

(4)单元格中数据的对齐方式可用格式工具栏上的对齐方式按钮来设置,不应用输入空格的方法调整。

Microsoft Excel - Book1.xls

文件(F) 编辑(E) 视图(V) 插入(I) 格式(O) 工具(T) 数据(D) 窗口(W) 帮助(H)

I1 =

	A	B	C	D	E	F	G	H
2	系　别	学　号	姓　名	高　数	英　语	革命史	计算机	总　分
3	计算机	990103	袁军霞	92	92	84	96	364
4	计算机	990101	王　达	85	96	88	78	347
5	计算机	990104	王乐乐	81	76	92	92	341
6	计算机	990105	孙梅雁	86	76	81	86	329
7	计算机	990107	凌秋雨	79	77	81	88	325
8	环　境	990405	向　余	88	71	85	81	325
9	土　木	990204	李静瑶	79	86	85	68	318
10	机　械	990305	张晓江	74	73	80	85	312
11	环　境	990401	胡梦蕾	68	86	81	77	312
12	机　械	990302	陈嘉林	67	79	80	84	310
13	土　木	990206	武立志	85	81	63	79	308
14	土　木	990202	张其乐	82	81	76	65	304

Sheet1 / Sheet3 / Sheet5

就绪　NUM

图 4-42　数据清单示例

数据清单的具体创建操作同普通表格的创建完全相同。首先,根据数据清单内容创建表结构(第一行列标题),然后移到表结构下的第一个空行,并键入信息,就可把内容添加到数据清单中,完成创建工作。

另外,Excel 2003 还提供了记录单的功能,它采用了一个对话框,如图 4-43 所示,展示出数据清单中所有字段的内容,并且提供了添加、修改、删除和查找记录的功能。在记录单的标题栏中,显示了当前数据清单所在的工作表名。记录单的左半部分显示各字段的名字;右半部分显示数据清单中一条记录的内容,带有公式的字段是不可以编辑的。当数据清单很大时,使用记录单来管理数据清单非常方便。

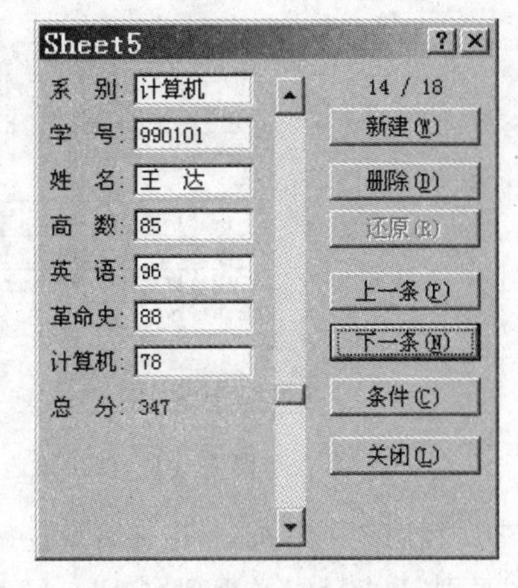

图 4-43　"记录单"对话框

二、数据排序

排序是数据组织的一种手段,通过排序管理操作,可将表格中的数据按字母顺序、数值大小以及时间顺序来进行排序。可以按行或列、以升序或降序的方式、考虑或不考虑字母大小写等进行排序,也可以采用自定义排序。

(一)简单排序

当仅仅需要对数据清单中的某一列数据进行排序时,只需要单击此列中的任一单元格,再单击"常用"工具栏中的"升序"或"降序"按钮,即可按指定列的指定方式排序。

(二)复杂排序

按照一列数据进行排序,有时会遇到列中某些数据完全相同的情况,当遇到这种情况时,可对多列数据进行排序。在需要排序的数据清单中,单击任一单元格,选择"数据"菜单中的"排序"命令,弹出"排序"对话框,如图 4-44 所示。

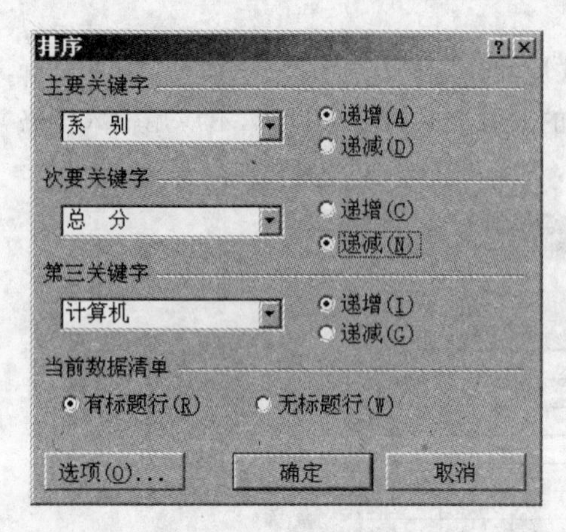

图 4-44 “排序”对话框

在此对话框中最多可以设定 3 个层次的排序标准,即主要关键字、次要关键字、第三关键字。通过“主要关键字”“次要关键字”“第三关键字”右边的箭头打开下拉列表,从中选择排序列,并在旁边通过单选按钮选择“递增”或“递减”,然后单击“确定”按钮。从排序的结果中发现,在主要关键字相同的情况下,会自动按次要关键字排序,如果次要关键字也相同,则按第三关键字排序。

注意: 如果需要根据多于 3 列的内容排序,则可以对数据清单执行两次排序。在排序的过程中,首先按照最次要的列排序,然后再次执行排序过程。

如果想按自定义次序排列数据,或排列字母数据时想区分大小写,可在“排序”对话框中单击“选项”按钮,在“自定义排序次序”下拉列表框中可选择自定义次序,如想区分大小写,可选中“区分大小写”复选框,大写字母将位于小写字母前面。

三、数据筛选

筛选功能实现在数据清单中列出满足筛选条件的数据,不满足条件的数据只是暂时被隐藏起来(并未真正被删除掉);一旦筛选条件被撤销,这些数据又可重新出现。图 4-45 利用筛选命令,使原数据清单仅显示系别为计算机系,英语>=80 的学生成绩信息。

Microsoft Excel - Book1.xls
文件(F) 编辑(E) 视图(V) 插入(I) 格式(O) 工具(T) 数据(D) 窗口(W) 帮助(H)
E7 = 77

	A	B	C	D	E	F	G	H
1	学生成绩汇总表							
2	系 别	学 号	姓 名	高 数	英 语	革命史	计算机	总 分
3	计算机	990101	王 达	85	96	88	78	347
4	计算机	990103	袁军霞	92	88	84	96	360
6	计算机	990105	孙梅雁	86	82	81	86	335
21								

Sheet1 / Sheet3 / Sheet5
在 18 条记录中找到 3 个 NUM

图 4-45 使用筛选命令显示计算机系英语>=80 的学生成绩信息

由图 4-45 可知,筛选清单仅显示满足条件的数据行,筛选条件由用户针对某列指定(如“系别”和“英语”数据列)。Excel 2003 提供了以下两种筛选列表的命令。

(1)自动筛选。包括选定内容筛选,它适用于简单条件的筛选。

(2)高级筛选。适用于复杂条件的筛选。

本部分主要介绍自动筛选功能的实现。具体方法如下:

(1)在数据清单中单击任一单元格。

(2)选择“数据”菜单的“筛选”子菜单中“自动筛选”项,可以看见该选择项左前端出现一个“√”,表明被选中;同时,还可以看到每一列的列标题右侧都出现了自动筛选箭头按钮。如果需要按照某列的指定值进行筛选,可用鼠标单击列标题右侧的箭头按钮,弹出一个下拉列表,列出该列中出现的所有信息,在其中按需要选择一个值,就会只显示满足该值条件的数据,而将其他值隐藏起来。

(3)在操作过程中,可以同时对多列信息设定筛选标准,这些筛选标准之间是“逻辑与”的关系。

(4)如果要取消某一个筛选条件,只需重新单击对应下拉列表,然后单击其中的“全部”选项即可。有关下拉列表中的筛选条件选项及其功能见表 4-6。

表 4-6　筛选条件选项及其功能

选　项	功　能
全　部	显示本列标题的全部记录
前 10 个	显示“自动筛选前 10 个”对话框,通过指定项的百分比或项的数目,并选择从数据清单的顶端或底端显示,允许用户筛选指定数量的数据
自定义	显示“自定义自动筛选方式”对话框,使用户能够建立“与”或“或”关系的筛选条件
确切值	只显示出数据清单中包含这个确切值的记录,如果需要选定多个确切值,可使用“自定义”选项
空　白	只显示此列中含有空白单元格的数据行
非空白	只显示此列中含有数据的行

(5)在使用“自动筛选”功能对数据进行筛选时,对于某些特殊的条件,可以用自定义自动筛选来完成。例如,完成图 4-45 的筛选后,可以先在“系别”列的下拉列表中选择“计算机”,然后再单击“英语”列标题右侧的箭头按钮,打开下拉列表,从中选择“自定义”,屏幕上出现“自定义自动筛选方式”的对话框,如图 4-46 所示。在该对话框中可以设定两个筛选条件并确定它们的“与”“或”关系。图4-45中是筛选“英语＞＝80”的学生成绩信息。如果要筛选出姓氏为“王”的学生数据,可使用通配符“*”和“?”。这两种通配符的含义与其在 DOS 文件名中的含义类似。

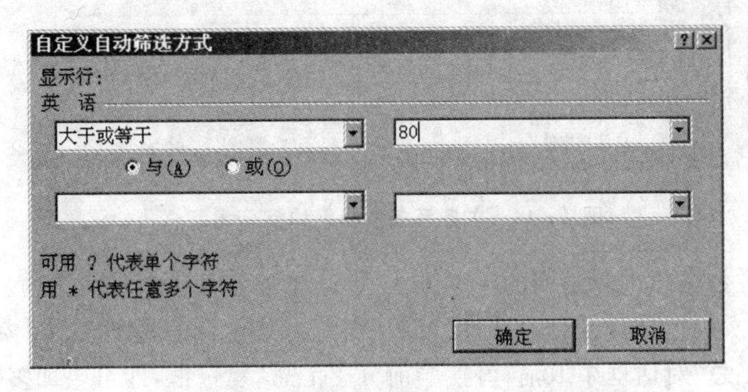

图 4-46　“自定义自动筛选方式”对话框

经过筛选后的数据清单与未经筛选的普通数据清单的操作完全一样。

四、分类汇总

分类汇总,顾名思义,就是首先将数据分类(排序),然后再按类进行汇总分析处理。

实际应用中经常要用到分类汇总,像仓库的库存管理,经常要统计各类产品的库存总量,商场的销售管理经常要统计各类商品的售出总量等,它们共同的特点是首先要进行分类,将同类别数据放在一起,然后再进行数量求和之类的汇总运算。下面以求各系学生各科平均成绩为例,说明分类汇总的功能。

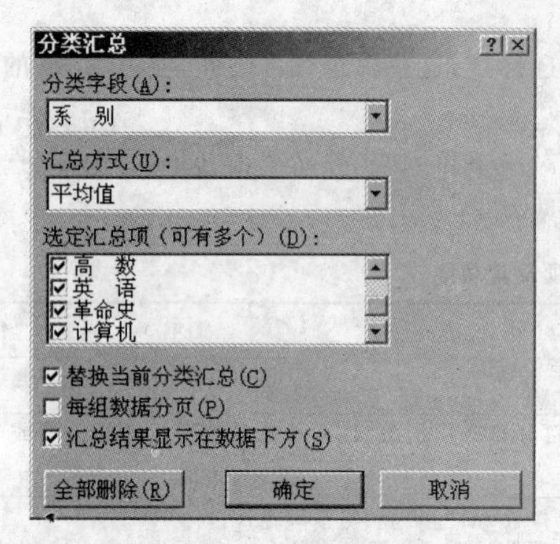

图 4-47 “分类汇总”对话框

(1)首先进行分类，同系的学生放在一起，这可通过“系别”字段的排序来实现。

(2)选择“数据”菜单中的“分类汇总”命令，出现如图 4-47 所示的“分类汇总”对话框。其中：

①“分类字段”表示按字段进行分类，本例在列表框中选择“系别”。

②“汇总方式”表示要进行汇总的函数，如求和、计数、平均值等，本例中选择“平均值”。

③“选定汇总项(可有多个)”表示用选定的汇总函数进行汇总的对象，本例中选定“高数”“英语”“革命史”和“计算机”，并清除其余默认汇总对象。

④选中“替换当前分类汇总”复选框表示将此次分类汇总结果替换已存在的分类汇总结果。

(3)单击“确定”按钮，得到分类汇总后的结果如图 4-48 所示。

	A	B	C	D	E	F	G	H
2	系 别	学 号	姓 名	高 数	英 语	革命史	计算机	总 分
3	环 境	990401	胡梦蕾	68	86	81	77	312
4	环 境	990402	程锡山	70	67	79	73	289
5	环 境	990403	邵中华	80	70	64	78	292
6	环 境 平均值			72.67	74.33	74.67	76.00	
7	机 械	990301	季 飞	83	72	80	65	300
8	机 械	990302	陈嘉林	67	79	80	84	310
9	机 械	990305	张晓江	74	73	80	85	312
10	机 械 平均值			74.67	74.67	80.00	78.00	
11	计算机	990101	王 达	85	96	88	78	347
12	计算机	990103	袁军霞	92	88	84	96	360
13	计算机	990104	王乐乐	81	76	92	92	341
14	计算机	990105	孙梅雁	86	82	81	86	335
15	计算机	990107	凌秋雨	79	77	81	88	325
16	计算机 平均值			84.60	83.80	85.20	88.00	
17	土 木	990202	张其乐	82	81	76	65	304
18	土 木	990204	李静瑶	79	86	85	68	318
19	土 木	990205	肖 蓉	69	69	79	78	295
20	土 木 平均值			76.67	78.67	80.00	70.33	
21	总计平均值			78.21	78.71	80.71	79.50	

Sheet1 / Sheet3 / Sheet5

图 4-48 求各系各学科平均值分类汇总

如果对同一批数据想进行不同的汇总方式，即既想求各系各学科的平均成绩，又想对各系人数计数，则可再次进行分类汇总。选择“计数”汇总方式，“学号”为汇总对象，清除其余汇总对象，并在“分类汇总”对话框中取消“替换当前分类汇总”复选框，即可叠加多种分类汇总。

在进行分类汇总时，Excel 会自动对列表中的数据进行分级显示，在工作表窗口左边会出现分级显示区，列出一些分级显示符号，允许对数据的显示进行控制。

在默认的情况下，数据会分三级显示，可以通过单击分级显示区上方的“1”“2”和“3”按钮进行控制，单击“1”按钮，只显示列表中的列标题和总计结果；“2”按钮显示各个分类汇总结果和总计结果；“3”按钮显示所有的详细数据。

在数据清单的左侧，有“显示明细数据符号(+)”和“隐藏明细数据符号(—)”。“+”号表示该层明细数据没有展开。单击“+”号可显示出明细数据，同时“+”号变为“—”；单击“—”号可隐藏由该行层级所指定的明细数据，同时“—”变为“+”号。这样，就可以将十分复杂的清单转变成为可展开不同层次的汇总表格。

可以设置数据分级显示，方法为：选择“数据”菜单的“组及分级显示”子菜单中的“清除分级显示”可以清除分级显示；选择“自动建立分级显示”，则显示分级显示区域。

取消分类汇总时，可选择“数据”菜单中的“分类汇总”命令，在“分类汇总”对话框中选择“全部删除”按钮。

五、使用透视表

数据透视表是 Excel 最负盛名的功能之一，它是一种对大量数据进行快速汇总和建立交叉列表的交互式表格。它可以帮助用户转换行和列，以查看源数据的不同汇总结果，显示不同页面以筛选数据以及根据需要显示区域中的明细数据。用户在数据透视表里指定所要显示的字段和数据项后，Excel 就可以准确地组织数据，通过数据透视表并根据有关字段去分析数据库的数值，显示数据库分析的最终结果。

数据透视表的主要功能如下：

(1)汇总表格。可以汇总数据清单和数据库，提供数据的概况视图。

(2)重组表格。可以在屏幕上拖动文字标签以重新组织表格，并给出数据元素之间的趋势和关系。

(3)浏览数据。通过对数据透视表中的数据进行筛选和分组，可以浏览数据的总和、子集合等。

下面以图 4－24 中的数据作为数据源，通过运行“数据透视表和数据透视图向导”，创建一个汇总各系中的各门课程最高分及总分最高的数据透视表，如图4－49所示。操作过程如下：

	A	B	C	D	E	F
1						
2						
3		系　别 ▼				
4	数据 ▼	环　境	机　械	计算机	土　木	总计
5	最大值项:高　数	88	83	92	85	92
6	最大值项:英　语	86	79	96	86	96
7	最大值项:革命史	85	80	92	85	92
8	最大值项:计算机	81	85	96	79	96
9	最大值项:总　分	325	312	364	318	364
10						

图 4－49　数据透视表

(1)单击“数据”菜单中的“数据透视表和数据透视图”命令，弹出“数据透视表和数据透视图向导—3 步骤之 1”对话框。

(2)在对话框的“请指定待分析数据的数据源类型”区，选择“Microsoft Excel 数据列表或数据库”，在“所需创建的报表类型”区选择“数据透视表”，再点击“下一步”按钮，弹出“数据透视表和数据透视图向导—3 步骤之 2”对话框，在框中“选定区域”中键入或选定要建立数据透视表的数据源区域。

(3)点击“下一步”按钮，弹出“数据透视表和数据透视图向导—3 步骤之 3”对话框，如图 4－50所示。选择对话框中的“新建工作表”单选按钮，点击“布局”按钮，弹出“数据透视表和数据透视图向导—布局”对话框，如图 4－51 所示。在此对话框中，可根据需要分别将所需的字段拖曳至“页”区、“列”区、“行”区和“数据”区。

例如，将“系别”拖曳至“列”区，将“高数”拖曳至“数据”区。对于拖曳至“数据”区的字段，Excel 默认取其“求和项”，可改变为其他汇总选项。方法是：用鼠标双击“数据”区中需改变汇

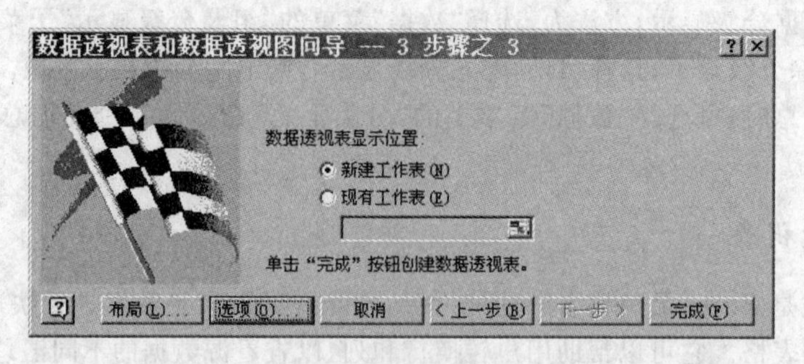

图 4-50 “步骤之 3”对话框

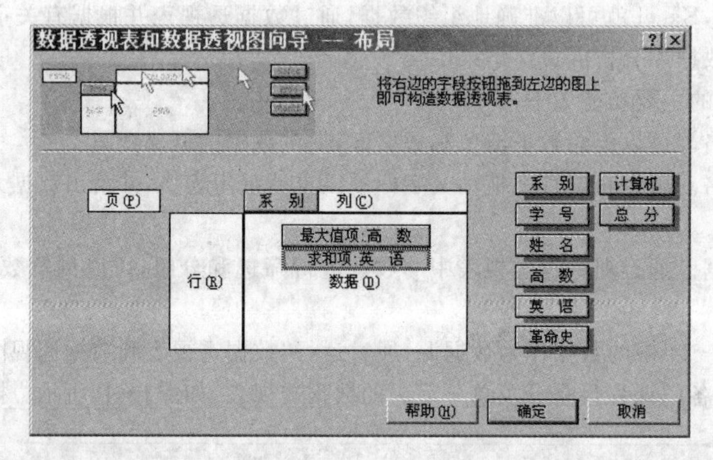

图 4-51 “布局”对话框

总项的字段，弹出“数据透视表字段”对话框，如图 4-52 所示。在汇总方式中选定“最大值”，随后，“名称”栏中也自动改为“最大值项:高数”，再单击“确定”按钮，完成字段汇总项的重新设定。在图 4-51 的对话框中，继续将“英语”“革命史”“计算机”和“总分”字段拖曳至“数据”区，且都重新设定为“最大值项”。点击“确定”按钮，完成“数据透视表”的布局。在图 4-50 的对话框中点击“完成”按钮，便可创建如图 4-49 所示的“数据透视表”。

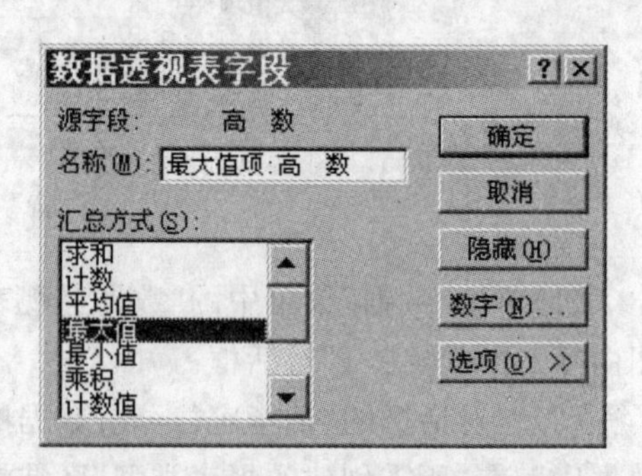

图 4-52 “数据透视表字段”对话框

若要创建“数据透视图”，可选中数据透视表“数据”区单元格，再单击鼠标右键，在弹出的快捷菜单中选择“显示数据透视表工具栏”命令，即可弹出“数据透视表”工具栏，如图 4-53 所示。选择“图表向导”按钮，通过“图表向导”就可创建标准类型或自定义类型的“数据透视图”。

图 4-53 “数据透视表”工具栏

第七节 页面设置与打印

在大多数情况下，创建工作表或图表的目的是要把它打印成一份报表，Excel 提供了许多打印选项，可以利用这些选项控制工作表打印外观的各个方面。用户不但可以打印整个工作簿，而且可以打印单独的一个工作表或者工作表的某个部分。

一、页面设置

单击“文件”菜单中的“页面设置”命令，出现如图 4－54 所示的“页面设置”对话框，该对话框中共包含“页面”“页边距”“页眉/页脚”和“工作表”4 个选项卡，分别用于设置打印报表的各个方面。

(一)设置页面

在“页面”选项卡上，如图 4－54 所示，可以设置打印报表的“纸张大小”“打印质量”和“起始页码”。“方向”区设置纸张的打印方向；“缩放”区可以通过“缩放比例”改变报表打印的大小，也可以通过“调整为”改变报表打印的高和宽；用“选项”按钮修改打印机的打印参数；按“确定”按钮保存设置。

(二)页边距

在“页边距”选项卡上，如图 4－55 所示，可以通过“上”“下”“左”“右”“页眉”和“页脚”的数值变化，调整纸张上的打印区域。“居中方式”可以设置报表在纸张的“水平”“垂直”方向上是否居中。

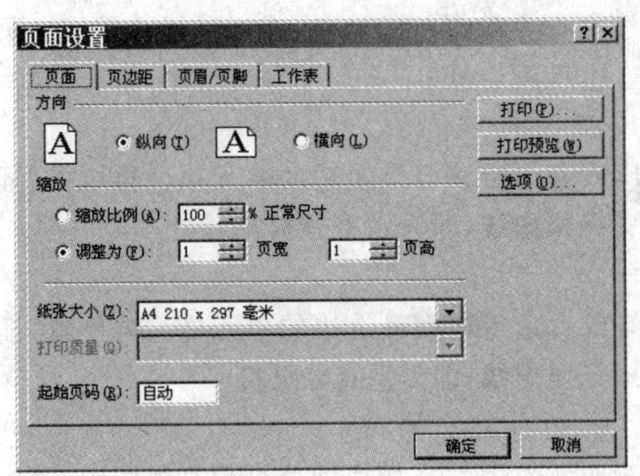

图 4－54 “页面设置”中的“页面”选项卡

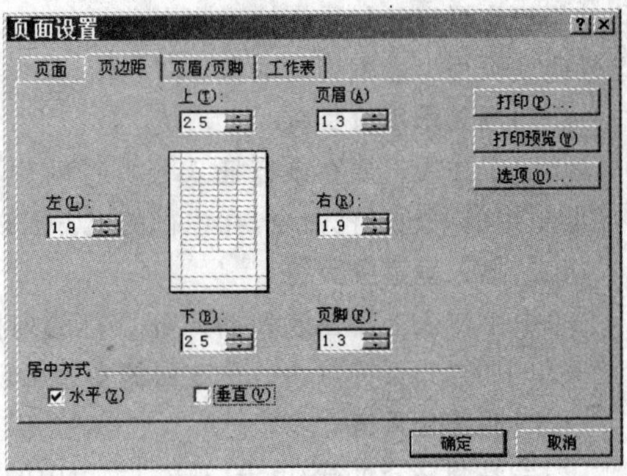

图 4－55 “页面设置”中的“页边距”选项卡

(三)页眉/页脚

在“页眉/页脚”选项卡中，如图 4－56 所示，可以设置所打印每页报表的页眉和页脚。用户可以分别单击“页眉”“页脚”列表框右边的向下箭头，从下拉列表中选择 Excel 的页眉、页脚，也可以单击“自定义页眉”按钮或“自定义页脚”按钮，在“页眉”或“页脚”的对话框中，自己定义页眉或页脚。若要删除页眉或页脚，请从“页眉”和“页脚”列表框中选择“无”选项。

(四)工作表

在“工作表”选项卡中，如图 4－57 所示，各选项功能如下：

(1)“打印区域”用于选定当前工作表中需要打印的区域，实现打印工作表中部分内容的功能，例如，图 4－57 所示的 B5：D39。

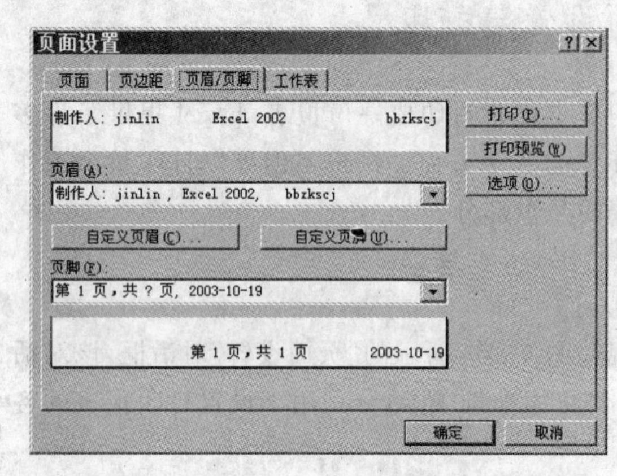

图 4－56　"页面设置"中的"页眉/页脚"选项卡

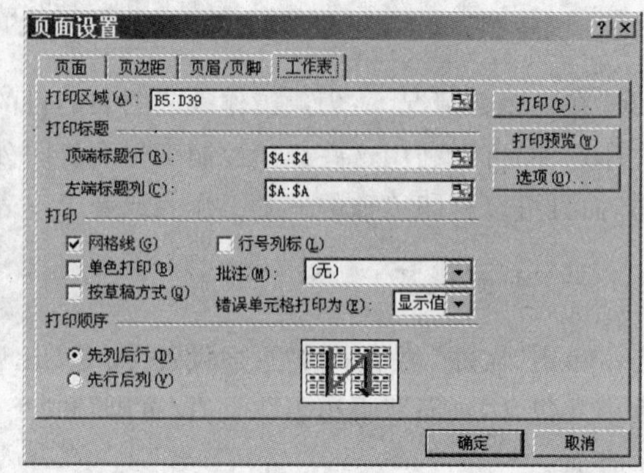

图 4－57　"页面设置"中的"工作表"选项卡

(2)在"打印标题"区中，可以设置"顶端标题行"和"左端标题列"，实现在每一页中都打印相同的行或列作为表格标题。例如，图 4－57 将当前工作表中头两行（＄4：＄4）内容设置为重复打印的表格标题。

(3)在"打印"区中，可对工作表的打印选项进行设置。

(4)"打印顺序"用于为数据量超过一页的工作表设置打印顺序。

二、使用分页符

如果要打印的工作表的内容不止一页，Excel 将自动插入分页符，把工作表分成几页打印。用户也可以通过手工插入水平分页符来改变页面上数据行的数量，或通过插入垂直分页符来改变页面上数据列的数量。

(一)插入水平分页符

单击工作表上要在该行插入分页符的行号，或者选定该行最左边的单元格。再单击"插入"菜单中的"分页符"命令，在该行的上方出现一条横虚线，即为水平分页符。

(二)插入垂直分页符

单击工作表上要在该列插入分页符的列标，或者选定该列最上边的单元格。再单击"插入"菜单中的"分页符"命令，在该列的左边出现一条竖虚线，即为垂直分页符。

(三)调整分页符

如果要调整分页符，单击"视图"菜单中的"分页预览"命令，切换到分页预览视图中，进入分页预览视图后，工作表中的分页处用蓝色线表示，每页均有第×页的水印。将蓝色的分页线用鼠标拖曳到所需的位置，再单击"视图"菜单中的"普通"命令，返回到普通视图中即可。

(四)删除人工分页符

如果要删除手工插入的分页符，请将光标移至下方（或右边）的单元格中，然后单击"插入"菜单中的"删除分页符"命令。

如果要删除整个工作表的分页符，请单击行号和列标交叉处的全选按钮，选定整个工作表，然后单击"插入"菜单中的"删除分页符"命令。

第八节　Excel 与 Internet

一、从 Internet 导入浏览信息

Web 页上经常包含适合在 Excel 中进行分析的信息，Excel 2003 增加了对 Web 页上数据操作的许多新特性，可以方便地将 Internet 上 Web 中的动态数据导入 Excel 中，实现 Web 的协作和共享，对数据进行查看和分析。方法是：通过类似于浏览器的新界面直观地选择 Web 页上的表，将其导入 Excel 中，或者复制 Web 页上的数据，粘贴至 Excel 中并创建可刷新的查询。

例如，可以在 Excel 中使用直接从 Web 页上获取的信息分析股市行情。具体操作方法如下：

(1)单击“数据”菜单中“导入外部数据”子菜单中的“新建 Web 查询”命令，出现如图 4－58 所示的“新建 Web 查询”对话框。

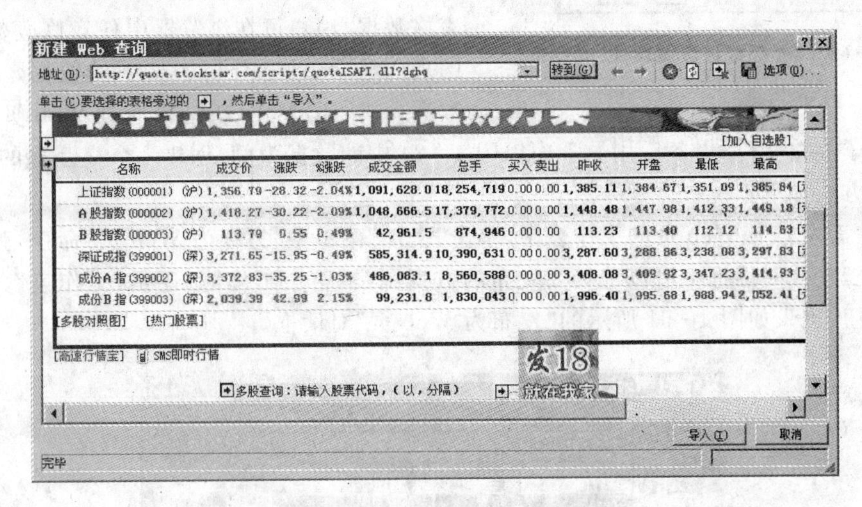

图 4－58　“新建 Web 查询”对话框

(2)在“地址”列表框中输入 Internet 地址，以便打开需要查询的 Web 页(用户计算机必须能够连接到 Internet)。

(3)在其中选择需要的表格，然后单击“导入”按钮，出现“导入数据”对话框，如图 4－59 所示。

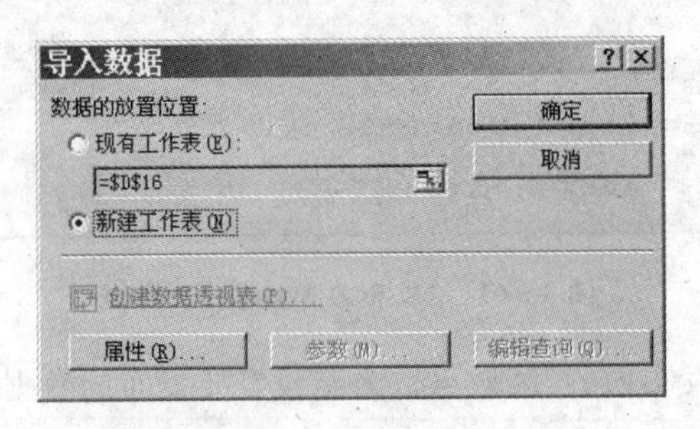

图 4－59　“导入数据”对话框

(4)在“数据的放置位置”区域，可以选定把数据导入在现有工作表的某个位置或将数据导入一个新建的工作表中。点击“属性”按钮，弹出“外部数据区域属性”对话框，如图 4－60 所示，在其中可以设置数据的“刷新频率”“数据格式及布局”等。

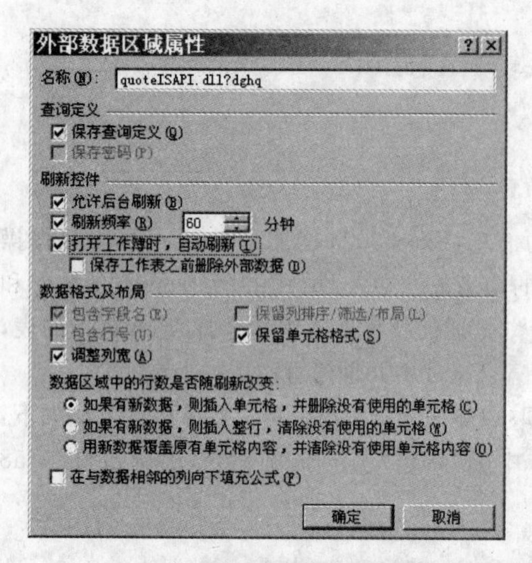

图 4-60 “外部数据区域属性”对话框

(5)单击“确定”按钮，即可将 Web 页上获取的数据导入 Excel 表格中。

另外，也可以使用熟悉的复制和粘贴命令，将 Web 页上的数据复制到 Excel 表格中，如是动态数据，也可以选择刷新设置。

二、在 Web 页上发布工作表的数据

使用 Excel 2003 的发布功能，可以将 Excel 工作簿和表格中的数据转换为 Web 页，使任何具有 Web 浏览器的网络用户都能够查询这些数据。在发布操作过程中，如选择“添加交互对象”选项，将数据以动态方式发布于 Web 页面中，以便共享表格数据，用户可在浏览器中任意修改数据，更新图表的显示，动态分析表格中的数据。一旦完成数据分析，还可将分析结果通过 Web 页面返回本地生成电子表格文件，以备后用。下面以图 4-24 中的数据为例，创建一个交互式的 Web 页，具体操作方法如下：

(1)在需发布为 Web 页的工作表中，单击“文件”菜单中“另存为 Web 页”命令，弹出“另存为”对话框，在此对话框中可以选择要发布的数据源是“整个工作簿”还是“工作表”，然后点击“发布”按钮，进入如图 4-61 所示的“发布为 Web 页”对话框。

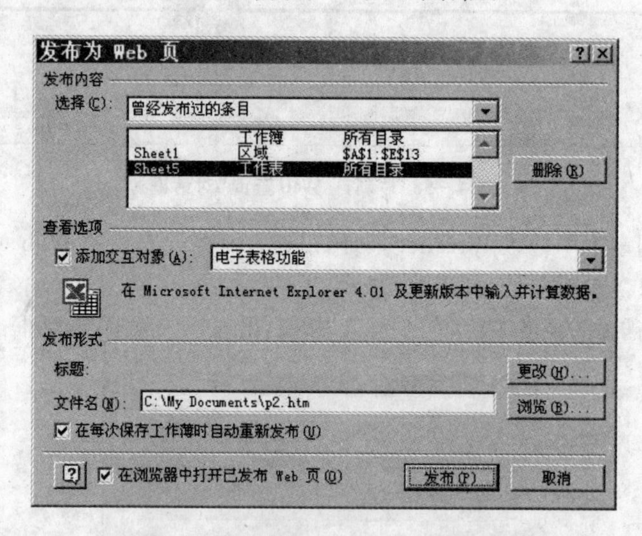

图 4-61 “发布为 Web 页”对话框

(2)在此对话框中，“发布内容”区域可以重新设置要发布的数据源。

(3)“查看选项”区域中若不选中“添加交互对象”复选框，选定的项目将被发布为不带交互功能的静态页；若选中“添加交互对象”复选框，生成的 Web 页具有交互功能。在其后的下拉列表框中可以选择生成的 Web 页是“电子表格功能”还是“数据透视表功能”。

(4)在“发布形式”区域里，“文件名”文本框中输入将生成的 Web 页文件存放的位置及文件名称。默认情况下生成的 Web 页面的内容没有标题，如需设立标题，可点击“更改”按钮，在

弹出的对话框中输入标题名称即可。选中“在每次保存工作簿时自动重新发布”复选框，指定发布的图表在每次保存原始工作簿时自动重新发布。

(5)单击“发布”按钮，即可完成 Web 页的制作。

若选中“在浏览器中打开已发布 Web 页”复选框，系统将自动启动 IE 浏览器打开新生成的 Web 页。

三、使用超链接转到其他文件

经常上网冲浪的用户对于超链接一定不陌生，只要单击网页上带下划线的彩色文字或图形，就可以直接跳到链接的内容处。在 Excel 中也可以通过在工作表内插入超链接，使用户直接跳转到文档中其他的位置、其他文档或者 Internet 上的网页中。

(一)创建超链接

在 Excel 2003 中创建超链接的方法很简单，具体操作方法如下：

(1)选定包含文本的单元格或单元格区域(若是图形，则单击“图形”将其选定)，再单击“常用”工具栏中的“插入超链接”按钮，或者单击“插入”菜单中的“超链接”命令，出现如图 4-62 所示的“插入超链接”对话框。

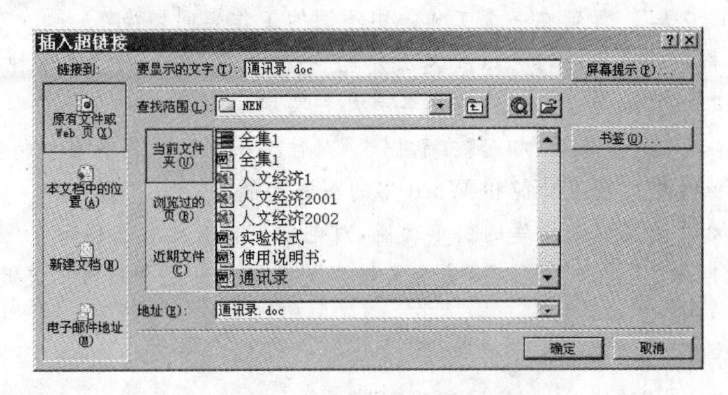

图 4-62　“插入超链接”对话框

(2)此时，“要显示的文字”文本框中显示的是被选定的单元格或单元格区域的内容，若是文字可以直接编辑。

(3)在“链接到”区域中选择超链接的类型：

①原有文件或 Web 页：在右侧选择此超链接要链接到的文件或 Web 页的地址；单击“书签”按钮，可以链接到指定文档中的书签。

②本文档中的位置：可以在右侧选择工作表名称、单元格或单元格区域引用，或者定义的名称。

③新建文档：可以在“新建文档名”文本框中输入新建文档的名称，单击“更改”按钮，可以设置新文档存放的文件夹，在“何时编辑”区域设置是否立即开始编辑新文档。

④电子邮件地址：在“电子邮件地址”文本框中输入要链接的邮件地址，在“主题”文本框中输入邮件的主题。

(4)单击“屏幕提示”按钮，会出现“设置超链接屏幕提示”对话框，设置当鼠标指针置于超链接时，其下方就会出现超链接的提示内容。

(5)单击“确定”按钮，完成超链接的建立。

在工作表中插入超链接后，作为超链接的文字就会变为蓝色带下划线的样式，当把鼠标指针移到超链接上时，鼠标指针变成手形，并且显示超链接的提示内容，单击鼠标就可以跳转到超链接所指的位置上。

(二)编辑超链接

创建超链接后，可以修改超链接的文本或图形、超链接的目标，移动、复制、取消或删除超链接等。操作的方法不能像编辑普通对象的属性那样用鼠标去单击(此时单击意味着超链接的跳转)。在鼠标指针指向超链接(鼠标指针变为手形)时，单击鼠标右键，在弹出的快捷菜单中选择“编辑超链接”命令，随后将弹出“编辑超链接”对话框，该对话框与“插入超链接”对话框完全类似，此时，修改超链接的文本或图形、超链接的目标的操作方法同上。

若要复制、移动、取消或删除、清空超链接，可在单击鼠标右键所弹出的快捷菜单中选择相关的命令操作即可完成。与对其他对象的相关操作方法相同。

习　题

1. 什么是“工作簿”？如何在一个工作簿中不同的工作表间切换？

2. 复制单元格中的内容时，Excel 是怎么处理“一般数据”和“公式”这两种不同的对象的？

3. “复制”与“填充”有什么异同？它们各有几种实现的途径？

4. “在原工作表中嵌入图表”和“建立新图表”有什么不同？它们各自如何实现？

5. 试比较 Excel 中的图表功能和 Word 中的图表功能？

6. 若要在 Excel 中实现数据库的简单功能，对电子表格有些什么约定？

7. 什么是数据库的“排序”功能？“主要关键字”“次要关键字”和“第三关键字”在排序中起什么作用？

8. 什么是“分类汇总”功能？

9. 如何启用“筛选”功能？如何指定“筛选”条件？

10. 如何利用数据透视表功能创建所需的数据透视表？

11. 将 Excel 数据放置到 Web 上有什么好处？如何制作要在 Internet 上发布的 HTML 文档？

第五章　演示文稿的使用

PowerPoint 2003 是一个演示文稿制作工具。利用它，可以制作清晰明了、引人入胜的幻灯片演示文稿、多媒体演示文稿。本章介绍创建、修饰演示文稿；插入动画、视频、声音，制造多媒体效果以及设置放映方式，将演示文稿打包的方法。

第一节　PowerPoint 2003 的概述

认识 PowerPoint 窗口，了解 PowerPoint 2003 的 3 种视图方式，创建演示文稿时学习 PowerPoint 的基础。

一、PowerPoint 2003 的新增功能

(一)经过更新的播放器

对用户要求的积极回应就是 Microsoft Office PowerPoint 2003 中的新增功能。经过改进的 Microsoft Office PowerPoint Viewer 可进行高保真输出，可支持 PowerPoint 2003 的图形、动画和媒体。新的播放器无需安装。默认情况下，新的“打包成 CD”功能将演示文稿文件与播放器打包在一起，也可从网站下载新的播放器。此外，播放器支持查看和打印。经过更新的播放器可在 Microsoft Windows 98 或更高版本上运行。

(二)打包成 CD

“打包成 CD”是有效分发演示文稿的 Microsoft Office PowerPoint 2003 的新增功能。用于制作演示文稿 CD，以便在运行 Microsoft Windows 操作系统的计算机上查看。直接从 PowerPoint 中刻录 CD 需要 Microsoft Windows XP 或更高版本，但如果使用 Windows 2000，则可将一个或多个演示文稿打包到文件夹中，然后使用第三方 CD 刻录软件将演示文稿复制到 CD 上。

“打包成 CD”可打包演示文稿和所有支持文件，包括链接文件，并从 CD 自动运行演示文稿。在打包演示文稿时，经过更新的 Microsoft Office PowerPoint Viewer 也包含在 CD 上。因此，没有安装 PowerPoint 的计算机不需要安装播放器。“打包成 CD”允许将演示文稿打包到文件夹而不是 CD 中，以便存档或发布到网络共享位置。

(三)对媒体播放的改进

使用 Microsoft Office PowerPoint 2003 在全屏演示文稿中查看和播放影片。用鼠标右键单击影片，在快捷菜单上单击“编辑影片对象”，然后选中“缩放至全屏”复选框。当安装了 Microsoft Windows Media Player 版本 8 或更高版本时，PowerPoint 2003 中对媒体播放的改进可支持其他媒体格式，包括 ASX、WMX、M3U、WVX、WAX 和 WMA。如果未显示所需的媒体解码器，PowerPoint 2003 将通过使用 Windows Media Player 技术尝试下载它。

(四)新幻灯片放映导航工具

新的精巧而典雅的“幻灯片放映”工具栏可在播放演示文稿时方便地进行幻灯片放映导

航。此外，常用幻灯片放映任务也被简化。在播放演示文稿期间，“幻灯片放映”工具栏使用户可方便地使用墨迹注释工具、笔和荧光笔选项以及“幻灯片放映”菜单，但是工具栏绝不会引起观众的注意。

（五）经过改进的幻灯片放映墨迹注释

在播放演示文稿时，使用墨迹在幻灯片上进行标记，或者使用 Microsoft Office PowerPoint 2003 中的墨迹功能审阅幻灯片。不仅可在播放演示文稿时保存所使用的墨迹，也可在将墨迹标记保存在演示文稿中之后打开或关闭幻灯片放映标记。墨迹功能的某些方面需要在 Tablet PC 上运行 PowerPoint 2003。

（六）新的智能标记支持

Microsoft Office PowerPoint 2003 已经增加了常见智能标记支持，只需在“工具”菜单上选择“自动更正选项”，然后单击“智能标记”选项卡，便可选择在演示文稿中为文字加上智能标记。PowerPoint 2003 所包含的智能标记识别器列表中包括日期、金融符号和人名。

（七）经过改进的位图导出

在 Microsoft Office PowerPoint 2003 中导出的位图更大且分辨率更高。

（八）文档工作区

使用“文档工作区”可简化通过 Microsoft Office Word 2003、Microsoft Office Excel 2003、Microsoft Office PowerPoint 2003 或 Microsoft Office Visio 2003 与其他人实时进行协同创作、编辑和审阅文档工作。“文档工作区”网站是以一个或多个文档为中心的 Microsoft Windows Share Point Services 网站。用户可以方便地协同处理文档，或者直接在“文档工作区”副本上进行操作，或者在其各自的副本上进行操作，从而可定期更新已经保存到“文档工作区”网站上副本中的更改。

通常，可在使用电子邮件功能将文档作为附件发送时创建“文档工作区”。这时，作为共享附件的发件人，便成为“文档工作区”的管理员，而所有接收人便成为该“文档工作区”的成员，并获得向该网站添加内容的权限。创建“文档工作区”的另一种方式是在 Microsoft Office 2003 中使用“共享工作区”任务窗格（“工具”菜单）。

当使用 Word、Excel、PowerPoint 或 Visio 打开“文档工作区”所基于的文档的本地副本时，Office 程序会定期从“文档工作区”获得更新，以便这些更新信息对用户可用。如果对工作区副本的更改与对自己的副本所做的更改相冲突，可选择要保存的副本。当完成编辑副本时，可将更改保存到“文档工作区”中，这样其他成员便可将更改合并到他们文档的副本中。

（九）信息权限管理

现在，敏感性信息只能通过限制对存储这些信息的网络或计算机的访问来进行控制。但是，一旦用户获得访问权限，就无法限制他们对内容所进行的操作或将这些信息发给谁。这种信息分发方式很容易使敏感性信息到达那些不再希望接收它的人那里。Microsoft Office 2003 提供一种名为信息权限管理（IRM）的新功能，可帮助防止因为意外或粗心将敏感性信息发给不该收到它的人。

可以使用“权限”对话框选择“文件”→“权限”→“不能分发”，或者单击“常用”工具栏上的“权限”，赋予用户“读取”和“更改”的权限，并为内容设置到期日期。可通过单击“权限”子菜单上的“无限制的访问”，或者单击“常用”工具栏上的“权限”从文档、工作簿或演示文稿中删除受限制的权限。

此外，公司的管理员可在“权限”子菜单上创建在 Microsoft Office Word 2003、Microsoft

Office Excel 2003 和 Microsoft Office PowerPoint 2003 中可用的权限策略，并指定可访问信息的人和编辑级别，或者用户对文档、工作簿或演示文稿可使用的 Office 功能。

收到包含限制权限内容的用户只需像打开不包含限制权限的内容一样打开文档、工作簿或演示文稿。如果用户的计算机上没有安装 Office 2003 或更高版本，则可下载查看此内容所需的程序。

(十)其他新功能

(1)Office 新外观。

(2)Tablet PC 支持。

(3)信息检索任务窗格。

(4)Microsoft Office Online。

(5)改善客户服务质量。

二、PowerPoint 2003 的启动与退出

(一)启动 PowerPoint 2003

启动 PowerPoint 2003 常有以下几种方法：

(1)单击“开始”，选择“程序”，再选择“Microsoft Office”，单击“Microsoft Office PowerPoint 2003”。

(2)单击“开始”，选择“New Office Document”，再单击“新建 Office 文档”，在“常用”选项卡下，选择“空演示文稿”选项，最后单击“确定”。

(3)双击桌面上的 PowerPoint 快捷图标。

(二)退出 PowerPoint 2003

退出 PowerPoint 2003 有以下几种方法：

(1)用鼠标单击 PowerPoint 的文件菜单，然后在下拉菜单中用鼠标选择“退出”并单击。

(2)用“Alt”+“F”组合键打开文件下拉菜单，然后按“X”键，退出 PowerPoint。

(3)在 PowerPoint 窗口中用鼠标单击窗口右上角的“×”按钮。

(三)PowerPoint 2003 的窗口组成

在默认设置状态下，启动 PowerPoint 后将显示 PowerPoint 的主界面，如图 5－1 所示。它自动为用户新建了一个空的演示文稿。

下面简单介绍 PowerPoint 的主要用户界面元素：

(1)菜单栏。它提供了对 PowerPoint 软件主要命令的访问途径。如果要在一个 PowerPoint 菜单中选择一个命令，则可以单击所需的菜单，指向所需的子菜单(如果可用)，然后单击想要运行的命令。

(2)工具栏。它提供了对常用命令的快捷的单击访问方式。将鼠标指向某个工具按钮并停留一会儿，屏幕上就会显示该按钮的名称。此名称简短地描述了该按钮的功能。

(3)滚动块。它的作用是在不同的幻灯片之间进行切换，而不是上下移动文本。

(4)状态栏。它的作用是显示正在操作的幻灯片的序号和创建的演示文稿类型。

(5)任务窗格。它是提供常用命令的方框，位于窗口的右边。通过它，可以打开最近使用的文件或者别的 ppt 文件，也可以创建新的演示文稿，或者通过模板创建新的演示文稿等。

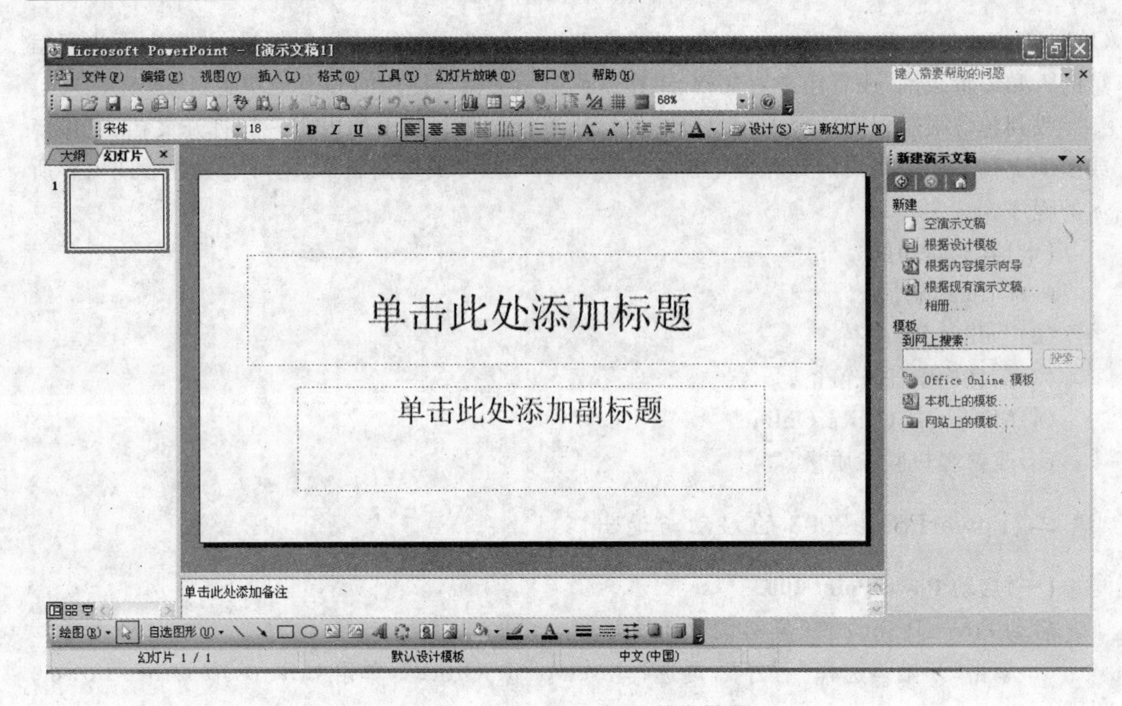

图 5-1 PowerPoint 2003 的主界面

三、PowerPoint 2003 的视图方式

视图提供了观看文档的不同方式。要高效地使用 PowerPoint 来创建和修改演示文稿，就需要熟悉 PowerPoint 视图。PowerPoint 2003 有 3 种视图："普通"视图、"幻灯片浏览"视图和"幻灯片放映"视图。

(一)"普通"视图

单击"视图"菜单中的"普通"命令，或者单击 PowerPoint 用户界面左下角的视图命令按钮，可以实现"普通"视图。"普通"视图是 PowerPoint 2003 新增的默认视图。在"普通"视图中，不仅可以处理文本和图形，还可以处理声音、动画和其他效果。由于人们往往习惯于在一个视图中输入、修改演示文稿的内容，所以经常要用到"普通"视图，如图 5-2 所示。

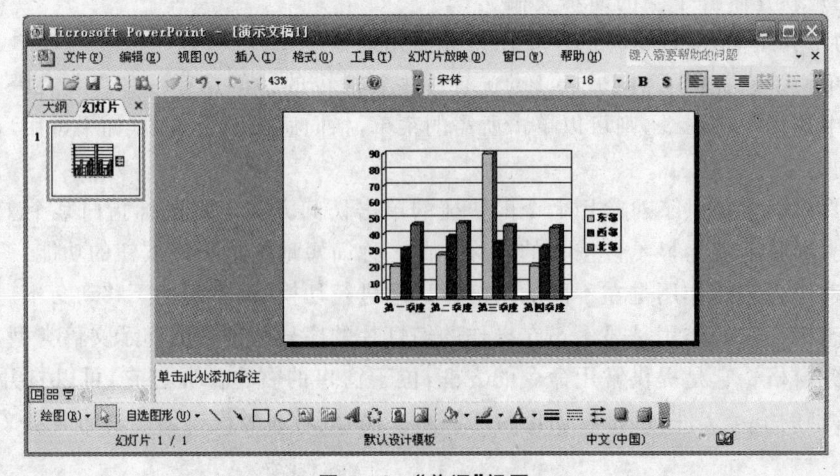

图 5-2 "普通"视图

在“普通”视图中，有3个工作区域：大纲/幻灯片浏览窗格、幻灯片窗格和备注窗格。

(1)大纲/幻灯片浏览窗格中的“大纲”选项卡显示的是幻灯片文本的大纲，用户可以在其中输入演示文稿的一系列主题。在“幻灯片”选项卡中显示的是各个幻灯片的缩略图，能看到演示文稿的总体效果。

(2)用户在幻灯片窗格中可以添加文本，还可以插入图片、表格、文本框、电影、声音、动画和超链接。

(3)备注窗格用于添加与每个幻灯片的内容相关的备注。

(二)“幻灯片浏览”视图

单击“视图”菜单中的“幻灯片浏览”命令，或者单击PowerPoint用户界面左下角的视图命令按钮“”，可以实现“幻灯片浏览”视图。在“幻灯片浏览”视图中可以浏览所有的幻灯片。当要将演示文稿作为一个整体进行观看并可能需要重新安排幻灯片演示的顺序时，可以使用“幻灯片浏览”视图，如图5-3所示。

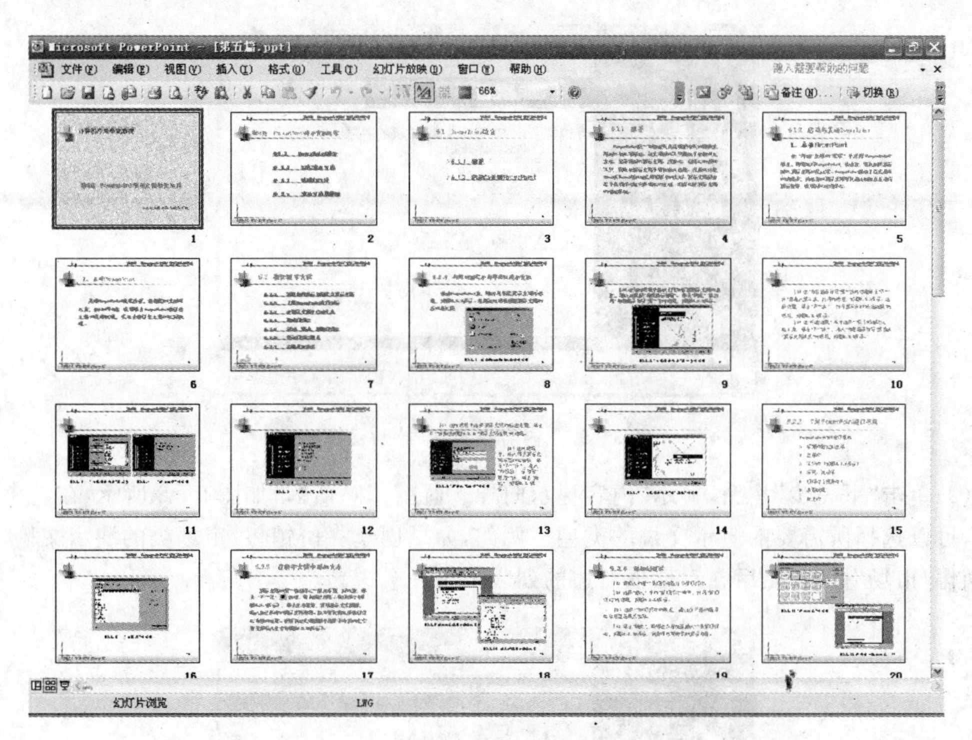

图5-3　“幻灯片浏览”视图

(三)“幻灯片放映”视图

单击“视图”菜单中的“幻灯片放映”命令，或者单击PowerPoint用户界面左下角的视图命令按钮“”，可以实现“幻灯片放映”视图。“幻灯片放映”视图占据整个屏幕，像播放真实的幻灯片一样，按照预先定义的顺序一幅一幅地动态显示演示文稿的幻灯片，如图5-4所示。

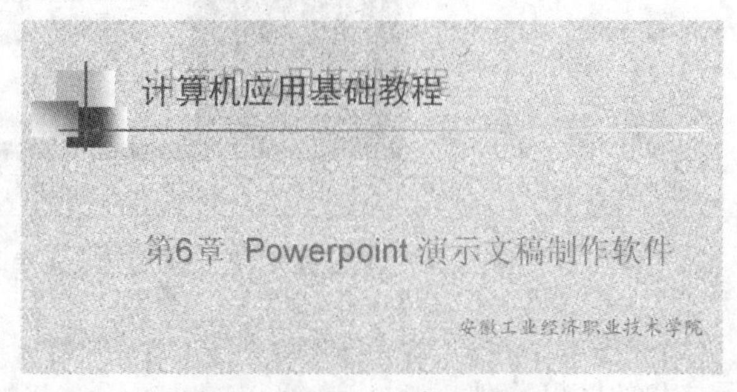

图5-4　“幻灯片放映”视图

四、创建演示文稿

启动 PowerPoint 之后，在默认设置状态下，屏幕显示如图 5－1 所示的窗口。窗口右边有一个任务窗格，供用户选择以不同的方式创建一个新的演示文稿。

(一)使用“根据内容提示向导”创建演示文稿

使用“根据内容提示向导”创建演示文稿是最轻松的途径，用户只需要按照向导的引导，做出一系列的选择，并提供一些基本的信息就可以了。

使用“根据内容提示向导”创建演示文稿的步骤如下：

(1)在图 5－1 所示的右边的任务窗格中，单击选中“根据内容提示向导”单选框。

注意：如果屏幕上未显示图 5－1 所示的“新建演示文稿”任务窗格，那么请单击“文件”菜单中的“新建”命令。

执行了第一步骤之后，屏幕上显示如图 5－5 所示的“内容提示向导”对话框。

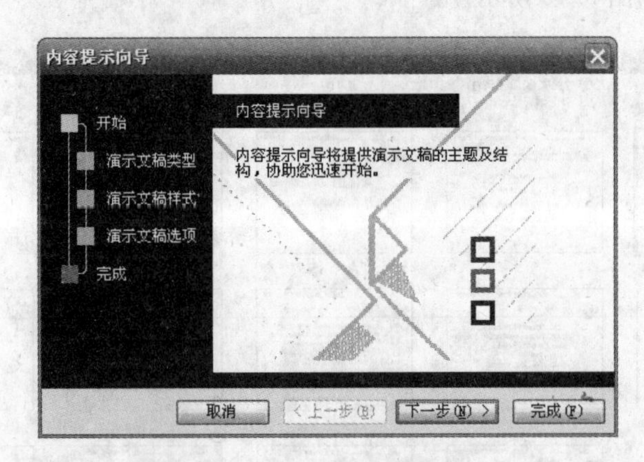

图 5－5 “内容提示向导”对话框

(2)单击“下一步”按钮，显示“内容提示向导-[通用]”对话框，如图 5－6 所示，在这个对话框中，可以选择所需要的演示文稿的类型。例如，如果创建一份销售/市场类的演示文稿，则单击“销售/市场”按钮，然后在对话框右边的列表中选一个主题。

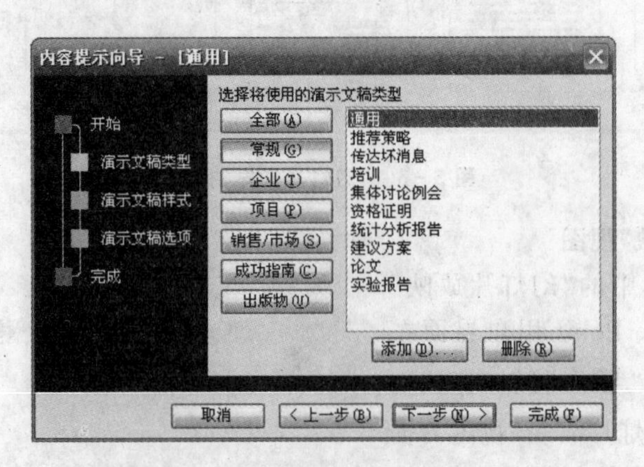

图 5－6 “内容提示向导-[通用]”对话框

(3)单击“下一步”按钮，显示如图 5－7 所示的对话框。在此对话框中选择将要制作的演示文稿的输出类型。

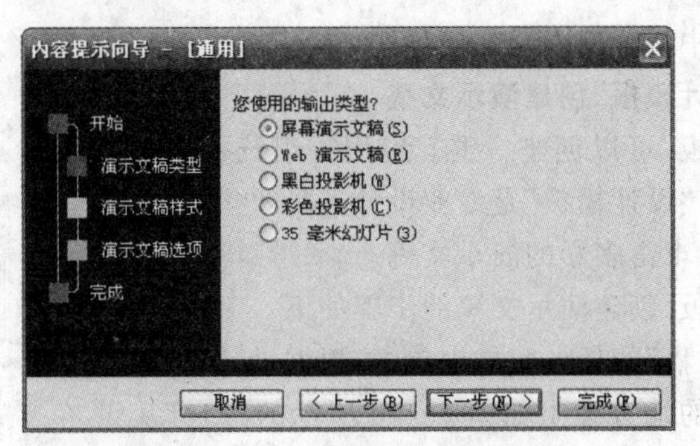

图 5-7　选择输出类型对话框

(4)单击“下一步”按钮,显示如图 5-8 所示的对话框。在此对话框中可以输入演示文稿的标题以及要在每一张幻灯片页脚处添加的信息。在默认设置状态下,向导包含了用户的姓名。

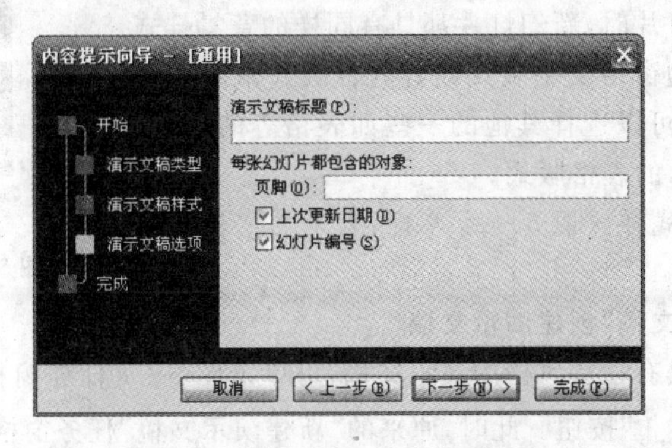

图 5-8　输入演示文稿标题对话框

(5)单击最后一个对话框里的“完成”按钮,“根据内容提示向导”将围绕用户做出的选择创建一套基本的幻灯片,并以“普通”视图方式显示演示文稿,如图 5-9 所示。

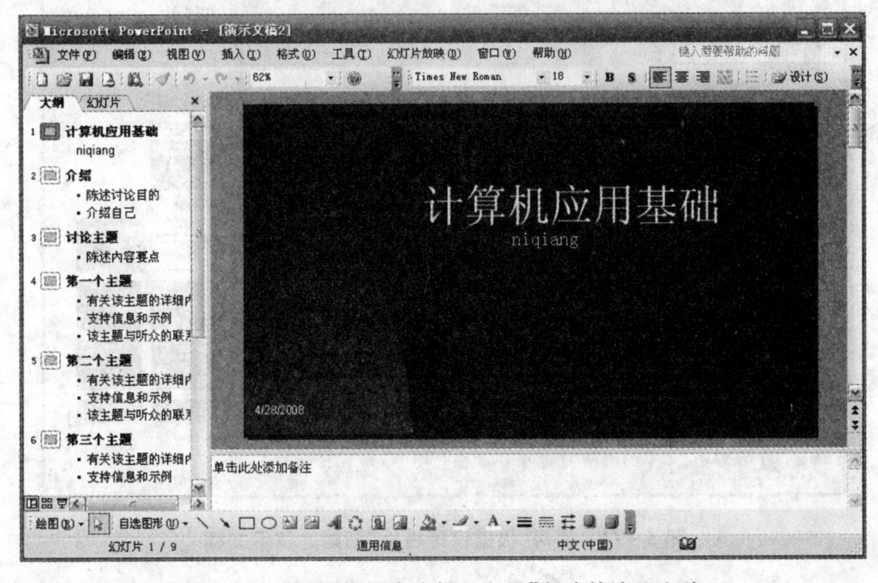

图 5-9　使用“根据内容提示向导”创建的演示文稿

在这套幻灯片中,已有几张幻灯片,图 5-9 左边的 1、2、3 等是幻灯片序号,单击左边文字或序号即可进入相应幻灯片的编辑工作。幻灯片中的文字、图像等都可以根据自己的需要进行更改，在后面的章节中将详细介绍如何更改。

（二）使用“根据设计模板”创建演示文稿

使用“根据设计模板”可以创建一整套应用一组统一的设计和颜色方案的幻灯片。“设计模板”是专业设计人员收集的模板，利用它可以为自己设计丰富多彩的演示文稿。

使用“根据设计模板”创建演示文稿的步骤如下：

（1）在“新建演示文稿”的任务窗格中单击“根据设计模板”选项，则在原来任务窗格的地方弹出如图 5－10 所示的“幻灯片设计”任务窗格。

（2）单击选中所需要的幻灯片样式，屏幕上出现一张幻灯片，如图 5－11 所示。

当插入更多的幻灯片时，新幻灯片都具有同样的背景样式。

我们可以单击右边窗格文字版式或者内容版式来改变文字的排列方式或内容，也可以选择其他的一些如表格等的版式，例如选择如图 5－12 所示的表格版式。

注意：图 5－12 的式样同图 5－11 相比，只是文字输入区域和内容不同。

图 5－10 “幻灯片设计”任务窗格

（三）使用“空演示文稿”创建演示文稿

如果要自己设计具有独特风格的演示文稿，可单击图 5－1 任务窗格中的“空演示文稿”，或者单击工具栏上的“ ”按钮。此时，原来的“新建演示文稿”任务窗格变成了“幻灯片版式”任务窗格，如图 5－13 所示。

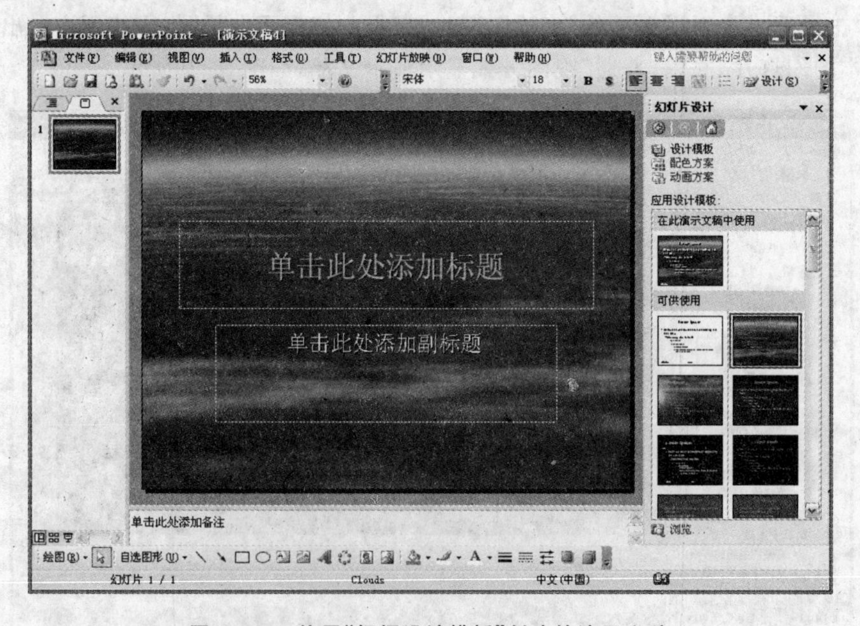

图 5－11 使用“根据设计模板”创建的演示文稿

幻灯片版式是指幻灯片的内容在幻灯片上的排列方式，由占位符组成。占位符是幻灯片中带有虚线或影线标记边框的方框，它分为文本占位符和内容占位符两类。文本占位符内只能输入文本，内容占位符内只能插入图形对象。

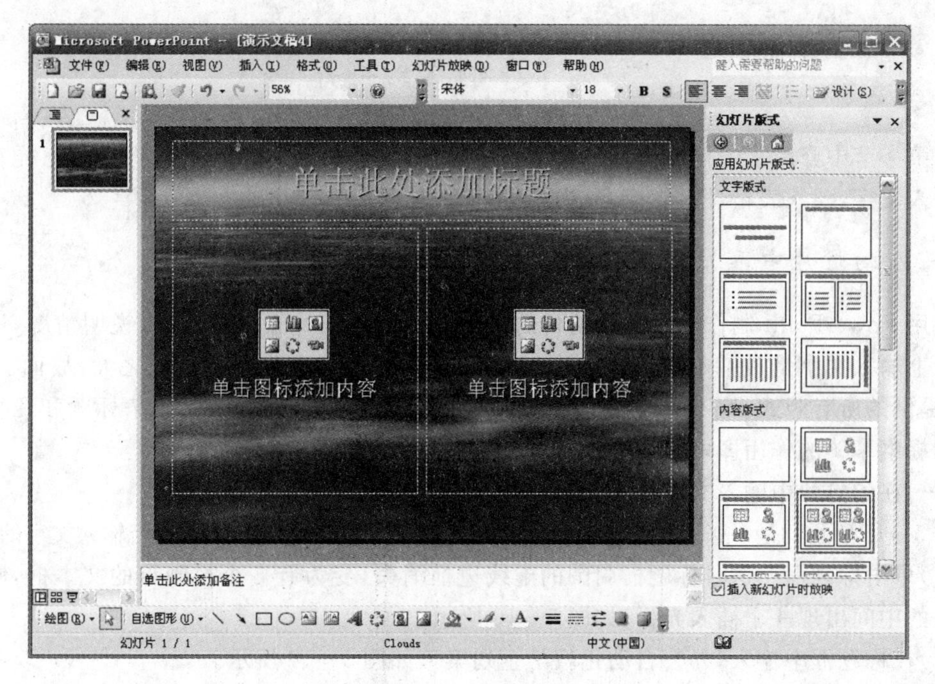

图 5-12　表格版式

幻灯片版式有文字版式、内容版式、文字和内容版式及其他版式 4 组。文字版式规定了文字在幻灯片上的排列方式;内容版式规定了图形对象在幻灯片上的排列方式,图形对象包括图片、表格、剪贴画、组织结构图等。

将鼠标指向某个版式,会显示该版式的说明。单击向下箭头,可以选择是将该版式应用于选定的幻灯片还是插入一张该版式的新幻灯片。单击选择后,则进入该版式幻灯片的编辑状态。例如,选择了"标题、文本和剪贴画"版式的幻灯片如图 5-14 所示。

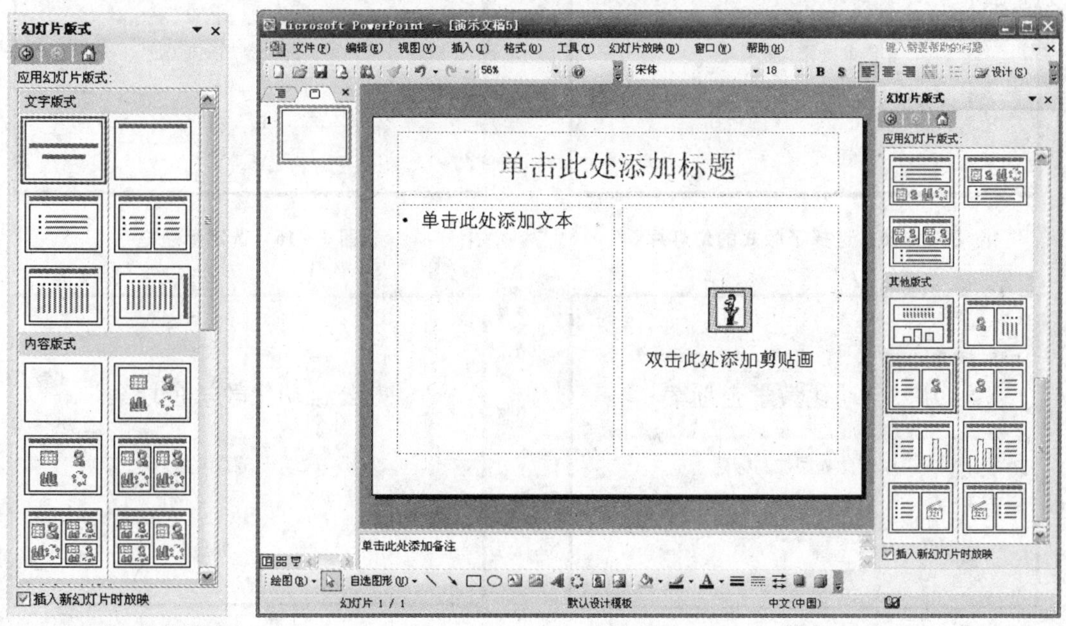

图 5-13　"幻灯片版式"任务窗格

图 5-14　"标题、文本和剪贴画"版式

第二节 制作幻灯片

在第一节中介绍了怎样创建空演示文稿或一定式样的演示文稿，本节将介绍怎样在幻灯片中输入文字，插入表格、图形、声音、视频等。

一、在幻灯片中添加文字

使用 PowerPoint 制作演示文稿的目的是为了更好地表达自己的观点、说明情况，所以在幻灯片上输入文字是最基本的工作。由于每张幻灯片页面设置只有方寸之大，故而 PowerPoint 提供的所有版式，均不需要输入大量的文字，只要写入言简意赅的几条标题和几行正文以起到提纲挈领的作用即可。

(一)在幻灯片中输入文字

图 5-15 所示的是一张选择了自动版式的幻灯片，现在可开始在它上面进行输入文字的操作。

(1)单击标题框。这时标题框周围的虚线边框消失，变为有 8 个控制点的文本框，同时在文本框的中间出现一个插入光标，如图 5-16 所示。

(2)在标题框中输入“办公自动化教学企划案”，如图 5-17 所示。

(3)在输入完文字后，可以对字体和字号进行修改。具方法与在 Word 中相同。

(4)完成对标题的编辑工作后，用鼠标单击页面空白处，以取消对标题栏的选择。

采用输入主标题的方法，输入副标题。图 5-18 所示为输入完文字后整个幻灯片的效果。

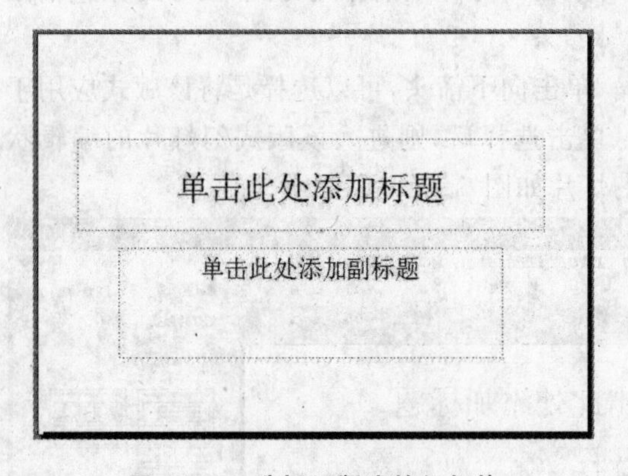

图 5-15 选择了版式的幻灯片

图 5-16 选定标题框

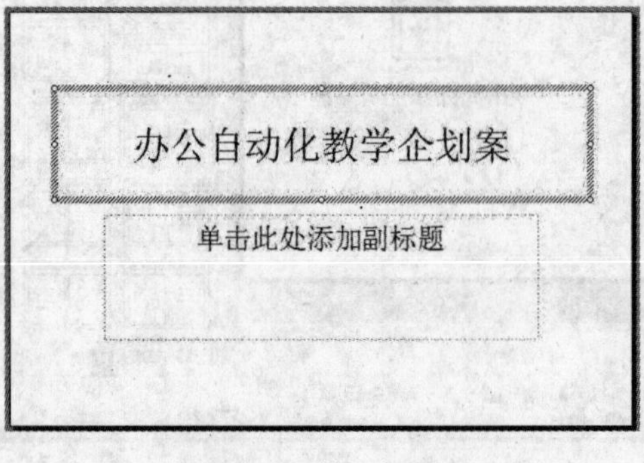

办公自动化教学企划案

单击此处添加副标题

图 5-17 输入标题图

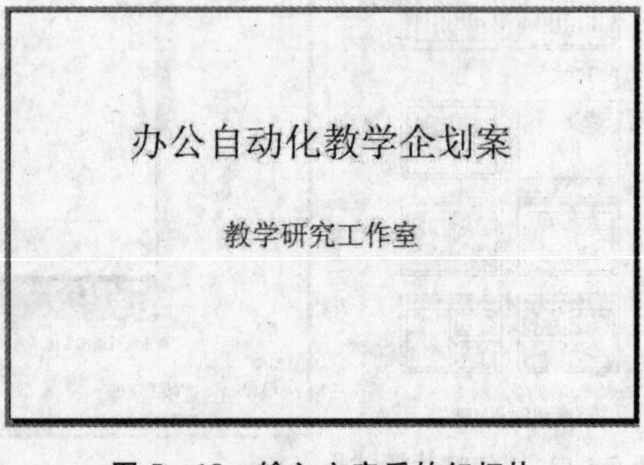

办公自动化教学企划案

教学研究工作室

图 5-18 输入文字后的幻灯片

利用“视图”左侧的“大纲”选项卡也可输入文字。中文 PowerPoint 2003 演示文稿的大纲由一系列标题组成，标题下方还有子标题，子标题下方还可以再有层次小标题。不同层次的文本有不同程度的左缩进。可以直接在大纲中输入文字，在大纲中输入的文字也在幻灯片中显示出来。

(二)在幻灯片中导入已有文字

可以往幻灯片中输入新的文字内容，也可以将现有的各种文字导入幻灯片中，实现这一功能可以通过复制文本。具体操作步骤如下：

(1)在文本编辑状态下，选中需要复制的文字内容，单击工具栏中的“复制”按钮，或单击“编辑”菜单中的“复制”选项或同时按“Ctrl”+“C”键，将选中的内容复制到剪贴板上。

(2)将光标置于需要插入文本的位置，单击工具栏中的“粘贴”按钮，或者单击“编辑”菜单中的“粘贴”选项或同时按“Ctrl”+“V”键，将文本复制到光标所在位置。

需要说明的是，PowerPoint 2003 提供了多达 24 个剪贴板，用户使用时可以剪切多个对象放入剪贴板中，也可在粘贴时从“剪贴板”任务窗格中进行选择。具体操作步骤如下：

单击“编辑”菜单中的“Office 剪贴板”选项，从已有的剪切下来的对象中单击所需对象，该对象便被复制到当前光标处。若未打开“剪贴板”任务窗格，默认粘贴的将是“剪贴板”最近一次“复制”或“剪切”的对象。

若要删除文本，可使用“BackSpace”键，删除光标左侧一个字符；用“Delete”键删除光标右侧一个字符，也可选中一段文字后，按“Delete”键，把选中的文字清除；通过鼠标拖放或“剪切”命令，可将选中的某段文字或对象进行移动。

二、在幻灯片中插入表格、图表、剪贴画、图片

(一)在幻灯片中插入表格

使用表格可以清楚地表达各数据间的关系，使所展示的内容更加有条理。有许多方法可以在 PowerPoint 2003 演示文稿中创建使用表格。既可以直接在 PowerPoint 2003 中创建表格，也可以添加其他程序中的表格，如链接对象或嵌入对象等。

(1)创建含有表格的幻灯片。利用表格幻灯片版式创建新幻灯片的操作步骤如下：

①单击工具栏上的新建按钮。

②单击“格式”菜单中的“幻灯片版式”命令，打开“幻灯片版式”任务窗格。

③在任务窗格中选择“标题和表格”自动版式，如图 5-19 所示。

④双击表格占位符，弹出“插入表格”对话框，如图 5-20 所示。

⑤在对话框中的“列数”文本框中输入表格列数，在“行数”对话框中输入表格行数。

⑥单击“确定”按钮，即可在幻灯片中插入所需表格。

(2)使用“插入表格”按钮创建有表格的幻灯片。使用“插入表格”按钮创建表格的操作步骤如下：

①单击“常用”工具栏上的“插入表格”按钮，出现如图 5-21 所示的下拉窗口。

②移动鼠标，在下拉网格中选择表格的行数和列数。

③松开鼠标左键并在下拉网格外的任意位置单击，即可在幻灯片中插入一个二维表格。

(二)在幻灯片中插入图表

PowerPoint 2003 提供了强大的图表功能，共有 14 种图表类型和 10 多种内部自定义图表类型，且允许用户自定义图表类型。这 14 种类型图分别是柱形图、条形图、折线图、饼图、XY

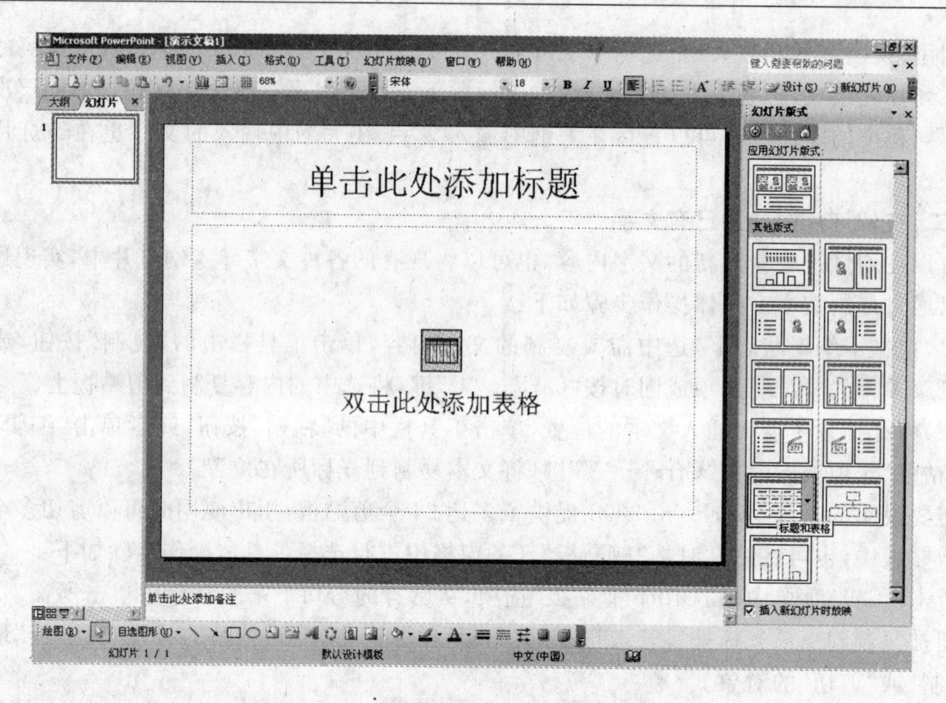

图 5-19 “标题和表格”自动版式幻灯片

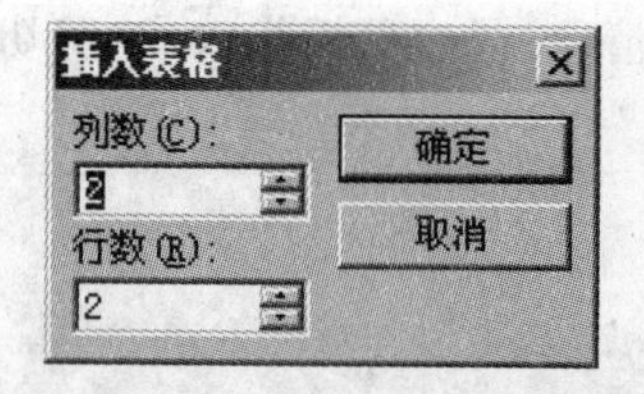

图 5-20 “插入表格”对话框

散点图、面积图、圆环图、雷达图、曲面图、气泡图、股价图、圆柱图、圆锥图、棱锥图。

柱形图是用来显示一段时期内数据的变化或描述各项之间的比较。它采取分类项水平组织、数值垂直组织的方式，可以强调数据随时间的变化，如图 5-22 所示。

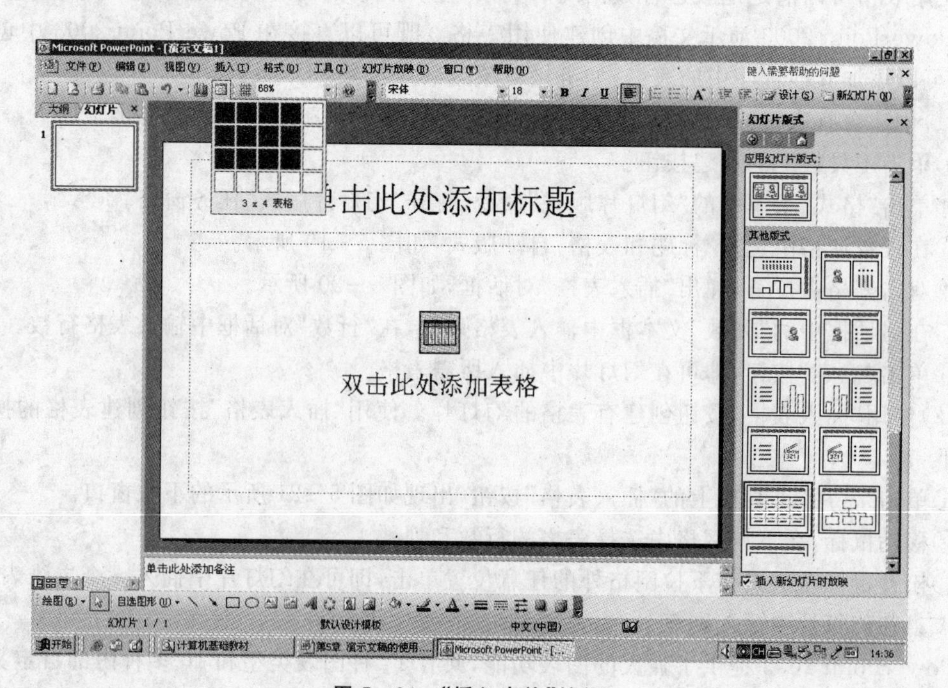

图 5-21 “插入表格”按钮

在 PowerPoint 2003 中可以直接创建一个图表，也可导入一个 Excel 工作表或图表。

PowerPoint 2003 的默认图表程序是 Microsoft Graph，使用 Microsoft Graph 图表应用程序，可在演示文稿中加入图表。使用时先打开该应用程序，然后在幻灯片中加入数据图表。创建数据图表的具体步骤如下：

(1)在左边窗口“幻灯片”选项卡下，单击显示需插入图表的幻灯片。

(2)单击“插入”菜单中的“图表”命令，或单击常用工具栏上的“插入图表”按钮，启动 Microsoft Graph 应用程序，进入图表编辑状态，出现如图 5-23 所示的 Graph 工作窗口，在窗口中出现一张示例数据表和示例图表。

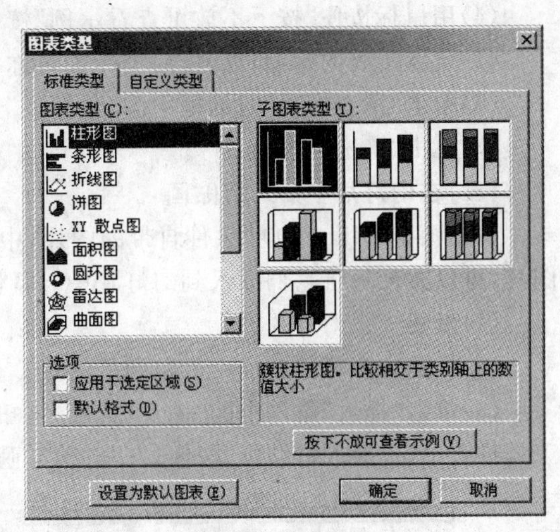

图 5-22　柱形图

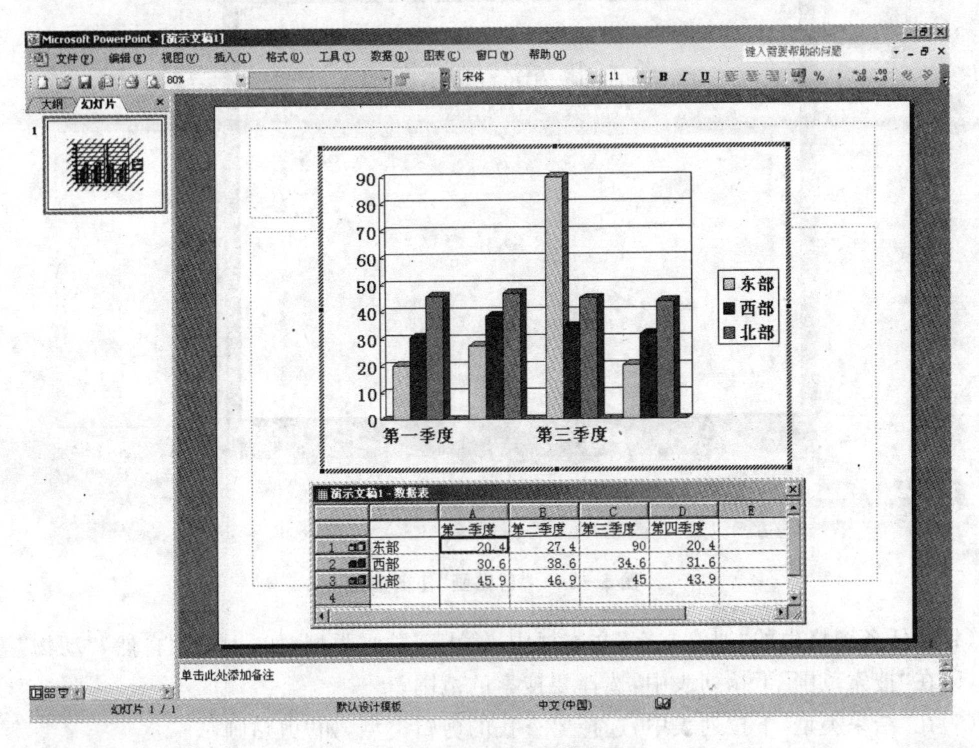

图 5-23　Graph 工作窗口

(3)单击数据表上的单元格，然后键入所需内容以替换示例数据，此时图表中的数据也发生相应变化。

(4)单击幻灯片中图表以外的区域。

在数据表中输入数字并进行必要的格式化后，便可进入图表制作过程。具体操作步骤如下：

(1)单击“插入”菜单中的“图表”命令，在弹出的下拉菜单中选择“图表类型”命令。

(2)在“图表类型”对话框中，单击“标准类型”选项卡。

(3)在“图表类型”列表框中选择图表的类型，再在“子图表类型”列表框中选择子图表类型。

(4)用鼠标按住“按下不放可查看示例”按钮，预览效果，若满意，按“确定”按钮。

(5)设置图表的标题，纵、横向坐标轴名称，图例位置，增加数据标志。

(6)单击“图表选项”对话框中的“数据表”选项卡，选中“显示数据表”复选框。

(7)单击“确定”按钮。

(三)在幻灯片中插入剪贴画

剪贴画是Office 2003软件自带的图片，中文PowerPoint 2003的剪辑库中包含了大量的图片，可以方便地将它们插入到幻灯片中。具体操作步骤如下：

(1)新建一张幻灯片。

(2)将插入点移到要插入剪贴画的位置。

(3)单击“插入”菜单中的“图片”选项，再单击其子菜单中的“剪贴画”命令，或者在“绘图”工具栏上单击“插入剪贴画”按钮，打开“剪贴画”任务窗格，如图5-24所示。

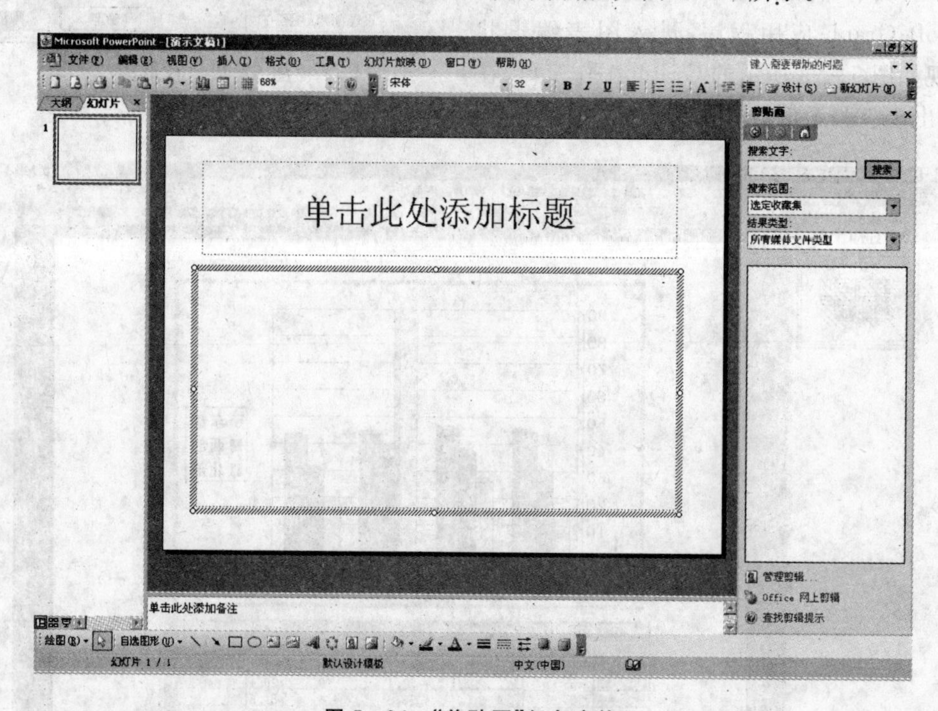

图5-24 “剪贴画”任务窗格

(4)在任务窗格中的“搜索文字”文本框中，输入剪贴画类型，如“人物”“自然”“动物”等。

(5)在“搜索范围”下拉列表中，选择要搜索的范围。

(6)在“结果类型”下拉列表中，选择要查找的剪辑类型，如“剪贴画”。

(7)单击“搜索”按钮，在“插入剪贴画”任务窗格的“结果”列表框中，显示搜索到的相关图片。

(8)单击要插入的剪贴画，可将其插入到光标所在位置，如图5-25所示。

(四)在幻灯片中插入图片

在PowerPoint 2003中，可以将事先用外部图形图像处理软件处理好的图片(如.pcx、.bmp、.tif、.pic等格式)插入到文档中。具体操作步骤如下：

(1)新建一张空白版式的幻灯片。

(2)将插入点置于要插入图片的位置。

(3)单击“插入”菜单中的“图片”选项，从其子菜单中选择“来自文件夹”命令，打开“插入图

图 5-25　“插入剪贴画”示例

片”对话框，如图 5-26 所示。

图 5-26　“插入图片”对话框

(4)在“查找范围”下拉列表框中选择图片文件所在的文件夹，选中一个要插入的文件。

(5)单击对话框中“视图”按钮右边的下拉箭头，从下拉列表中选择“预览”命令。

(6)单击“插入”按钮，即可将选中的图片文件插入到幻灯片中。

在幻灯片中插入剪贴画或图片之后，还可以对其进行调整和格式设置，如调整图片大小、图片位置、环绕方式，裁剪图片，添加边框等。

(五)在幻灯片中插入组织结构图

通过组织结构图可以形象地表达结构式层次关系。下面以使用“组织结构图”自动版式幻灯片为例，介绍其具体的操作步骤。

(1)在“常用”工具栏中单击“新幻灯片”按钮,打开“幻灯片版式”任务窗格。

图 5-27 “标题和图示或组织结构图”版式

(2)在“应用幻灯片版式”中选择“其他版式”的“标题和图示或组织结构图”版式,新建一张幻灯片,如图 5-27 所示。

(3)用鼠标双击“双击添加图示或组织结构图”占位符,弹出“图示库”对话框,如图 5-28 所示。

(4)选择图示类型,单击“确定”按钮,出现如图 5-29 所示的“组织结构图”窗口。

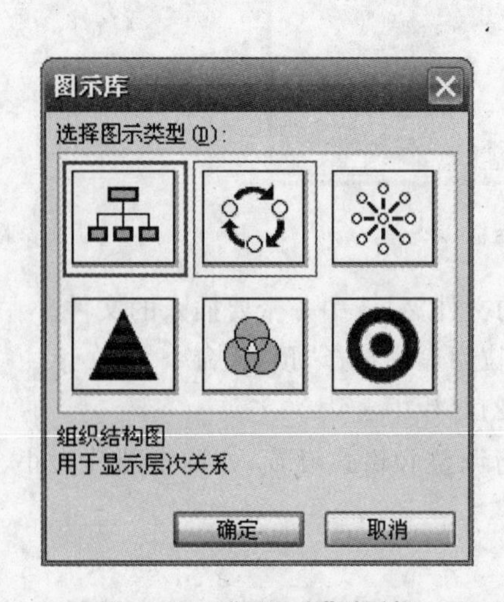

图 5-28 “图示库”对话框

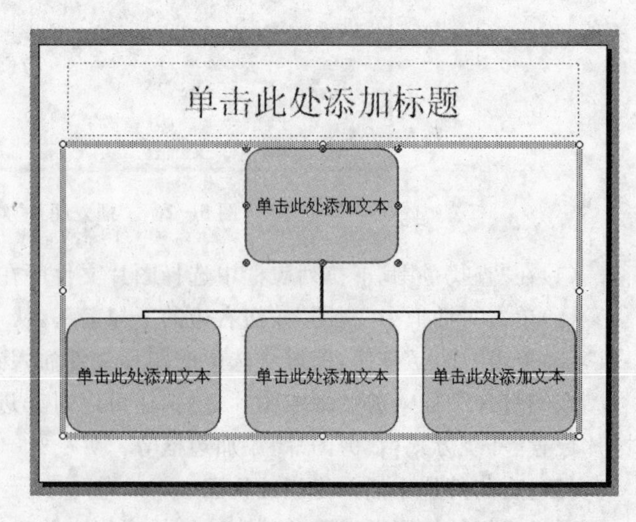

图 5-29 “组织结构图”窗口

(5)用鼠标单击最上面的图框,在该图框中出现文字光标,可在其中输入文字。

(6)用同样的方法可在其余图框中输入文字。

(7)若需要再添加新的形状,则可选择要在其下方或旁边添加新形状的图框,再单击"组织结构图"工具栏中"插入形状"的下拉箭头,再单击下拉列表中的"下属"命令,即可在相应位置增加一个图框。

三、在幻灯片中插入影片和声音

插入影片的具体步骤如下:

(1)在普通视图中,显示要插入影片的幻灯片。

(2)单击"插入"菜单中的"影片和声音"子菜单,选择"文件中的影片"选项。

(3)在弹出的对话框中选择要插入的影片的文件名。

(4)单击"确定",可根据弹出的提示选择影片的播放方式。

插入剪辑库中的声音的具体步骤如下:

(1)在普通视图中,显示要添加声音的幻灯片。

(2)单击"插入"菜单中的"影片和声音"子菜单,选择"剪辑管理器中的声音"选项,弹出任务窗格,并自动搜索出剪辑管理器中的声音文件。

(3)从列表中选择所需声音,从是否自动播放声音的对话框中选择"是"或"否"。另外,还可插入外部文件的声音、CD 音乐等。

第三节　演示文稿的编辑和修饰

对输入到幻灯片中的文字,通常还需做一些编辑和修饰才能使演示文稿美观大方,具有吸引力。对输入的文字进行编辑,通常是指对文字进行插入、移动、删除、复制及文本格式化等一系列的操作;对文字进行修饰是指更换演示文稿的模板、改变幻灯片的版式、背景及配色方案等。

一、PowerPoint 演示文稿的编辑

对于输入到幻灯片中的内容进行选定后,就可以很方便地进行编辑。演示文稿的编辑包括修改文字的内容和改变文字的格式等。

(一)修改文字的内容

修改文字的内容的操作主要包括选定文本、插入文本、复制文本、移动文本、删除文本等。

(1)选定文本。用鼠标单击需要编辑的文字,即进入文字编辑状态,在文字周围出现文本框,同时在文字中出现文字输入光标。把光标移动到要选定内容的起始处,然后按下鼠标左键拖到选定内容的结束处,再放开左键,即可选中所需内容,如图 5-30 所示。

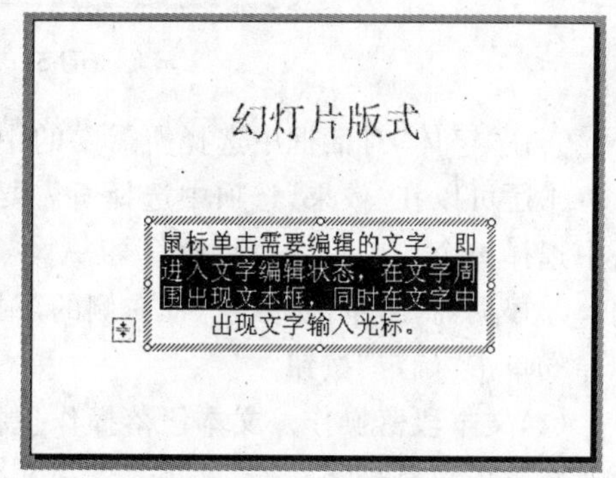

图 5-30　选定文本

(2)插入文本。在 PowerPoint 中输入了一段文字之后,要在其中插入文字,只要将光标移至要插入文字的地方,单击鼠标左键,插入点就移到该位置,这时便可在该位置输入文字了。随着文字的输入,

插入点之后的文字向后移动。

(3)复制文本。具体操作步骤如下：

①在文本编辑状态下，选定需要复制的文本。

②单击工具栏中的"复制"按钮或单击"编辑"菜单中的"复制"命令，将选定的内容复制到剪贴板上。

③将光标置于需要插入文本的位置，单击工具栏中的"粘贴"按钮或者单击"编辑"菜单中的"粘贴"命令，将文本复制到光标所在的位置。

(4)移动文本。具体操作步骤如下：

①在文本编辑状态下，选定需要移动的文本。

②单击工具栏中的"剪切"按钮或单击"编辑"菜单中的"剪切"命令，将选定的内容移到剪切板上。

③将光标置于需要插入文本的位置，单击工具栏中的"粘贴"按钮或者单击"编辑"菜单中的"粘贴"命令，将文本移动到光标所在的位置。

另外，也可以用鼠标拖动的方法移动文本。

(5)删除文本。删除文本的最简单的方法是使用"Delete"键将光标后面一个字符删除，或者使用"BackSpace"键将光标前一个字符删掉，或者选定一段文字后，按"Delete"键，把选定的文字删除。

(二)改变文字的格式

在 PowerPoint 中也可像 Word、Excel 中那样修改文本的字体、字形、字号及颜色等。

(1)改变文字的字体、字形、字号及颜色。具体操作步骤如下：

①选取要格式化的文本或段落。

②单击"格式"菜单中的"字体"命令，弹出"字体"对话框，如图 5-31 所示。

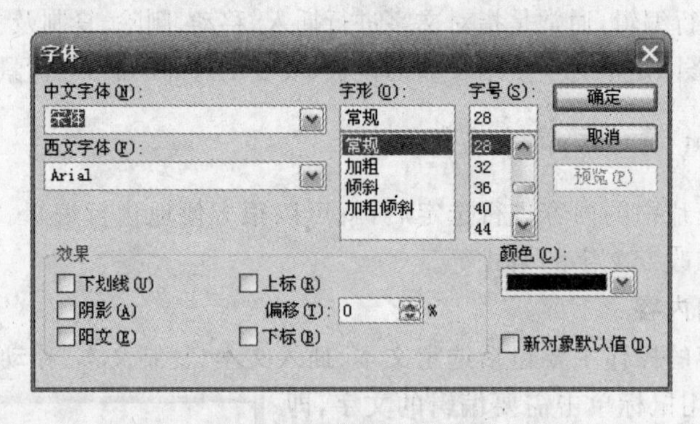

图 5-31 "字体"对话框

③在"字体"对话框中选择所需要的中文字体、字形和字号。

④还可以在"效果"选项中选择所需要的效果，如下划线、阴影、浮凸等，但阴影和浮凸只能从中选择一个。

⑤根据需要，单击"颜色"框右侧的下拉按钮，打开颜色表，选择所需要的颜色。

⑥单击"确定"按钮。

(2)文本段落操作。文本段落操作包括的主要内容有设置段落对齐方式、改变段落内的行距及修改项目符号等。

设置段落对齐方式的操作步骤如下：

①将文字光标插入需要进行对齐排列的段落中。

②单击“格式”菜单，在弹出的下拉菜单中选择“对齐方式”选项。

③在弹出的对齐方式子菜单中选择所需对齐方式。

改变段落内的行距的操作步骤如下：

①单击需要更改行距段落中的任意文字，将文字光标插入到段落中。

②单击“格式”菜单，在弹出的下拉菜单中单击“行距”命令，弹出“行距”对话框。

③在“行距”对话框中，更改行距的值、段落前行距的值和段落后行距的值。

④单击“确定”按钮。

修改项目符号的方法与上述两种方法相似，单击“格式”菜单后，在弹出的下拉菜单中选择“项目符号和编号”命令，弹出“项目符号和编号”对话框，在对话框中单击“项目符号项”选项卡，选择所需符号，单击“确定”按钮即可。

（三）幻灯片的移动、复制和删除

对一个已经创建好的演示文稿，可以重新排列幻灯片的顺序，还可复制和删除其中的幻灯片，这些操作可在幻灯片浏览视图中进行。

(1)幻灯片的移动。在幻灯片浏览视图中，移动一张幻灯片最简单的方法就是拖放操作。此外，也可以使用剪切、粘贴命令等来移动幻灯片，使用拖放操作移动幻灯片的操作步骤如下：

①将鼠标指向所要移动的幻灯片。

②按住鼠标左键并拖动鼠标，将插入标记移动到某两幅幻灯片之间。

③释放鼠标，幻灯片就被移到新的位置。

(2)幻灯片的复制。使用“插入”菜单中的“幻灯片副本”命令，复制幻灯片的操作步骤如下：

①将插入点置于要复制的幻灯片中。

②执行“插入”菜单中的“幻灯片副本”命令，可在该幻灯片的下方复制一个新的幻灯片。

另外，还可通过剪贴板或鼠标复制幻灯片。

(3)幻灯片的删除。删除幻灯片的操作步骤如下：

①在幻灯片浏览视图中选定要删除的幻灯片。

②执行“编辑”菜单中的“剪切”命令或“删除幻灯片”命令。

二、PowerPoint 演示文稿的修饰

（一）更换演示文稿的模板

使用中文 PowerPoint 2003 提供的模板，可以方便、快捷地创建出具有统一格式和风格的演示文稿，中文 PowerPoint 2003 提供了两种模板，即设计模板和内容模板。

(1)在演示文稿中使用设计模板。具体操作步骤如下：

①打开需要使用设计模板的演示文稿。

②单击“格式”菜单中的“幻灯片设计”命令，打开“幻灯片设计”任务窗格，在任务窗格中选择“设计模板”任务窗格。

③在“应用设计模板”列表框中，单击需要的模板。

(2)使用演示文稿内容模板。具体操作步骤如下：

①单击“文件”菜单中的“新建”命令，在窗口中打开“新建演示文稿”任务窗格。

②单击任务窗格中的“本机上的模板”命令，弹出“新建演示文稿”对话框，单击对话框中的“演示文稿”选项卡，如图 5－32 所示，在内容模板列表中选择需要的模板。

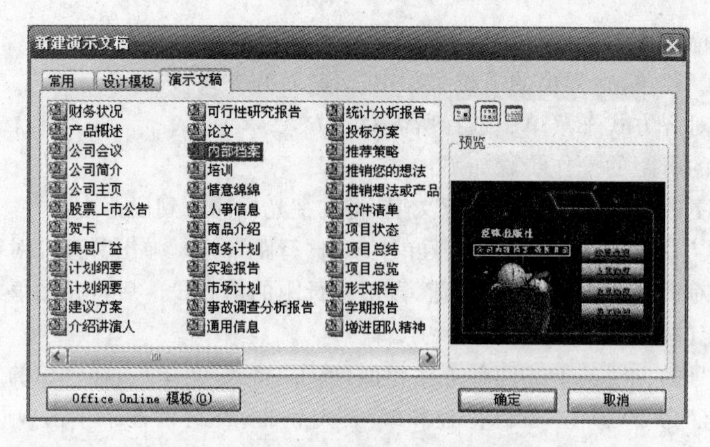

图 5-32 “新建演示文稿”对话框

③单击“确定”按钮。

④在幻灯片编辑区中，根据提示内容创建新幻灯片。

⑤在“大纲”选项卡中单击第 2 张幻灯片，同样根据提示创建第 2 张幻灯片内容。

⑥按同样的方法，制作出演示文稿的所有幻灯片。

(二)改变幻灯片的背景

在讲述设置幻灯片模板时曾经提到过，一旦为一张幻灯片选择了模板样式，该模板会作为幻灯片母板被应用到整个演示文稿中。为了让每张幻灯片各具特色，只能通过设置幻灯片背景的方法来达到这一目的。

设置幻灯片背景的操作步骤如下：

(1)在幻灯片视图下，打开需要设置背景的幻灯片。

(2)打开“格式”菜单，在弹出的子菜单中单击“背景”选项，打开“背景”对话框，如图 5-33 所示。

(3)在对话框的下方，有一个当前背景的显示条，单击其右侧的下三角按钮，弹出一个下拉菜单，在颜色列表中选择背景的颜色。如果想从更多的颜色中选择，单击“其他颜色”命令，在弹出的“颜色”对话框中选择合适的颜色。在下拉菜单中选择“填充效果”选项，进入“填充效果”对话框。

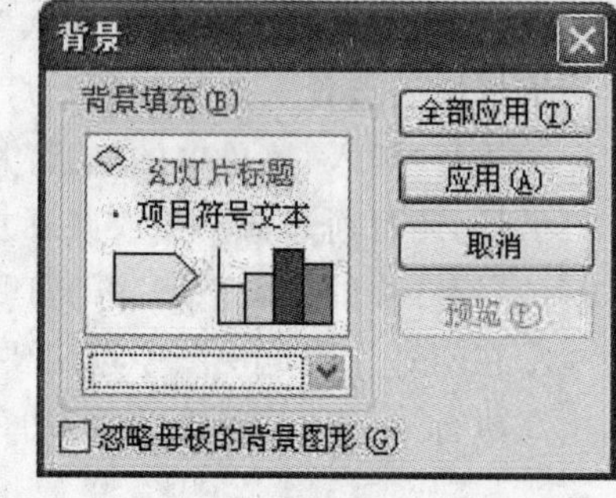

图 5-33 “背景”对话框

(4)在“填充效果”对话框中有 4 个选项卡，选择“图案”选项卡，在打开的选项卡中可以选择合适的图案，如图 5-34 所示。

(5)在“图案”选项卡中不仅可以选择图案，还可以设置所选图案的前景和背景颜色，其中前景指的是图案上的线条颜色。做完上述操作后，所选的背景效果会在右侧的“示例”区中显示出来。当觉得满意之后，单击“确定”按钮。

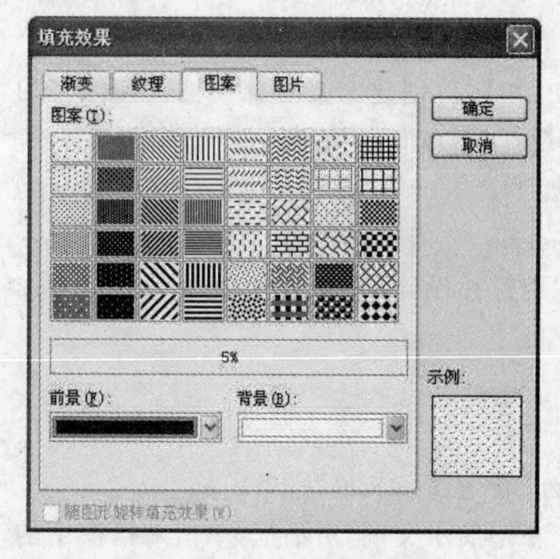

图 5-34 “填充效果”对话框

(6)现在又回到了图 5-33 的“背景”对话框，选择“忽略母板的背景图形”选项，可以使幻灯片的背景不受幻灯片母板的影响。因为本次设置的背景只需要应用到当前的幻灯片上，所以要单击“应用”按钮。如果想将设置的背景应用到整个演示文稿中，就单击“全部应用”按钮。

完成了设置幻灯片背景的操作，检查一下效果如何。当然还可以试着选择一下“渐变”“纹理”选项卡来更改背景，其效果会更令人惊奇。

通过上面的背景制作实例，可以得出这样一个结论：无论采用什么方法，只要改变幻灯片的背景，就能使同一个演示文稿中的每张幻灯片看起来好像与模板样式不尽相同，从而解决了幻灯片母板所造成的同一模板样式问题。

（三）改变幻灯片的配色方案

配色方案是预设幻灯片中的背景颜色、文本颜色、填充颜色、阴影颜色等色彩的组合。每个设计模板都有一个或多个配色方案。一个配色方案包括 8 种不同的颜色，即背景颜色、文本和线条颜色、阴影颜色、标题文本颜色、填充颜色、强调文字和超链接颜色。

（1）选择演示文稿的配色方案。具体操作步骤如下：

①打开需要设置配色方案的演示文稿文档。

②单击“格式”工具栏上的“设计”按钮，在打开的任务窗格中单击“配色方案”，打开“幻灯片设计”任务窗格中的“配色方案”任务窗格。

③在任务窗格的“应用配色方案”列表框中，选择所需的配色方案。

（2）自定义配色方案。具体操作步骤如下：

①单击“格式”工具栏中的“设计”按钮，在打开的任务窗格中单击“配色方案”，打开“幻灯片设计”任务窗格中的“配色方案”任务窗格。

②单击任务窗格左下角的“编辑配色方案”按钮，弹出“编辑配色方案”对话框。

③在“配色方案颜色”选项组中，选中需要更改的颜色框，单击“更改颜色”按钮，弹出“背景色”对话框。

④单击“背景色”对话框中的“标准选项卡”，选择一种合适的颜色，单击“确定”按钮。

（四）添加页眉和页脚

通过在幻灯片中设置页眉和页脚，可使演示文稿中的各张幻灯片具有幻灯片编号格式等。具体操作步骤如下：

（1）打开需要编辑的演示文稿。

（2）单击“视图”菜单，在弹出的下拉菜单中选择“页眉和页脚”命令，弹出如图 5－35 所示

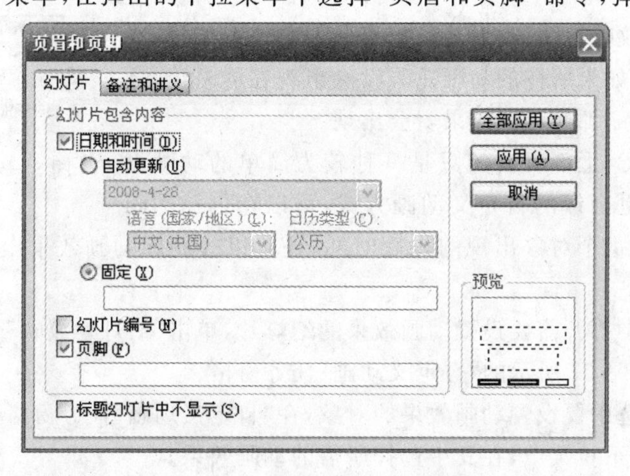

图 5－35　“页眉和页脚”对话框

的对话框。

(3)在对话中进行所需的选择即可。

第四节 演示文稿放映

播放演示文稿的方法有多种,可以将演示文稿打印出来,使用投影机播放;也可以直接在计算机中播放,或者通过计算机网络播放。对于使用计算机播放演示文稿而言,在演示文稿放映过程中又可以使用多种放映技巧。本节主要讲解在计算机中播放演示文稿的方法及设置。

一、设计幻灯片的放映

(一)设置动画放映效果

使用 PowerPoint 制作演示文稿的最终目的是将一张张漂亮的幻灯片通过投影仪或计算机屏幕动态地展现出来。为了使幻灯片的放映效果更加生动并具有吸引力,可以给幻灯片中的标题、正文及图片等各种对象增加动画效果。

动画就是对文本或对象添加一种特殊的视觉和声音效果,使演示文稿在播放时像放映动画片一样展现在屏幕上。也许你认为,如此难的事情怎么会实现呢?其实不然,PowerPoint 强大的功能不仅让这一切变为可能,而且操作上还非常简单,下面就介绍如何为幻灯片添加动画效果。

(1)创建动画效果。在一张幻灯片上不外乎标题、正文或插入的对象这几项内容,你可以在幻灯片视图下,依次为它们设置动画效果。具体操作步骤如下:

①在幻灯片视图下打开要添加动画效果的幻灯片,然后选定要添加动画效果的对象。

②单击"幻灯片放映"菜单下的"动画方案"选项,弹出如图 5-36 所示的对话框。在该对话框中预设了一组动画效果,它控制着对象以何种动画形式出现。

③在菜单中选择一种动画效果,然后单击左键,就完成了设置操作。

④选择幻灯片放映视图,观看动画效果。需要注意的是,在进入幻灯片放映后,如果所作的动画效果没有出现在屏幕上,这时只要单击一下鼠标,那些动画效果就会出现。

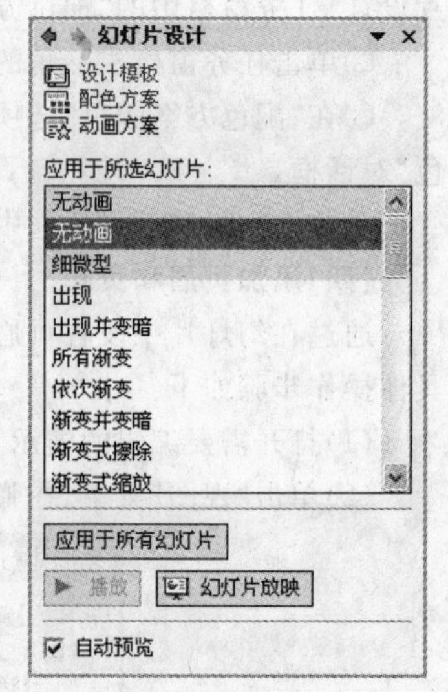

图 5-36 创建动画效果

(2)自定义动画。上面所讲的只是一种较为简单的动画设置方法。如果采用更高级的自定义动画方式,可以在创建动画的基础上,不仅控制每个对象出现的先后时间,还可以控制随动画效果出现时是否有声音陪伴。具体步骤如下:

①在演示文稿中打开需要设置动画效果的幻灯片,单击"幻灯片放映"菜单中的"自定义动画命令",打开如图 5-37 所示的"自定义动画"任务窗格。

②在幻灯片中选中要设置动画效果的对象,在"自定义动画"任务窗格上,单击"添加效果"按钮,打开动画效果下拉菜单,在其中选择所需的动画效果。

③为对象设置动画后,添加了动画效果的对象在左上角出现一个编号,它代表动画登场的

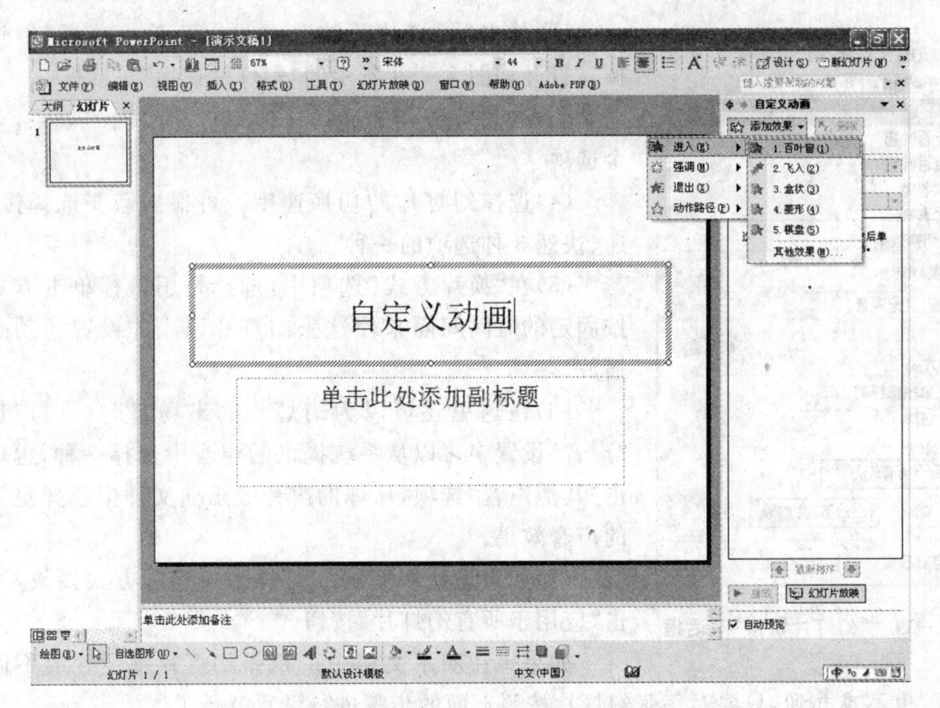

图 5－37 "自定义动画"任务窗格

顺序。

④若要删除某个对象的动画效果，可单击该对象前的编号，再单击"自定义动画"任务窗格中的"删除"按钮。

⑤在"修改"选项框中打开"开始"下拉菜单，在打开的菜单中选择该对象在幻灯片中的播放顺序；打开"方向"下拉菜单，在打开的菜单中选择该动画效果的运动方向；打开"速度"下拉菜单，在打开的菜单中选择动画运动的速度。如图5－38所示。

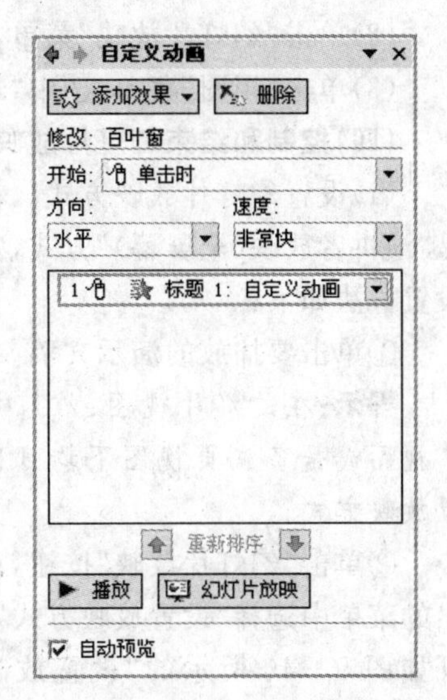

图 5－38 "自定义动画"任务窗格

⑥若要更改幻灯片中各动画的执行顺序，可在"自定义动画"任务窗格中选中要改变顺序的对象，单击"重新排序"两边的上下箭头按钮。

⑦在"自定义动画"任务窗格中，单击"播放"按钮，可在PowerPoint窗口的幻灯片编辑区预览动画效果。

⑧在"自定义动画"任务窗格中，单击"幻灯片放映"按钮后，就开始从当前幻灯片放映演示文稿。

(二)幻灯片间的切换

一篇演示文稿一般都是由几张相互关联的幻灯片按一定顺序有机地组织在一起。在计算机屏幕播放时，可以利用"幻灯片切换"功能对每张幻灯片的出现和换片方式进行控制。它与为幻灯片设置动画效果一样，能增强幻灯片放映时的动感，让人觉得你的演示文稿神奇而又不可思议。具体操作步骤如下：

(1)在幻灯片视图下打开要设置切换效果的幻灯片。

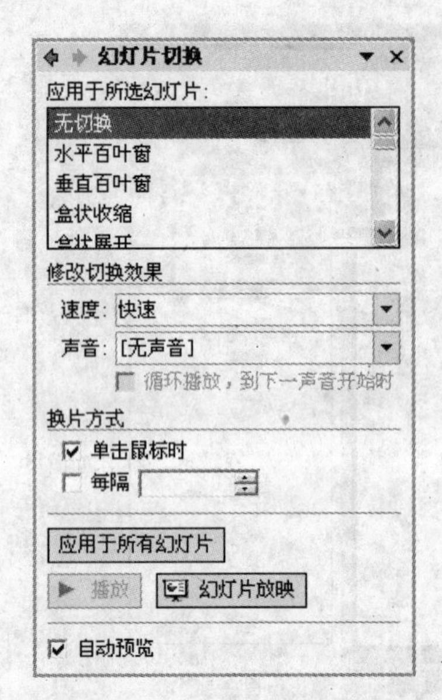

图 5-39 “幻灯片切换”对话框

(2)单击“幻灯片放映”,在弹出菜单中选择“幻灯片切换”,打开如图 5-39 所示的“幻灯片切换”对话框。

(3)在效果列表中选择一种幻灯片出现的效果,单击这个选项。

(4)选择幻灯片的切换速度。可根据需要选择慢速、中速、快速 3 种选项的一种。

(5)在“换片方式”选项中,选择是用鼠标单击方式还是按固定的时间间隔来使这张幻灯片以刚才设置的动画效果播放。

(6)在这里还可以为幻灯片的出场营造一些声势。在“声音”设置中可以从系统提供的声音中选择一种,也可以单击“其他声音”选项,从你的声音或乐曲文件中选择更为满意的声音效果。

(7)如果想让所有的幻灯片都按这种方式播放,可以单击“应用于所有幻灯片”按钮。

如果想让演示文稿中的每张幻灯片都设置成不同的动画效果,也不难办到,只要对每张幻灯片按照上面的步骤进行设置就行了。

(三)启动幻灯片放映

在制作完幻灯片后,可以不必进行放映参数设置,就可以直接放映幻灯片,执行下列几种方法中的任何一种均可启动幻灯片放映。

(1)单击演示文稿窗口左下角的“幻灯片放映”按钮。

(2)单击“幻灯片放映”菜单,选中“观看放映”选项命令(或在键盘上按“F5”键)。

(3)单击“视图”菜单,选中“幻灯片放映”选项命令。

(四)控制和结束幻灯片放映

(1)设置幻灯片放映方式。在 PowerPoint 中提供了几种播放演示文稿的方法。最常用的是“演讲者放映(全屏幕)”方式,它可以使演讲者对演示文稿有绝对的控制权。该放映方式的设置方法如下:

①单击要播放的演示文稿。

提示:在幻灯片视图、幻灯片浏览视图或是备注页视图下均可以设置放映方式。

②单击“幻灯片放映”按钮,在弹出的菜单中选择“设置放映方式”,打开如图 5-40 所示的“设置放映方式”对话框。

③在“放映类型”选项区中,有“演讲者放映(全屏幕)”“观众自行浏览(窗口)”“在展台上浏览(全屏幕)”3 个单选框;在“放映选项”区域中,有“循环放映,按 ESC 键终止”“放映

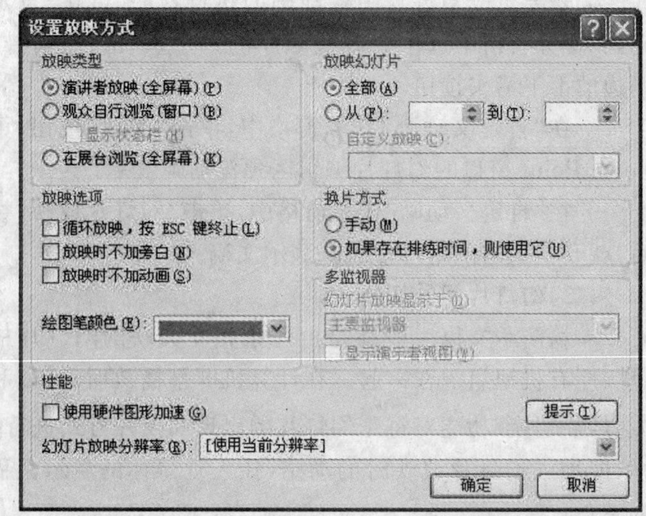

图 5-40 “设置放映方式”对话框

时不加旁白”“放映时不加动画”等3个复选框。可以根据演示文稿的内容及演讲时的情况来设置最佳方式。

④在“放映幻灯片”选项区可以选择全部放映或选择性放映幻灯片的个数。

⑤在“换片方式”中,需要在手动方式和自动方式之间做出选择。如果以前对演示文稿已经用排练计时的方法进行自动播放的时间设定,那么就选择自动方式。

提示:如果要对幻灯片的播放采用排练计时,可以单击“幻灯片放映”菜单下的“排练计时”选项,在进入幻灯片放映视图后,完成放映计时的操作。

⑥单击“确定”按钮,即可完成放映方式的设置工作。

现在,可以试着播放演示文稿了。只要单击“幻灯片放映”按钮,就会进入放映幻灯片的状态。

(2)基本放映控制。当进入幻灯片放映视图以后,可以采用以下所述的几种方法播放幻灯片。

①每单击鼠标左键一次,向前播放一张幻灯片。

②按一次上移键,向前播放一张幻灯片;按一次下移键,向后播放一张幻灯片。

③按键盘上的右移键或空格键可以向前播放幻灯片,按左键或退格键可以向后播放幻灯片。

在放映过程中,在窗口内单击鼠标左键,弹出一个快捷菜单,如图5-41所示,用快捷菜单中的命令可以实现对幻灯片的控制。

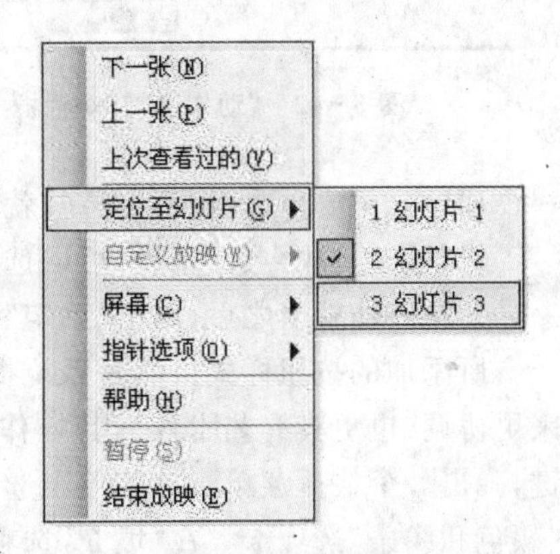

图5-41　对幻灯片的放映控制

若放映时需要强调对象(文字、图形或剪贴画),为其添加手画线,可以从快捷菜单中的“指针选项”命令的子菜单中选择“画笔”命令,把变成笔形状的光标移动到幻灯片中需要添加手画线的地方并拖动鼠标。

若选择“指针选项”命令中的“永远隐藏”命令,则在放映幻灯片的过程中,可将指针隐藏。若选择快捷菜单中的“结束放映”命令,可以随时退出幻灯片的放映。

(3)添加控制按钮。除了设置幻灯片的放映方式外,使用者还可以自行控制演示文稿的放映,因此还要在幻灯片上添加控制按钮。有了这些按钮,就可以根据需要来决定要看的下一张幻灯片是哪一张,而无需按幻灯片的先后顺序放映,从而使得演示文稿的播放更加灵活、自如。

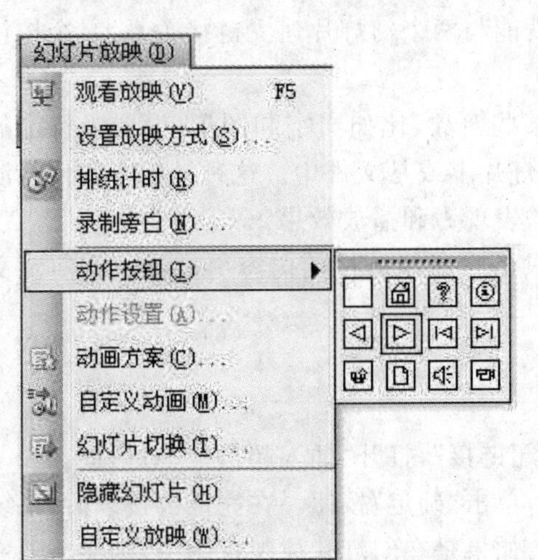

图5-42　添加“动作按钮”

设置按钮的方法如下:

①在幻灯片视图下打开要添加按钮的幻灯片。

②单击“幻灯片放映”按钮,在弹出的菜单中,选择“动作按钮”,就会出现一个级联菜单,在这个菜单上有许多控制按钮,如图5-42所示。

③用鼠标选中一个按钮后,光标就变成了“十”字形,然后在幻灯片上的适当位置,按下鼠标左键并拖动鼠标,就会在幻灯片上画出按钮的形状和大小。设置好按钮之后释放鼠标,就完成了添加按钮的操作。

④在释放鼠标之后,屏幕上立刻弹出“动作设置”对话框,如图5-43所示。这个对话框可以控

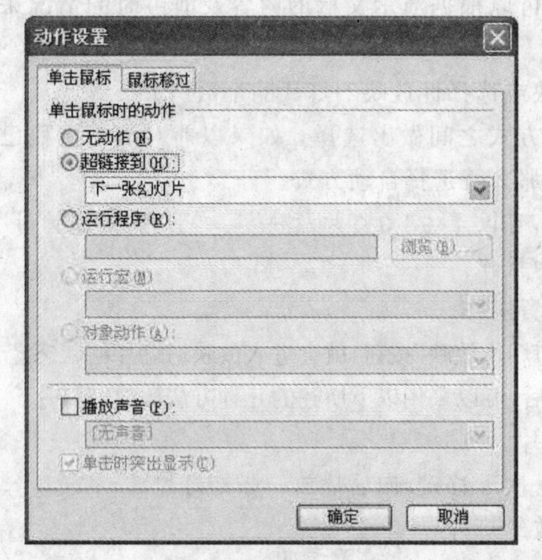

图 5-43　“动作设置”对话框

制单击按钮所要执行的操作。

⑤选择“超链接到”选项，在其下拉菜单中选择所要链接到的幻灯片，如第几张（PowerPoint 以幻灯片在演示文稿中排列的顺序号标记每张幻灯片），也就是在单击按钮后要放映的那一张幻灯片，以此实现幻灯片的自行放映。这就是在幻灯片上添加动作按钮的最终目的。

提示：在一篇演示文稿中，多张幻灯片是按照先后顺序排列的。如果在幻灯片之间建立超链接，可以在幻灯片播放时，打破这种固定的顺序，实现自由、灵活的切换，所以以幻灯片上设置的按钮作为幻灯片之间衔接的桥梁是最合适不过的。

⑥除了可以链接到其他幻灯片外，单击“运行程序”选项，还可以在单击按钮后，自动启动一个程序。只要单击“浏览”按钮，就可以选择要执行的程序。

⑦单击“播放声音”选项，可以选择在单击按钮时，伴随出现的声音。

⑧在一切就绪之后，单击“确定”按钮，完成整个操作。

所添加的按钮样式虽然是系统提供的，但可以对它的外观进行修饰，以使整个幻灯片看起来更协调，也更具有艺术性。其操作很简单，具体方法为：在选定添加的按钮后，单击鼠标右键，弹出一个快捷菜单。在菜单中选择“设置自选图形格式”选项，然后在打开的对话框中选择“颜色和线条”选项卡。在“填充”选项区中，可以为按钮添加背景和颜色，其方法与为幻灯片添加背景和颜色的操作没有什么区别。总之，别看是小小的按钮，也可以使它达到尽善尽美的效果。最后，不要忘记，还可以为动作按钮设置动画效果。

需要指出的是，若不喜欢系统提供的按钮，还可以从自选图形中选择箭头等标记作为按钮，然后像添加按钮一样将它插入到幻灯片上，再从快捷菜单中对它进行一些处理即可。在一张幻灯片上还可以设置两个按钮，这样一个幻灯片就能与两个幻灯片建立链接关系，一个按钮可用于返回，另一个按钮可进入到其他幻灯片。

(4)超链接。所谓超链接就是指将幻灯片上的某些对象，比如文字和图形，设置为特定的索引和标记，在单击后，使演示文稿跳转到其他的幻灯片上或是文件中。这种链接方式使得演示文稿的内容组织更加灵活，也大大增强了幻灯片的表现力和播放效果。

建立超链接有些类似于添加动作按钮的操作，只是它所能链接的内容更广泛。在演示文稿中建立链接的操作步骤如下：

①在幻灯片视图下，打开要建立链接的幻灯片。

②在幻灯片中选定要建立链接的对象。

③单击“插入”按钮，在弹出的下拉菜单中选择“超链接”，打开“插入超链接”对话框。

④在对话框中选定要链接的位置。在选定好后，单击“确定”按钮。在完成链接以后，系统会在含有链接的对象下面添加一条横线，以做提示。如果是在幻灯片放映视图中，则会出现一个“ ”，以告诉放映者，可以单击此处。

(5)结束幻灯片放映。当演示者需要结束放映幻灯片时，我们可以采用以下几种方式结束放映。

①在演示屏幕上直接点击右键，选择“结束放映”菜单，如图5-44所示。

②直接按键盘上的“Esc”键同样也可以退出当前的幻灯片放映。

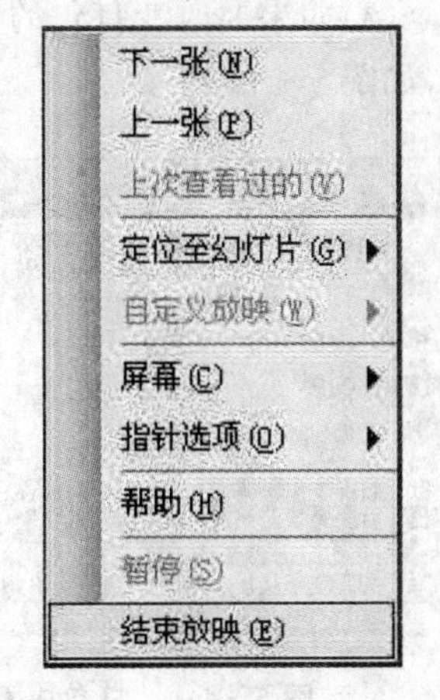

图5-44　“结束放映”菜单

二、打印演示文稿

(一)页面设置

在打印幻灯片前，应先调整好大小，以适合各种纸张大小等。设置用于打印的幻灯片大小的具体步骤如下：

(1)单击“文件”菜单中的“页面设置”命令，弹出如图5-45所示的对话框。

(2)在“幻灯片大小”下拉列表中选择所需的纸张大小，若选择“自定义”，可在“宽度”“高度”框中输入数值，以适应当前打印机的打印区域。

(3)页面设置完成后，单击“确定”按钮。

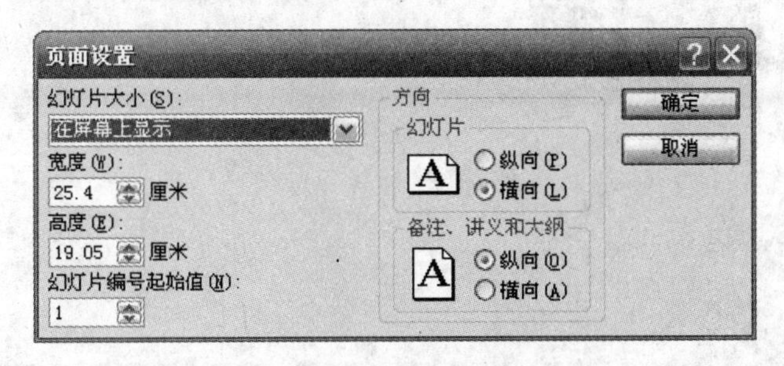

图5-45　“页面设置”对话框

(二)打印演示文稿

页面设置完成后，便可打印幻灯片，具体操作步骤如下：

(1)单击“文件”菜单中的“打印预览”命令，进入“打印预览”窗口。

(2)单击“文件”菜单中的“打印”命令，弹出“打印”对话框，可从中选择打印范围(如全部、当前幻灯片等)、打印内容(如幻灯片、讲义等)、打印颜色、打印份数等。

三、演示文稿的打包

使用PowerPoint制作演示文稿的目的就是将要说明的事情展示给别人。但是有一个问题：在没有安装PowerPoint程序的计算机中，是否能播放幻灯片呢？不用担心，PowerPoint的设计人员充分考虑到这种情况，设计了“打包”的功能，将演示文稿以打包的方式存储在软盘或光盘上，这样即使没有安装PowerPoint程序的计算机也能播放演示文稿。对演示文稿进行打包的操作步骤如下：

(1)打开演示文稿，单击“文件”菜单下的“打包成CD”命令，弹出“打包成CD”的对话框，如图5-46所示。

(2)如果除了当前演示文稿以外还要添加打包的文件，可以单击“添加文件”按钮，选择演示文稿。

(3)如果要改变打包的默认设置,则单击“复制到文件夹”按钮,弹出“复制到文件夹”对话框,如图 5-47 所示。

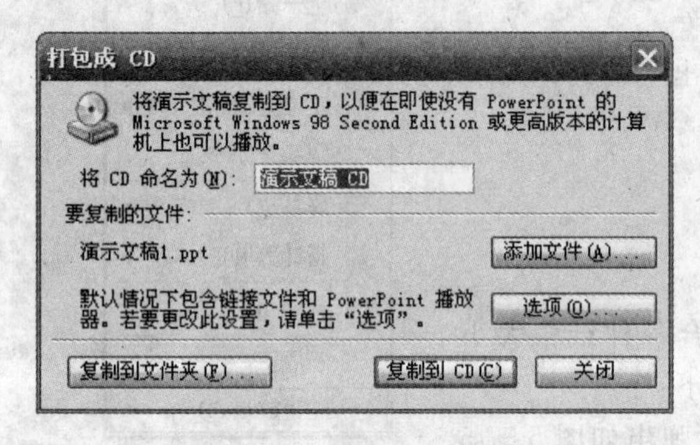

图 5-46 “打包成 CD”对话框

图 5-47 “复制到文件夹”对话框

(4)单击“浏览”按钮,选择存储打包后文件的位置,如图 5-48 所示。

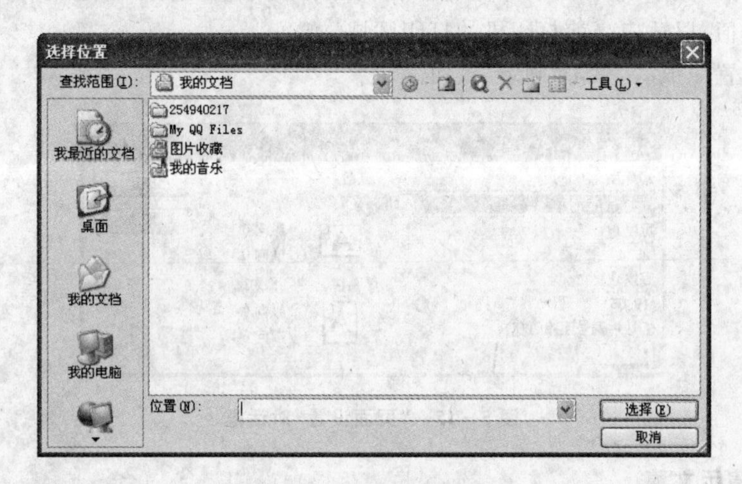

图 5-48 “选择位置”对话框

(5)单击“确定”按钮,就将该演示文稿以及演示所用到的文件打包成一个文件,存储在指定位置上。

这样便完成了打包任务,将刚才复制文档的目录刻录到光盘上,拿到别的计算机上,就能够在 Windows 环境中播放演示文稿了。

习　题

1. PowerPoint 2003 提供了几种视图以方便用户操作,各适用于哪些操作?
2. 简述幻灯片背景的设置方法。
3. 简述自定义动画的设置方法。
4. 简述幻灯片课件的打包与网络发布的方法。
5. 设计模板与幻灯片版式有什么不同?

第六章 计算机网络基础

随着 Internet（因特网）在我国的迅速发展和普及，迫切需要让学生对计算机网络和Internet有一个较完整的了解，本章从计算机网络基础知识入手，介绍了计算机网络的功能、组成、分类和 Internet 应用等。

第一节 计算机网络基础知识

一、计算机网络的含义和功能

（一）计算机网络的基本概念

计算机网络是现代通信技术与计算机技术相结合的产物。所谓计算机网络，就是利用通信介质和通信设备，把分布在不同地理位置上的具有独立功能的多台计算机、终端及其附属设备在物理上互联，按照网络协议相互通信，以共享硬件、软件和数据资源为目标的系统。它具备以下三方面的要素：

(1)通信介质。主要指传输介质，是计算机互相通信的物质基础。网络的发展很大程度上取决于传输介质的发展。常见的传输介质有同轴电缆、双绞线、光缆等，按传输介质性质划分，计算机网络数据通信有有线通信、光纤通信、无线通信和卫星通信 4 种。

(2)独立功能的计算机。指网络中的每台计算机在联网之前，就有自己独立的软、硬件系统，并且能够完全独立地工作，各个计算机系统之间没有控制与被控制的关系，联网以后，它可以平等地访问其他网络中的主机，脱离网络，它仍然能够处理各种业务，它的运转并不是必须依赖于网络中的其他设备，在网络中也称为结点。

(3)网络协议。网络协议是计算机网络中互相通信的对等实体间交换信息时所必须遵守的约定和规则的集合。网络协议通常被分为几个层次，每个层次完成自己单独的功能，通信双方只有在共同的层次间才能相互联系。常见的协议有 TCP/IP、IPX/SPX、NetBEUI 等。在局域网中，IPX/SPX 协议用得比较多，而在 Internet 上使用的则是 TCP/IP 协议。

（二）计算机网络的发展

计算机网络是通过各种通信相互连接起来的计算机组成的复合系统。数据通信正是为了适应计算机之间信息传输需要而产生的一种新的通信方式，它是计算机网络中各计算机间信息传输的基础。计算机网络的建立，除了必须具备数据通信功能外，还涉及网络中计算机间的资源共享、协同工作等信息处理问题。纵观计算机网络的发展历史可以发现，它和其他事物的发展一样，也经历了从简单到复杂、从低级到高级的过程。在这一过程中，计算机技术与通信技术紧密结合，相互促进，共同发展，最终产生了计算机网络。计算机网络出现的时间不长，但发展很快，经历了一个从简单到复杂的演变过程。总体看来，网络的发展可以分为 4 个阶段。

(1)第一代计算机网络——面向终端的计算机网络。早期的计算机系统是高度集中的，所有设备安装在单独的大房间中。最初，一台计算机只能供一个用户使用，然后出现了批处理和分时系统，这样一台计算机可以同时为多个用户服务。后来以单个计算机为中心的远程联机系统，构成面向终端的计算机网络。

1951年，美国麻省理工学院林肯实验室就开始为美国空军设计的半自动地面防空系统SAGE (Semi-Automatic Ground Environment)，就将远距离的雷达和其他测量控制设备的信息，通过通信线路汇集到一台中心计算机进行集中处理，从而开创了把计算机技术和通信技术相结合的尝试。这类简单的"终端—通信线路—计算机"系统除了一台中心计算机外，其余的终端设备都没有自主处理的功能，还不能算作计算机网络，与现在的计算机网络的概念不同，只是现代计算机网络的雏形。

(2)第二代计算机网络——计算机—计算机网络。20世纪60年代中期的第二代计算机网络是以多台主机通过通信线路互联起来，为用户提供服务，开创了"计算机—计算机"通信的时代，并呈现出多处理中心的特点。1969年，由美国国防部高级研究计划局ARPA(现称DARPA，即Defense Advanced Research Projects Agency)联合计算机公司和大学共同研制而成的ARPANET网络，标志着目前所称的计算机网络的兴起。在ARPANET网络中，首次采用了分组交换技术进行数据传递，为现代计算机网络的发展奠定了基础。第二代计算机网络与第一代计算机网络的显著区别在于：这里的多台计算机都具有自主处理能力，且以远程大规模互联为主要特点。在20世纪70年代，基于"计算机—计算机"局域网络的发展也很迅速，许多中小型的公司、企业、事业都建立了自己的局域网。

(3)第三代计算机网络——开放式标准化网络。20世纪70年代末至90年代的第三代计算机网络是具有统一的网络体系结构并遵循国际标准的开放式和标准化的网络。ARPANET网络兴起后，计算机网络发展迅猛，各大计算机公司相继推出自己的网络体系结构及实现这些结构的软、硬件产品，而这些厂家各自研制的网络没有统一的网络体系结构，难以实现互联，即使是同一家产品，在不同时期也是无法达到互联的，这样就阻碍了大范围网络的发展。后来，为了实现网络大范围的发展和不同厂家设备的互联，1984年，国际标准化组织ISO(International Organization for Standardization)正式颁布了"开放系统互联基本参考模型"(Open System Interconnection/Reference Model)，简称OSI参考模型(OSI/RM)。OSI参考模型共由七层组成，所以也称OSI七层模型。

OSI标准不仅确保了各厂商生产的计算机间的互联，同时也促进了企业的竞争。厂商只有执行这些标准才能有利于产品的销路，用户也可以从不同制造厂商获得兼容的开放的产品，从而大大加速了计算机网络的发展。

(4)第四代计算机网络——高速网络技术阶段。进入20世纪90年代后，计算机技术、数字通信技术、光纤技术的成熟和应用使计算机网络进入了一个飞速发展的时期，其特点为网络化、综合化、高速化。目前，全球以美国为核心的高速计算机互联网络即Internet已经形成，Internet已经成为人类最重要的、最大的知识宝库。可以说，网络互联和高速计算机网络正成为最新一代计算机网络的发展方向。

(三)计算机网络的功能

一般来说，计算机网络提供以下主要功能。

(1)数据通信。数据通信是计算机网络最基本的功能。它用来快速传送计算机与终端、计算机与计算机之间的各种信息，包括数据、文本、图形、动画、声音和视频等。

(2)资源共享。资源共享是计算机网络产生的主要原动力，"资源"指的是网络中所有的软件、硬件和数据资源，如大型主机、打印机、绘图仪、通信线路、数据库等。"共享"指的是网络中的用户都能够部分或全部地享受这些资源。通过资源共享，增强了网络上计算机的处理能力，从而大大提高系统资源、计算机软硬件的利用率。

(3)分布式处理。利用计算机网络技术，将一项复杂的任务可以划分成许多部分，由网络内多台计算机分工协作完成，使整个系统的性能大为增强。

(4)提高了计算机的可靠性和可用性。在计算机网络中，每台计算机还可以互为后备，当某一台计算机发生故障时，或负担过重时，网络可将新任务转交给网络中空闲的计算机来完成，这样处理能均衡各计算机的负载，提高处理问题的实时性，从而提高了整个网络系统的可靠性；对大型综合性问题，可将问题各部分交给不同的计算机分头处理，充分利用网络资源，扩大计算机的处理能力，即增强实用性，使整个系统的性能大为增强。

二、计算机网络组成

(一)计算机网络的逻辑组成

计算机网络按逻辑功能可分为资源子网和通信子网两部分。

1.资源子网

资源子网是计算机网络中面向用户的部分，负责数据处理、提供资源及网络服务的工作。它由主计算机、智能终端、外围设备、软件资源和信息资源等组成。

2.通信子网

通信子网是由负责数据通信处理的通信控制处理机和传输链路组成的独立的数据通信系统。它承担着全网的数据传输、加工和变换等通信处理工作。

(二)计算机网络的物理组成

计算机网络按物理结构可分为网络硬件和网络软件两部分。网络硬件对网络的性能起着决定性作用，它是网络运行的实体；而网络软件则是支持网络运行、提高效益和开发网络资源的工具。

1.网络硬件系统

网络硬件系统主要包括网络服务器、网络工作站、网络设备和网络传输介质等。

(1)网络服务器。负责对计算机网络进行管理和提供各种服务。常见的网络服务器有数据库服务器、邮件服务器、Web 服务器、FTP 服务器、打印服务器和文件下载服务器等。用做服务器的计算机从其硬件本身来讲，除了处理能力较强之外，并无本质区别，只是安装了相应的服务软件才具备了向其他计算机提供相应服务的功能，因此有时一台计算机可同时装有多种服务器软件而具有多种服务功能。

(2)网络工作站。它是一台供用户使用网络的本地计算机。工作站作为独立的计算机为用户服务，同时又可以按照被授予的一定权限访问服务器。各工作站之间可以相互通信，也可以共享网络资源。在计算机网络中，工作站是一台客户机，即网络服务的一个用户。

(3)网络设备。负责计算机主机与传输介质之间的连接、数据的发送与接收、介质访问控制方法的实现，如网卡、集线器、交换机、路由器和调制解调器等。

(4)网络传输介质。负责将各个独立的计算机系统连接在一起，并为它们提供数据通道。现在常用的传输介质主要分为双绞线、同轴电缆、光纤等有线传输介质和无线电、红外线、微波、卫星等无线传输介质两类。

2.网络软件系统

网络软件系统主要包括网络操作系统、网络通信协议、网络工具软件和网络应用软件等。

(1)网络操作系统。网络操作系统是网络的心脏和灵魂,负责管理和调度网络上的所有硬件和软件资源,使各个部分能够协调一致地工作,为用户提供各种基本网络服务,并提供网络系统的安全性保障。常用的网络操作系统有 Windows 2000 Server、Windows 2003 Server、Netware、Unix、Linux 等。

(2)网络通信协议。在网络通信中,为了使网络设备之间能成功地发送和接收信息,必须制定相互都能接受并遵守的语言和规范,这些规则的集合就称为网络通信协议,常用的网络通信协议有 TCP/IP、IPX/SPX、NetBEUI 协议等。

(3)网络工具软件。用来扩充网络操作系统功能的软件,如网络通信软件、网络浏览器和网络下载软件等。

(4)网络应用软件。基于计算机网络应用而开发并为网络用户解决实际问题的软件,如铁路售票系统、酒店管理系统、数字图书馆、视频点播和远程教学等。

三、计算机网络的分类

计算机网络的分类方式有很多种,可以按地理范围、传输速率、传输介质和拓扑结构等分类。

(一)按地理范围分类

按地理范围分,可分为局域网、城域网和广域网。

(1)局域网 LAN(Local Area Network)。局域网是指在局部地区范围内的网络,它所覆盖的地区范围较小,通常在几米到几千米(小于 10 000 米),如一个建筑物内、一个学校内、一个企业内等,局域网的特点是组建简单、布线容易、使用方便。

(2)城域网 MAN(Metropolitan Area Network)。城域网的地理范围可从几十千米到上百千米,可覆盖一个城市或地区,是一种介于广域网和局域网之间的网络。

(3)广域网 WAN(Wide Area Network)。广域网是指远距离的计算机互联组成的网,属于大范围联网,分布范围一般在几千千米,是网络系统中最大型的网络,能实现大范围的资源共享,如国际性的 Internet 网络。

(二)按传输速率分类

网络的传输速率有快有慢,传输速率快的称为高速网,传输速率慢的称为低速网。传输速率的单位是 b/s(每秒比特数)。

网络的传输速率与网络的带宽有直接关系。带宽是指传输信道的宽度,带宽的单位是 Hz(赫兹)。按照传输信道的宽度,可分为窄带网和宽带网。通常情况下,高速网就是宽带网,低速网就是窄带网。

(三)按传输介质分类

计算机网络按其传输介质分类,可以分成有线网和无线网两大类。

(1)有线网。传输介质采用有线介质连接的网络称为有线网,常用的有线传输介质有双绞线、同轴电缆和光纤。

①双绞线是由两根相互绝缘的金属线互相缠绕而成,每根铜线的直径大约为 1 mm,实际使用时,双绞线是由多对双绞线一起包在一个绝缘电缆套管里的,典型的双绞线有 4 对,双绞线电缆的连接器一般为 RJ－45。在计算机局域网中经常使用的双绞线分为屏蔽双绞线(STP)和非屏蔽双绞线(UTP)。

屏蔽双绞线分为 3 类和 5 类两种,外包铝箔,抗干扰能力强,传输速率高,如果要加大网络的范围,在两段双绞线之间可安装中继器,最多可安装 4 个中继器,如安装 4 个中继器连接 5

个网段，最大传输范围可达 500 m，但成本高，所以一直没有得到广泛使用。

非屏蔽双绞线的传输距离一般为 100 m，由于它较好的性价比，目前被广泛使用。UTP 可分为 3 类、4 类、5 类和超 5 类 4 种。其中，3 类 UTP 适应了以太网(10 Mbps)对传输介质的要求；4 类 UTP 因标准的推出比 3 类晚，而传输性能与 3 类 UTP 相比并没有提高多少，所以一般不常用；5 类 UTP 因价廉质优而成为快速以太网(100 Mbps)的首选介质；超 5 类 UTP 在传送信号时比普通 5 类双绞线的衰减更小，抗干扰能力更强，在 100 M 网络中，受干扰程度只有普通 5 类双绞线的 1/4，其主要用于千兆位以太网(1 000 Mbps)。

②同轴电缆由同轴的内、外两个导体组成。内导体是一根比较硬的铜导线或多股导线，外导体是一根圆柱形的套管，一般是细金属线编制成的网状结构，用来屏蔽电磁等干扰，内、外导体之间用绝缘材料隔开。

另外，同轴电缆的两端需要有终结器，中间连接需要收发器、T 形头、筒形连接器等器件。同轴电缆通常使用的有 50 Ω 和 75 Ω 两种类型。50 Ω 同轴电缆又称基带同轴电缆，仅用于数字信号传输，使用的最大距离限在几千米范围内；75 Ω 同轴电缆又称为宽带同轴电缆，既可以传输模拟信号，又可以传输数字信号，主要用于高带宽数据通信，支持多路复用，最大距离可达几十千米。

③光纤是由一组光导纤维组成的用来传播光束的、细小而柔韧的传输介质。内层由具有高折射率的玻璃单根纤维体组成，外层包一层折射率较低的材料。与其他传输介质比较，光纤的电磁绝缘性能好、频带宽、传输速率高、传输距离远、抗干扰能力强。

光纤可分为单模光纤和多模光纤。

单模光纤由激光作光源，仅有一条光通路，传输距离长(2 000 米以上)，多用于通信业，其成本较高，但性能很好。

多模光纤由二极管发光，低速、短距离(2 000 米以内)，多用于网络布线系统。其成本较低，但性能比单模光纤差一些。

(2)无线网。采用无线介质连接的网络称为无线网。目前无线网主要采用 3 种技术，即微波通信、红外线通信和激光通信。这 3 种技术都是以空气作传输介质。其中微波通信用途最广，目前的卫星网就是一种特殊形式的微波通信。

(四)按拓扑结构分类

计算机网络的物理连接形式叫做网络的物理拓扑结构。连接在网络上的计算机、大容量的外存、高速打印机等设备均可看做是网络上的一个节点，也称为工作站。计算机网络中常用的拓扑结构有总线型、星型、环型等。

(1)总线型拓扑结构。总线型拓扑结构(图 6－1)是将网络中的所有设备通过相应的硬件接口直接连接到公共总线上，信息传递的方向是从发送信息的节点开始向两端扩散，各节点在接收信息时都进行地址检查，看是否与自己的工作站地址相符，相符则接收网上的信息。其优点为结构简单、布线容易、可靠性较高，扩充或删除一个节点很容易，是局域网常采用的拓扑结构。缺点为所有的数据都需经过总线传送，总线成为整个网络的瓶颈，出现故障诊断较为困难。

(2)星型拓扑结构。星型拓扑结构(图 6－2)是一种以中央节点为中心，把外围节点用一条单独的通信线路与中心结点连接起来的辐射式互联结构。星型拓扑结构的优点是安装容易、结构简单、便于维护和管理。中央节点的正常运行对网络系统来说是至关重要的。缺点是可靠性较低、资源共享能力较差，若中心结点出现故障，将会引起整个网络的瘫痪。

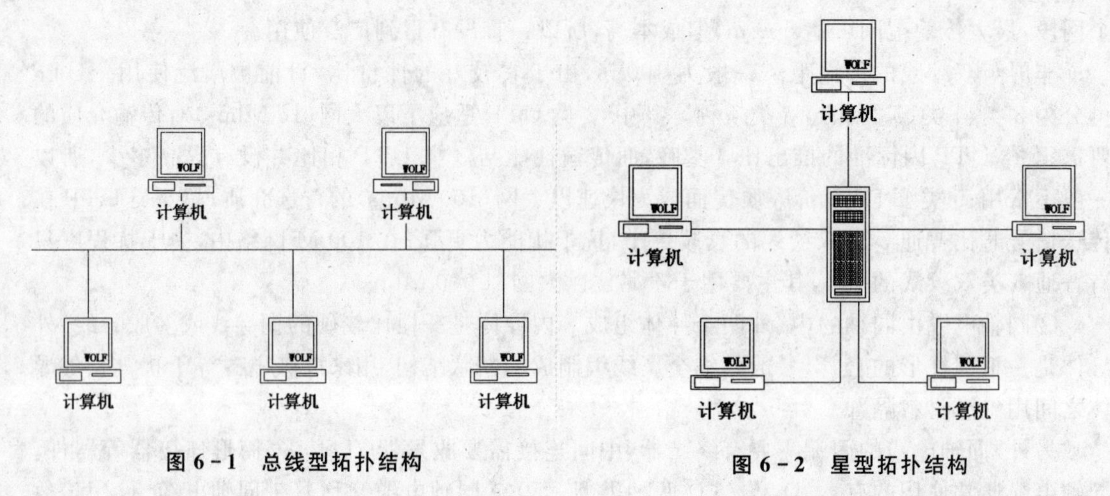

图 6-1　总线型拓扑结构

图 6-2　星型拓扑结构

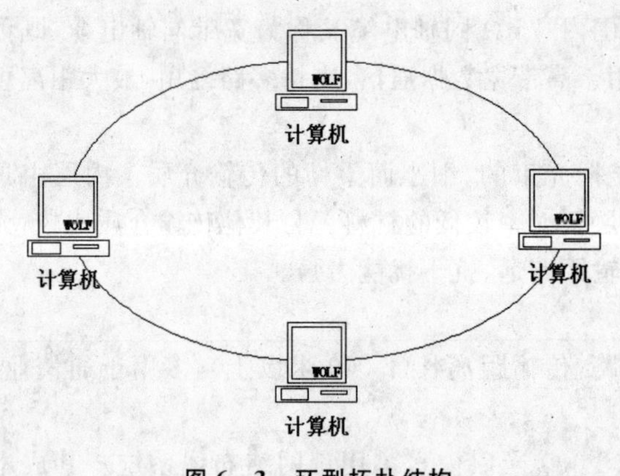

图 6-3　环型拓扑结构

(3)环型拓扑结构。环型拓扑结构(图 6-3)由网络中若干节点通过点到点的链路首尾相连形成一个闭合环型线路,信息在环路中沿着一个方向从一个节点传到另一个节点。环型拓扑结构的优点是结构简单、安装容易、费用较低、电缆故障容易查找和排除。缺点是环网中任意结点出现故障时,都会造成整个网络瘫痪;当结点过多时,将影响传输效率,不利于扩充。

第二节　Internet 的概述

一、Internet 简介

Internet 是全世界最大的计算机网络,它起源于美国国防部高级研究计划局(ARPA)于1969 年主持研制的用于支持军事研究的 ARPANET 网。当时建立这个网络的目的只是为了将美国的几个军事及研究机构用电脑主机连接起来,实现了当网络的一部分因受攻击而失去作用时,网络的其他部分仍能维持正常通信。由此,ARPANET 成为现代计算机网络诞生的标志,人们普遍认为这就是 Internet 的雏形。

美国国家科学基金会(NFS)在 1985 年开始建立 NSFNET。NSF 在全美国建立了按地区划分的计算机广域网,并将这些地区的网络和超级计算机中心互联起来,以便用于科研和教育事业。自此以后,NSFNET 成为 Internet 上主要用于科研和教育事业的主干部分,代替了 ARPANET 的骨干地位。

20 世纪 90 年代初,随着商业网络和大量商业公司进入 Internet,网上商业应用取得了高速的发展,同时也使 Internet 能为用户提供更多的服务,使 Internet 迅速普及和发展起来并进入一个新的时期。现在 Internet 已发展为多元化,不仅仅单纯为科研服务,正逐步进入到日常生活的各个领域。

二、Internet 地址与域名

在 Internet 上连接的所有计算机，从大型计算机到微型计算机都是以独立的身份出现，我们称之为主机。为了在网络环境下实现计算机之间的通信，网络中任何一台计算机必须有一个地址，而且该地址在网络上是唯一的，这个地址就叫做 IP 地址，即用 Internet 协议语言表示的地址。

（一）Internet 的 IP 地址

IP 是 Internet Protocol（国际互联网协议）的缩写。所谓 IP 地址就是用一组数字表示的网上每台主机的唯一地址。目前，在 Internet 里，IP 地址是由一个 32 位的二进制数据组成。为了便于记忆，将它们分为 4 组，每组 8 位，由小数点分开，用 4 个字节来表示，而且，用点分开的每个字节的数值范围是 0～255，如 172.16.80.240，这种书写方法叫做点数表示法。

为了便于寻址和层次化地构造网络，IP 地址被分为 5 类：A、B、C、D、E。常用的为 A、B、C 3 类，其中 D 类地址称为组播地址，E 类地址保留使用。

(1)A 类地址。一个 A 类 IP 地址由 1 个字节的网络地址和 3 个字节的主机地址组成，表示范围为 0.0.0.0～126.255.255.255，默认网络掩码为 255.0.0.0。网络地址的最高位必须是“0”，即第一段数字范围为 1～127，除去全为 0（表示本地网络）和全为 1（诊断专用）以外，每个 A 类网络地址可连接 16 387 064 台主机，Internet 上有 126 个 A 类地址。A 类地址主要分配给规模特别大的网络使用。

(2)B 类地址。一个 B 类 IP 地址由 2 个字节的网络地址和 2 个字节的主机地址组成，表示范围为 128.0.0.0～191.255.255.255，默认网络掩码为 255.255.0.0，网络地址的最高位必须是“10”，即第一段数字范围为 128～191，每个 B 类网络地址可连接 64 516 台主机和 16 256 个 B 类地址。B 类地址适用于中等规模网络。

(3)C 类地址。一个 C 类地址是由 3 个字节的网络地址和 1 个字节的主机地址组成，表示范围为 192.0.0.0～223.255.255.255，默认网络掩码为 255.255.255.0，网络地址的最高位必须是“110”，即第一段数字范围为 192～223。每个 C 类地址可连接 254 台主机，Internet 上有 2 054 512 个 C 类地址。C 类地址主要分配给小型网络，如一般的局域网和校园网，它可连接的主机数量是最少的，采用把所属的用户分为若干的网段进行管理。C 类网络用前三组数字表示网络的地址，最后一组数字作为网络上的主机地址。

随着 Internet 的迅速扩展，当前使用的一套地址系统已经不能满足使用要求，为此，Internet 管理机构正在酝酿创建 IP 协议新版本 IPV6 或称为“下一代 IP”，IPV6 将 IP 地址空间扩展到 128 位，从而包含有更多的 IP 地址。目前正处于实验与应用阶段。

（二）Internet 域名系统

由于 IP 地址是用一组数字表示网络中每台主机的地址，不易记忆。为了方便用户，Internet 在 IP 地址的基础上提供了一种面向用户的字符型主机命名机制，这就是域名系统，它是一种更高级的地址形式。其基本结构为子域名、域类型、国家代码，其间用圆点分隔。

域名地址和用数字表示的 IP 地址实际上是同一个东西，只是外表上不同而已，在访问一个站点的时候，您可以输入这个站点用数字表示的 IP 地址，也可以输入它的域名地址。这里就存在一个域名地址和对应的 IP 地址相转换的问题，这些信息实际上是存放在 ISP 中称为域名服务器（DNS）的计算机上，当您输入一个域名地址时，域名服务器就会搜索其对应的 IP 地址，然后访问到该地址所表示的站点。

(1)子域名。子域名是由一级或多级下级子域名字符组成,各级下级子域名用小数点隔开。

(2)域类型。国际流行的域类型如表 6-1 所示,我国采用的域类型如表 6-2 所示。

表 6-1　国际流行的域类型

域类型	意　　义
Com	商业组织
Edu	教育机构
Gov	政府部门
Mil	军事部门
Int	国际机构
Org	非盈利的机构
Net	互联网络、接入网络的信息中心和运行中心

表 6-2　我国采用的域类型

域类型	意　　义
Ac	科研机构
Com	工、商、金融等企业
Edu	教育机构
Gov	政府部门
Org	各种非盈利性的组织
Net	互联网络的信息中心和运行中心

(3)国家代码。每个国家都有一个国家代码,它是由两个字母组成的,如 CN—中国,IT—意大利,JP—日本,KR—韩国,UK—英国,US—美国。我国的行政区域名共有 34 个,适用于各省、自治区、直辖市和特别行政区,如 BJ—北京市,SH—上海市,JS—江苏省,AH—安徽,HK—香港,MO—澳门。

三、Internet 协议

协议是描述客户端和服务器之间如何在网络上进行通信的规则。TCP/IP(Transmission Control Protocol/Internet Protocol,即传输控制协议/互联网络协议)是一种应用最为广泛的网络通信协议,也是 Internet 的标准连接协议。它提供了一整套方便、实用并能应用于多种网络上的协议,使网络互联变得容易起来,准确地说,TCP/IP 协议是一个协议组(协议集合),其中包括了 TCP 协议、IP 协议以及其他一些协议。

(一)TCP 协议

TCP 协议(传输控制协议)利用重发技术和拥塞控制机制,向应用程序提供可靠的通信连接,使它能够自动适应网上的各种变化。即使在 Internet 暂时出现堵塞的情况下,TCP 也能够保证通信的可靠性。

(二)IP 协议

IP 协议是用于将多个交换网络连接起来的,责任是把数据从源地址传送到目的地址,并提供对数据大小的重新组装功能,以适应不同网络对包大小的要求。在此过程中,IP 负责选择传送的道路,这种选择道路的功能称为路由功能,不负责保证传送可靠性、流控制、包顺序和其他对于主机到主机协议来说很普通的服务。

(三)TCP/IP 的分层参考模型

TCP/IP 层次模型共分为应用层、传输层、互联网层和网络接口层 4 层,如表 6-3 所示。

表 6-3　TCP/IP 的分层参考模型

TCP/IP 分层	协　议	OSI 分层
应用层	FTP、SMTP、Telnet、DNS、SNMP	7
传输层	TCP、UDP	4
互联网层	IP、ICMP、(RIP、OSPF)、ARP、RARP	3
网络接口层	Ethernet、Token Bus、Token Ring、FDDI、WLAN	2、1

(1)应用层。它定义了应用程序使用互联网的规程,该层包括所有和应用程序协同工作,利用基础网络交换应用程序专用的数据的协议。

(2)传输层。负责起点到终点的通信,其功能主要是提供应用程序间的通信,包括 TCP(传输控制)和 UDP(用户数据包)两个协议。

(3)互联网层。本层负责提供基本的数据封包传送功能,让每块数据包都能够达到目的主机,最重要的协议是 IP 协议。

(4)网络接口层。它定义了将数据组成正确帧的规程和在网络中传输帧的规程。帧是指一串数据,它是数据在网络中传输的单位。

第三节　连接 Internet

为了使用户利用 Internet 上的资源,用户必须先将自己的计算机接入 Internet,目前主要采用的接入 Internet 的方式有拨号上网、ADSL 入网、DDN 专线入网和 ISDN 专线入网。

(一)拨号上网

拨号上网是一种利用电话线和公用电话网 PSTN 接入 Internet 的技术。以拨号上网的方式接入 Internet,对用户来说投资较少、费用低、易实施,缺点是传输速度慢,线路可靠性差。适合对可靠性要求不高的办公室以及小型企业。

(二)ADSL 入网

ADSL 称为非对称数字用户环路,是一种通过现有普通电话线为家庭、办公室实现宽带上网的服务。它能够在普通电话线上提供高达 8 Mb/s 的下行速率和 1 Mb/s 的上行速率,传输距离达 3～5 km。

(三)DDN 专线入网

DDN 即数字数据网,它是利用数字传输通道和数字交叉复用节点组成的数字数据传输网。其显著特点是采用数字电路、传输质量高、时延小、可靠性高。由于性能价格比太低,因此中小型企业较少选择。

(四)ISDN 专线入网

ISDN 专线入网,即现在常说的"一线通",又称窄带综合业务数字网业务。它是在现有电话网上开发的一种集语音、数据、图像和通信于一体的综合业务形式。

"一线通"用户最大的好处就是利用一对普通电话线即可得到综合电信服务,目前在国内得到迅速普及。其连接快速、可靠,可以满足中小型企业浏览网页以及收发电子邮件的需求。

第四节 Internet Explorer的应用

一、IE 浏览器简述

Internet Explorer(简称 IE)是微软公司 1994 年开发的一款综合性的网上浏览软件,是使用最广泛的一种 WWW(World Wide Web)浏览器软件,也是我们访问 Internet 必不可少的一种工具,具有浏览、发信、下载软件等多种网络功能。目前,浏览器较为常用的主要是 IE6.0 版本,微软公司在 2006 年又推出了 IE7.0,个人电脑上常见的网页浏览器主要是 Firefox、Maxthon等。

二、IE 浏览器的操作

下面以 IE6.0 为例,说明浏览器的常用功能和操作方法。

(一)IE6.0 的启动

启动 IE6.0 主要有以下两种方法。

(1)双击“桌面”上的 IE 快捷图标。

(2)单击“开始”菜单中“程序”项中的“Internet Explorer”。

(二)IE6.0 的主窗口

启动 IE6.0 之后,其主窗口如图 6-4 所示。

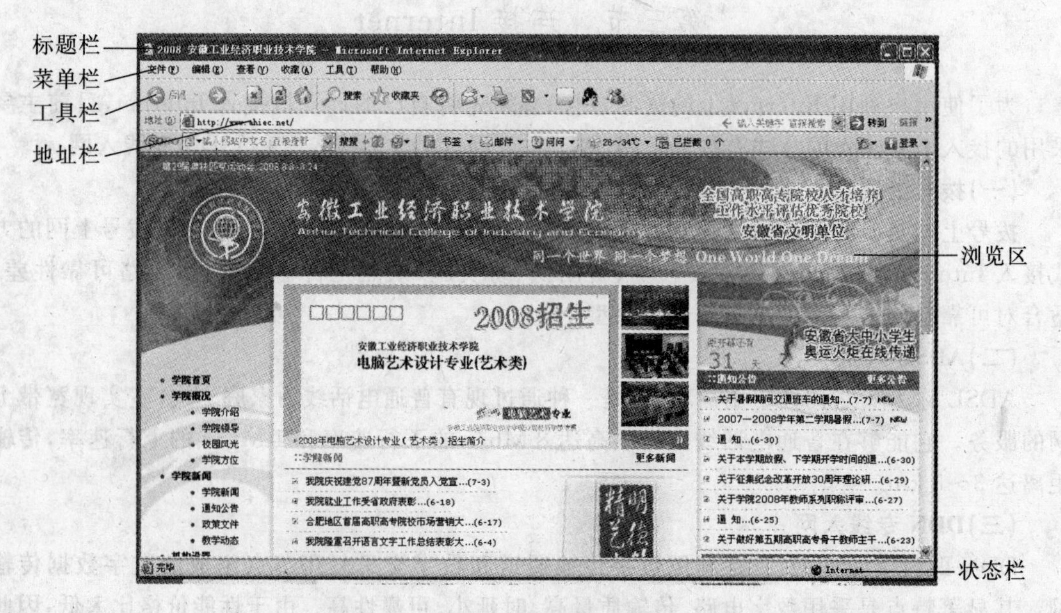

图 6-4 Internet Explorer 浏览器界面

IE6.0 主窗口主要由标题栏、菜单栏、工具栏、地址栏、浏览区和状态栏组成。

(1)标题栏。显示当前浏览网页的名称或地址,位于窗口的最顶部。

(2)菜单栏。标题栏下面的是菜单栏,主要有“文件”“编辑”“查看”“收藏”“工具”和“帮助”6 种菜单命令。

(3)工具栏。包括多个用于辅助网页浏览的工具。

(4)地址栏。用户输入网页地址的地方。

(5)浏览区。用于显示当前访问网页的内容。

(6)状态栏。显示当前页面状态的信息,位于窗口的底部。

(三)IE6.0 的常用功能

(1)浏览网页。用户可以通过 IE6.0 浏览 Internet 网络上的文字、图片、视频等信息。

(2)设置主页。为了便于浏览某一固定网页,用户可以通过选择菜单栏中的“工具”,弹出“Internet 选项”对话框,如图 6-5 所示,在主页选择区的“地址”栏中输入要作为主页的地址,单击“确定”即可。

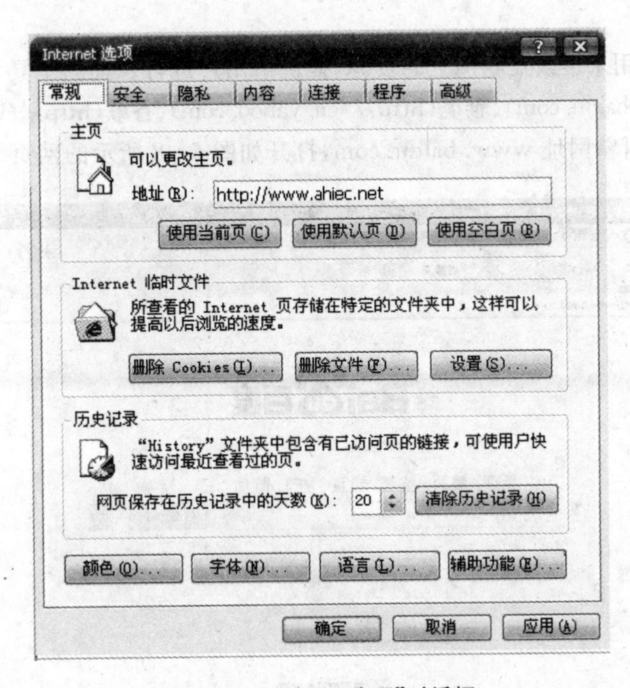

图 6-5 “Internet 选项”对话框

(3)收藏夹。收藏夹可以帮助用户收藏一些经常浏览的网站地址。单击“收藏”菜单栏中的“添加到收藏夹”按钮,弹出如图6-6所示的对话框。在对话框的“名称”栏中可以为该网页更改名称,再单击“创建到”按钮,可以把该网页地址存放在指定的文件夹中,如图 6-7 所示。

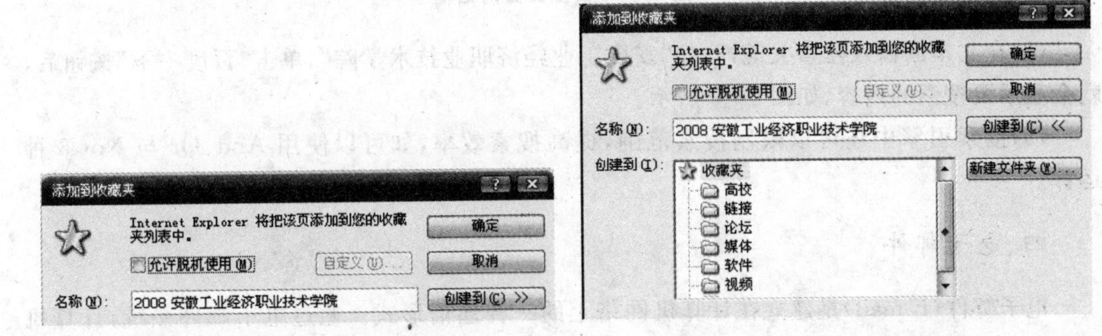

图 6-6 “添加到收藏夹”对话框　　**图 6-7 “创建到”对话框**

(4)清除历史记录。用鼠标右键点击桌面上的 IE 图标,打开“工具”,选择“Internet 属性”,在“常规”标签下单击历史记录区域的“清除历史记录”按钮。这时系统会弹出“是否确实要让Windows删除已访问过网站的历史记录?”的警告,选择“是”就完成了对历史记录的删除。

(5)清除已访问网页。用鼠标右键点击桌面上的IE图标,打开“工具”,选择“Internet属性”,在“常规”标签下单击Internet临时文件区域的“删除文件”按钮,此时会弹出警告,选中“删除所有脱机内容”,单击“确定”按钮就可以了。这种方法删除得不彻底,会留少许Cookies在文件夹内。在IE 6.0中,“删除文件”按钮旁边还有一个“删除Cookies”按钮,通过它可以很方便地删除遗留的Cookies。

三、搜索引擎

搜索引擎是指用来搜索互联网上的资源,提供给用户进行查询的工具。常用的搜索引擎有百度(http://www.baidu.com)、雅虎(http://cn.yahoo.com)、谷歌(http://www.google.cn)。

(1)输入搜索引擎网址www.baidu.com,打开如图6-8所示的网页。

图6-8 百度页面对话框

(2)在文本区输入搜索关键词,如“安徽工业经济职业技术学院”,单击“百度一下”按钮后,就会显示要搜索的内容,如图6-9所示。

(3)搜索引擎中还可以限制搜索范围,提高搜索效率,如可以使用And、Or与Not 3种运算。

四、电子邮件

电子邮件(E-mail)是建立在计算机网络上的一种通信形式。通过电子邮件系统,计算机用户可以实现文字、图像、声音等信息的相互传递。使用简易、投递迅速、易于保存使得电子邮件被广泛地应用,它使人们的交流方式得到了极大的改变。目前由微软公司推出的Outlook Express 6.0电子邮件软件在国际互联网中使用得最普及。

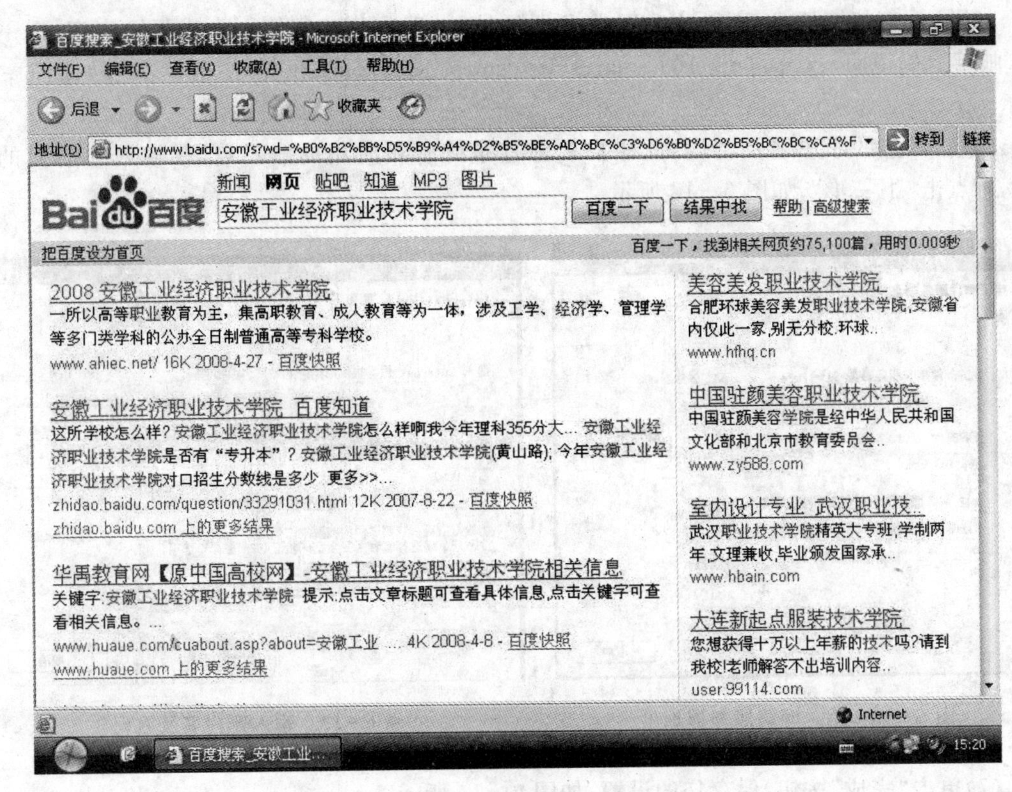

图 6-9　显示搜索内容

下面以中文版 Outlook Express 6.0 为例，介绍邮件的收发功能。

(1)打开 Outlook Express 后，单击窗口中的“工具”菜单，选择“账户”。

(2)点击“邮件”标签，点击右侧的“添加”按钮，在弹出的菜单中选择“邮件”。

(3)在弹出的对话框中，根据提示，输入您的“显示名”，如图 6-10 所示，然后点击“下一步”。

(4)输入您的电子邮件地址，如“hefeiwolf@163.com”，点击“下一步”，如图 6-11 所示。

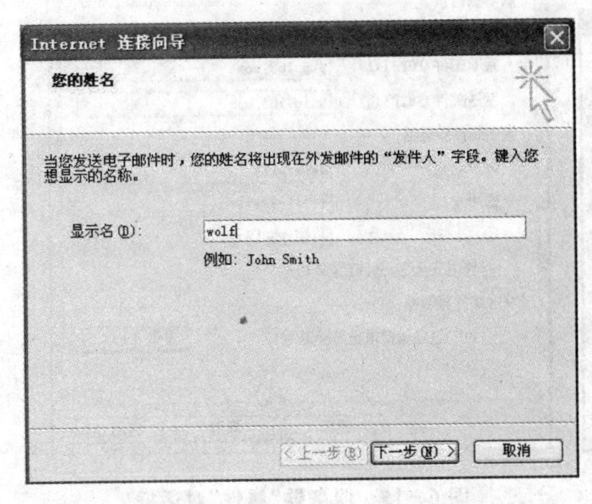

图 6-10　输入显示名

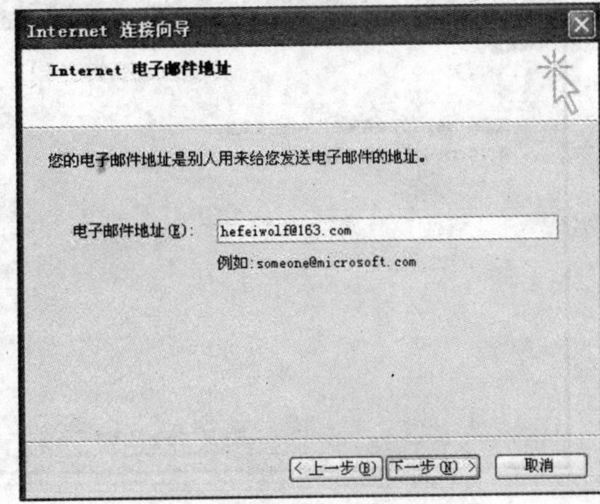

图 6-11　输入电子邮件地址

(5)输入您邮箱的 POP 和 SMTP 服务器地址(一般在您的邮箱页面或帮助中有,以下以163 邮箱为例说明):pop:pop. 163. com、smtp:smtp. 163. com,再点击"下一步",如图 6 - 12 所示。

(6)输入您的账户名及密码(此账户名为登录此邮箱时用的账户名,仅输入@前面的部分),再点击"下一步",如图 6 - 13 所示。

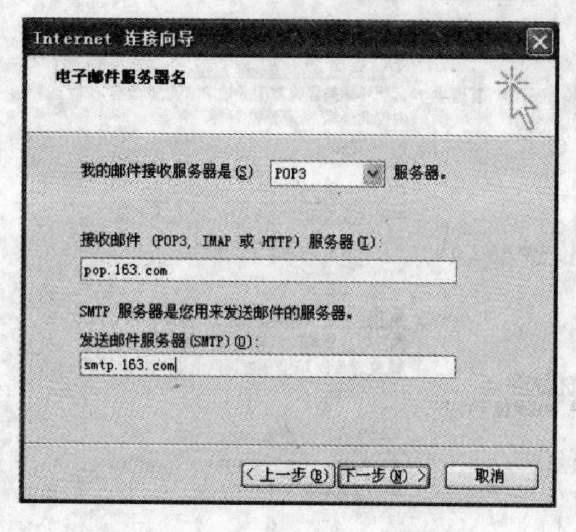

图 6 - 12 输入邮箱服务器地址

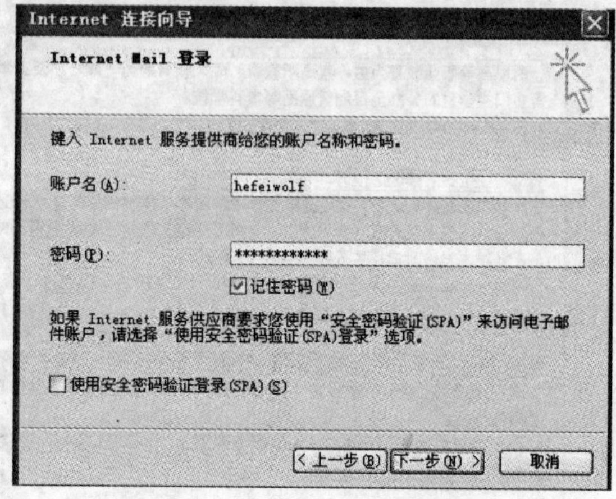

图 6 - 13 输入账户名及密码

(7)单击"完成"按钮,保存您的设置,如图 6 - 14 所示。

(8)在"工具"Internet 账户中,选择"邮件"选项卡,选中刚才设置的账户名,单击"属性"。

(9)请点击"服务器"标签,然后在"发送邮件服务器"处选中"我的服务器要求身份验证"选项,如图 6 - 15 所示,并点击右边的"设置"按钮,选中"使用与接收邮件服务器相同的设置",如图 6 - 16 所示。

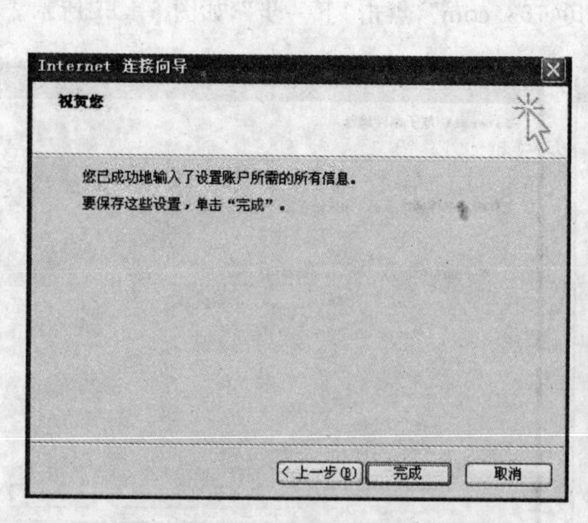

图 6 - 14 完成"Outlook Express"设置

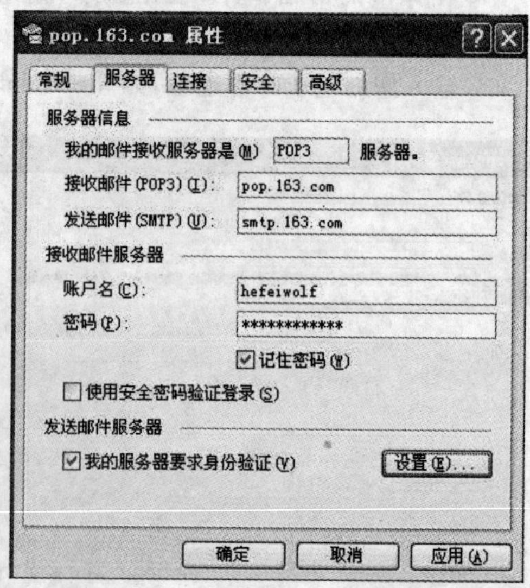

图 6 - 15 服务器"属性"对话框

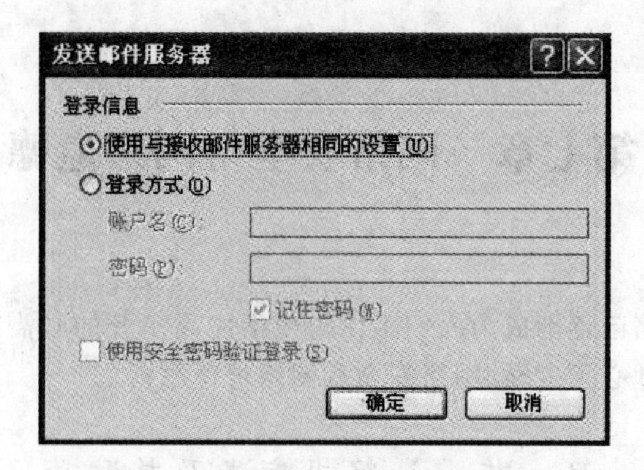

图 6-16　“发送邮件服务器”对话框

(10)点击“确定”按钮,然后“关闭”账户框。现在您已设置成功,点击主窗口中的“发送接收”按钮,即可进行邮件收发。

习　　题

1. 什么是计算机网络?计算机网络的主要功能是什么?
2. TCP/IP 协议模型分为几层?每层包含什么协议?
3. 计算机网络有哪些主要的网络设备?各起什么作用?
4. 什么是网络协议?因特网采用什么基本传输协议?其含义与作用是什么?
5. 什么是局域网?它有什么特点?局域网、城域网和广域网有什么关系?

第七章　网络安全与网络道德

在信息社会中，网络已逐渐成为人们工作与生活中离不开的必需品。众多网民的行为必须有所规范，理所应当地必须遵循“网络安全和网络道德原则”。

第一节　计算机病毒及其防治

随着计算机应用越来越广泛，特别是Internet应用的普及，各行各业对计算机网络的依赖程度也越来越高，这种高度依赖使计算机系统变得容易受到攻击。攻击可以造成系统的不正常、数据的丢失和被篡改，给个人、集体甚至国家造成损失。高科技是一把双刃剑，它给人类带来巨大效率的同时，如果不加以正确控制，也会带来损失。因此，信息安全变得日益重要。

一、计算机病毒及特点

(一)计算机病毒的概念

1988年11月2日，美国康奈尔大学的计算机科学系研究生，23岁的莫里斯，将其编写的蠕虫程序输入计算机网络，在随后的几小时内导致Internet网堵塞，连接着大学、科研机关近155 000台计算机受到影响，网络陷入瘫痪。这件事就像是计算机界的一次大地震，造成巨大反响，震惊全世界，引起了人们对计算机病毒的恐慌。可以看到，随着计算机和Internet网的日益普及，计算机病毒对计算机界的负面影响也将越来越大，那究竟什么是计算机病毒呢？它为什么有这么大的危害呢？

计算机病毒(Computer Virus)绝对不是医学上所说的“病毒”，在《中华人民共和国计算机信息系统安全保护条例》中被明确定义为：“计算机病毒是指编制或者在计算机程序中插入的破坏计算机功能或者破坏数据，影响计算机使用并且能够自我复制的一组计算机指令或者程序代码。”

(二)计算机病毒的产生

计算机病毒的出现是社会信息化发展到一定阶段的产物。计算机病毒的首次提出是在1983年1月召开的美国计算机安全会议上，从那时起，计算机病毒开始被引起广泛的重视。

计算机病毒不是来源于突发或偶然的原因，一次突发的停电和偶然的错误，只会在计算机的磁盘和内存中产生一些乱码和随机指令，但这些代码是无序和混乱的。病毒则是一种比较完美的、精巧严谨的代码，按照严格的秩序组织起来，与所在的系统网络环境相适应和配合起来，是人为的特制程序。现在流行的病毒是由一些人故意编写的，多数病毒可以找到作者信息和产地信息。通过大量的资料分析统计来看，病毒产生的主要原因是：一些程序员为了表现自己和证明自己的能力，出于对上司的不满，为了好奇，为了报复，为了祝贺和求爱，为了得到控制口令，为了软件版权保护预留的陷阱等。当然也有因政治、军事、宗教、民族、专利等方面的需求而专门编写的，其中也包括一些病毒研究机构和黑客的测试病毒等。

(三)计算机病毒的特性

根据目前所发现的计算机病毒,概括起来主要有以下几个特性:

(1)传染性。正常的计算机程序一般是不会将自身的代码强行连接到其他程序之上的,而病毒却能使自身的代码强行传染到一切符合其传染条件的且未受到传染的程序之上。计算机病毒可通过各种可能的渠道,如软盘、计算机网络去传染其他的计算机。当你在一台机器上发现了病毒时,往往曾在这台计算机上用过的软盘已感染上了病毒,而与这台机器联网的其他计算机也许也被该病毒传染上了。因此,是否具有传染性是判别一个程序是否为计算机病毒的最重要条件。

(2)隐蔽性。计算机病毒一般是具有很高编程技巧、短小精悍的程序,通常附在正常程序或磁盘代码中,病毒程序与正常程序是不容易区别开来的。一般在没有防护措施的情况下,计算机病毒程序取得系统控制权后,可以在很短的时间里传染大量程序。而且受到传染后,计算机系统通常仍能正常运行,使用户不会感到任何异常。正是由于这种隐蔽性,计算机病毒得以在用户没有察觉的情况下扩散到上百万台计算机中。大部分的病毒的代码之所以设计得非常短小,也是为了隐藏。

(3)潜伏性。计算机病毒的潜伏性是指计算机病毒具有依附其他媒体而寄生的能力。一个编制精巧的计算机病毒程序,进入系统之后一般不会马上发作,可以在几周或者几个月内甚至几年内隐藏在合法文件中,对其他系统进行传染而不被人发现。潜伏性越好,其在系统中的存在时间就会越长,病毒的传染范围就会越大。潜伏性的第一种表现是指,病毒程序不用专用检测程序是检查不出来的,因此病毒可以静静地躲在磁盘或磁带里呆上几天,甚至几年,一旦时机成熟,得到运行机会,就又要四处繁殖、扩散,继续为害。潜伏性的第二种表现是指,计算机病毒的内部往往有一种触发机制,不满足触发条件时,计算机病毒除了传染外不做什么破坏。触发条件一旦得到满足,有的在屏幕上显示信息、图形或特殊标识;有的则执行破坏系统的操作,如格式化磁盘、删除磁盘文件、对数据文件做加密、封锁键盘以及使系统死锁等。

(4)破坏性。任何病毒只要侵入系统,都会对系统及应用程序产生程度不同的影响。良性病毒可能只显示些画面或出现无聊的语句,或者根本没有任何破坏动作,但会占用系统资源。这类病毒较多,如 GENP、小球、W-BOOT 等;而恶性病毒则有明确的目的,有的破坏数据或删除文件,有的加密磁盘或格式化磁盘,严重的将对数据造成不可挽回的破坏。

二、计算机病毒的种类

从第一个病毒出现以来,究竟世界上有多少种病毒,说法不一。据国外统计,计算机病毒以每周 10 种的速度递增;另据我国公安部统计,国内以每月 4 种的速度递增。如此多的种类,做一下分类便可更好地了解它们。

(一)按破坏性分类

按破坏性来分,有良性病毒和恶性病毒两种。

良性病毒仅仅只表现自己而不破坏系统和数据,如显示信息、奏乐、发出声响等,传染时除减少磁盘的可用空间外,对系统没有其他影响。恶性病毒的目的是破坏系统和数据信息,甚至导致系统瘫痪,给系统带来严重后果。轻者造成封锁、干扰、中断输入输出、使用户无法打印等正常工作,甚至使电脑中止运行;重者造成死机、系统崩溃、删除普通程序或系统文件;更严重者破坏分区表信息、主引导信息、FAT,删除数据文件,甚至格式化硬盘等。

(二)按传染方式分类

按传染方式可分为引导型病毒、文件型病毒和网络型病毒。

引导型病毒感染启动扇区和硬盘的系统引导扇区；文件型病毒一般只传染磁盘上的可执行文件(COM,EXE)；网络型病毒则通过计算机网络传播感染网络中的可执行文件。另外，还存在这 3 种情况的混合型，例如，混合型病毒(引导型病毒和文件型病毒混合)感染引导扇区和文件两种目标，因此也扩大了这种病毒的传染途径。

(三)按连接方式分类

按连接方式可分为源码型病毒、入侵型病毒、操作系统型病毒和外壳型病毒。

源码型病毒主要攻击高级语言编写的源程序，在源程序编译之前插入其中，并随源程序一起编译、连接成可执行文件；入侵型病毒可用自身代替正常程序的部分模块或堆栈区，它只攻击某些特定程序，针对性强；操作系统型病毒可用其自身部分加入或替代操作系统的部分功能，因其直接感染操作系统，所以这类病毒的危害性也较大；外壳型病毒将自身附在正常程序的开头或结尾，相当于给正常程序加了个外壳，大部分的文件型病毒都属于这一类。

(四)按病毒特有的算法分类

按病毒特有的算法分，病毒又可以划分为伴随型病毒、“蠕虫”型病毒、寄生型病毒、练习型病毒、诡秘型病毒和变型病毒。

伴随型病毒并不改变文件本身，它们根据算法产生 EXE 文件的伴随体，具有同样的名字和不同的扩展名；“蠕虫”型病毒通过计算机网络传播，不改变文件和资料信息，利用网络从一台机器的内存传播到其他机器的内存，计算网络地址，将自身的病毒通过网络发送；除了伴随型病毒和“蠕虫”型病毒以外，其他病毒均可称为寄生型病毒，它们主要依附在系统的引导扇区或文件中，通过系统的功能进行传播。

三、计算机病毒的症状

一般来说，计算机感染病毒后都有一定的表现症状，有些还相当明显，了解这些症状对及时发现和消除病毒会有很大帮助。目前，常见的具体症状如下：

(1)程序装入时间比平时长，运行异常。

(2)有规律地发现异常信息。

(3)用户访问设备时发现异常情况，如打印机不能联机或打印符号异常。

(4)磁盘的空间突然变小了，或不识别磁盘设备。

(5)程序或数据神秘地丢失了，文件名不能辨认。

(6)显示器上经常出现莫名其妙的信息或不能正常显示。

(7)机器经常出现死机现象或不能正常启动。

(8)发现可执行文件的大小发生改变或发现不知来源的隐藏文件等。

计算机病毒的表现症状很多，而且也很复杂。不同的计算机病毒有自己独特的表现形式，只要我们在使用计算机时不断总结和细心观察，我们就可以及早发现计算机病毒的入侵，防止病毒的蔓延。

四、计算机病毒的防治

计算机病毒的防治要从防毒、查毒、解毒 3 个方面来进行。“防毒”是指根据系统特性，采取相应的系统安全措施预防病毒侵入计算机。“查毒”是指对于确定的环境，能够准确地报出病毒名称，该环境包括内存、文件、引导区（含主导区）、网络等。“解毒”是指根据不同类型病毒对感染对象的修改，按照病毒的感染特性所进行的恢复。该恢复过程不能破坏未被病毒修改的内容。感染对象包括内存、引导区（含主引导区）、可执行文件、文档文件、网络等。

（一）计算机病毒的预防

计算机病毒的预防一般采用管理手段和技术手段相结合的方法。

管理手段主要包括：有规律地备份您的系统关键数据；使用从正规渠道买到的正版软件；在使用U盘之前检查病毒，尽量不要使用U盘启动；制作一个确认没有病毒的系统应急引导盘，然后关上写保护；经常升级反病毒软件；限制他人使用您的计算机等。

技术手段主要包括：使用计算机病毒的检测程序、对程序或数据加密、检查磁盘引导区和目录比较等软件手段，安装防病毒卡和病毒过滤器等硬件保护手段。

对于单机病毒的防治，常运用具有相应功能的反病毒软件即可基本保障计算机系统不受病毒的侵扰。而网络病毒的防治具有较大的难度，网络病毒防治应与网络管理相结合。如果没有把管理功能加上，很难完成网络防毒的任务。只有管理与防范相结合，才能保证系统的良好运行。在网络环境下，病毒传播扩散快，仅用单机防杀病毒产品已经难以清除网络病毒，必须有适用于局域网、广域网的全方位防杀病毒产品。为实现计算机病毒的防治，可在计算机网络系统上安装网络病毒防治服务器，在内部网络服务器上安装网络病毒防治软件，在单机上安装单机环境的反病毒软件。

（二）计算机病毒的查毒和杀毒

当计算机系统或文件染有计算机病毒时，需要检测和消除。常用的方法是通过反病毒软件来进行查毒和杀毒。目前，国内流行的反病毒软件主要有KV2008、瑞星2008、金山毒霸、Norton AntiVirus、卡巴斯基等。这些反病毒软件操作简单，使用方便，一般按屏幕提示的方法或软件的使用说明书进行操作即可。同时，在使用这些软件时，应注意以下几点：

（1）在杀毒之前，要先备份重要的数据文件，哪怕是有毒的文件。如果杀毒失败了，您仍可以恢复回来，再使用其他杀毒软件修复。

（2）启动反病毒软件，在“扫描位置”设置表中选择全部硬盘。

（3）在“扫描目标”中打开对“内存”“扇区目标”“文件”和“压缩程序”的设置。如果您怀疑病毒是从BBS和Internet网下载的包裹文件中感染的，请一定要打开“包裹文件”这项设置。

（4）当发现病毒且杀毒成为不可能时，建议您删除感染的文件。

（5）如果在Windows环境下没有杀毒成功，请用制作的应急盘来启动。

总之，计算机病毒经常会以人们预料不到的方式入侵到电脑系统中，所以即使使用了反病毒软件，也不能忽视平时的预防工作。只有通过“防”“杀”结合的方式对付计算机病毒，才能将病毒对系统破坏的可能性减到最小。

第二节　网络行为道德规范

作为一个网络用户，应该认识到：Internet不是一般的系统，是开放的，人在其中，与系统紧密耦合的复杂系统，一个网民在接近大量的网络服务器、地址、系统和人时，其行为最终是要负责任的。Internet不仅仅是一个简单的网络，它更是一个由成千上万的个人组成的网络“社会”，要认识到网络行为无论如何是要遵循一定的规范的。

每个网民必须认识到，您可以被允许接受其他网络或者连接到网络上的计算机系统，但您也要认识到每个网络或系统都有它自己的规则和程序，在一个网络或系统中被允许的行为，在另一个网络或系统中也许是受控制的，甚至是被禁止的。因此，遵守其他网络的规则和程序也是网络用户的责任。作为网络用户要记住这样一个简单的事实：一个用户“能够”采取一种特殊的行为并不意味着他“应该”采取那样的行为。

因此，网络行为和其他社会行为一样，需要一定的行为道德规范和原则。具体的网络行为道德规范如下：

(1)不用计算机去伤害别人。

(2)要诚实可靠。

(3)要公正并且不采取歧视性行为。

(4)尊重他人的隐私。

(5)不应干扰别人的计算机工作。

(6)不应窥探别人的文件。

(7)不应用计算机进行偷窃。

(8)不应用计算机作伪证。

(9)不应使用或拷贝你没有付钱的软件。

(10)不应未经许可而使用别人的计算机资源。

(11)不应盗用别人的智力成果。

(12)应该考虑您所编的程序的社会后果。

(13)应该以深思熟虑和慎重的方式来使用计算机。

(14)保守秘密。

(15)为社会和人类作出贡献。

6种不道德的网络行为类型如下：

(1)有意地造成网络交通混乱或擅自闯入网络及与其相连的系统。

(2)商业性地或欺骗性地利用大学计算机资源。

(3)偷窃资料、设备或智力成果。

(4)未经许可接近他人的文件。

(5)在公共用户场合做出引起混乱或造成破坏的行动。

(6)伪造函件信息。

作为文明的网络用户，我们应该加强自我修养，浏览先进的文化网站，陶冶高尚网络品德，不断提升自己的道德修养。

习　题

1.病毒具有哪些特点？如何防治？什么叫“防火墙”技术？

2.简述如何做一名文明的网民。

参 考 文 献

[1] 郑尚志.计算机文化.北京:高等教育出版社,2006.

[2] 吴国凤.计算机应用能力教程.合肥:合肥工业大学出版社,2006.

[3] 钱峰.计算机应用基础.合肥:安徽大学出版社,2005.

[4] 韩枫.计算机文化基础与实训教程.北京:清华大学出版社,2004.